NAL
宁波学术文库

CB24.201503

遗产·旅游·现代性

黔中布依族生态博物馆的人类学研究

金 露 著

ZHEJIANG UNIVERSITY PRESS
浙江大学出版社

序言一

金露的博士论文即将出版,她嘱我为之作序,我欣然应允。

金露博士的论文是以生态博物馆为调研对象;作为博物馆的一种历史延续和延伸,其知识和实践形制都在博物馆范畴之中。总体上看,博物馆的知识背景与博物学直接关联。在方法上,大致包括了"词与物"的历史表述。

由此涉及以下几个基本维度:(1)博物馆的历史来源;(2)现代性与现代博物馆的关系;(3)现代大众旅游与博物馆的功能性表述;(4)我国现代社会的博物馆主体形制为舶来物,其中所包含的"权力话语"问题;(5)中国的博物学,我称为"博物体"①与西来的博物学(馆)在知识谱系上的融合与冲突;(6)生态博物馆在贵州少数民族村落所发生的遭遇以及适应程度和限度;(7)村落作为"乡土社会"的家园遗产如何与生态博物馆形制相结合;(8)生态博物馆的"活化""活态"问题;(9)我国民族村落的生态博物馆如何在这一"洋装"上穿出自己的"本色",即中国特色问题;(10)生态博物馆的世界趋势与我国村落社会,特别是少数民族村落社会的所谓"扶贫"政策的关系;(11)中国第一批生态博物馆的经验留给我们什么样的思考与反思。

一

博物馆在历史语境中的表述,以及所形成的知识谱系与"博物学"存在着渊源关系。博物学这样被介绍:

---

① 彭兆荣:《博物体:一种中国特色的生态概念与模式》,《福建艺术》2010 年第 2 期,第 30—34 页。

进入 18 世纪，林奈（Linnaeus）和布丰（Buffon）等人确立了博物学……在大航海时代之后，由于逐渐与"异文化"产生大规模接触，无法用"基于神的意旨产生的万物连锁"来充分解释的多样事物，大量流入欧洲世界。面对这些未知事物的出现，18 世纪的欧洲演进出一套认识世界的崭新方法，那就是让东西与其原本的脉络分离，仅以肉眼可见的特征为基准进行分类、排列、整理。这就是所谓的博物学。福柯（Foucault）曾说，所谓博物学，就是赋予可视物品名称的作业。诚如所言，博物学为在呈现世界的体系性时所使用的方法，最先着手的就是藉由命名来进行分类作业……

最早完成动植物世界体系分类的林奈，在其众所周知的著作《自然系统》（*Systema Naturae*，1758）中，将生物的世界阶层性地区分为种（species）、属（genus）、目（order）、纲（class）、界（kingdom）。林奈本身并没有采用科（family）的概念。最早将"科"这个阶级设于"目"和"属"之间的，是继林奈之后亚当森（Adanson）的著作《植物的科》（*Familles Naturelles des Plantes*，1763）。无论如何，在此时期所成立的这些分类中，kingdom 与 class、family 等近代社会组织用语，对于我们思考博物学的性格非常有帮助，也就是说，这个时期以看待社会组织的相同观点，对生物界进行了分类、重整。①

从知识背景看，博物学为博物馆学提供了"新时代"的知识框架。我们今天所看到的博物学（馆）是近代以降，特别是"发现新大陆"的历史为西方社会呈现了一个新的世界面貌，致使西方知识界以一种新的认知方式去面对——这种"面对"包括搜集、分类、展示等具体的方法。博物学这一学科正是借用了"传统"社会组织方面的知识而"发明"新的划分体系，其中有三个关键因素：对"物"重视和搜集保存；采用新的分类体系和方法；凸显知识和理念的话语权力。现代博物馆正是这一时代的产物，具有明确的现代"权力"特征。福柯认为，博物馆作为一种工具已经替代了监狱，成为一种国家权力。这是因为博物馆具有权力和权威以控制那些到访的观众接受国家的宣传和以西方为中心的世界观点。② 伯内特（Bennett）说得更直接："作为体

---

① 吉田宪司：《博物馆与搜集的历史》，载黄贞燕：《民俗/民族文化的搜集与博物馆》，台北艺术大学，2011 年，第 11—12 页。

② James Cuno. Museums Matter：In Praise of the Encylopedic Museum. Chicago：The University of Chicago Press，2011：3.

现权力的异己和强制性原则,它采用胁迫民众进入到指定目标的方式——博物馆也就成了作为公众、公民被指定的目标领域,以甜言蜜语的方式将民众引入到与权力相共谋的对象领域,而博物馆作为特殊表现形式以展示权力的存在。"①所以,现代博物馆具有权力和权威以控制那些到访的观众接受国家的宣传,而这一切都是以西方为中心的知识表述。

从认知的角度看,对于如何看待从过去(时间)遗留和"异域"(空间)获得的"文物",关涉一个具体的历史语境的主题,关涉一种特定的社会价值。"遗产"最初是与19世纪兴起的民族主义(nationalism)和自由现代性(liberal modernity)观念及运动联系在一起的②,这些运动激发了对"过去物质"的热情。启蒙理性带来了"客观真理""自然知识"这样的理念,进化论则为当时欧洲殖民主义和帝国主义提供了支撑。社会急速的工业化进程、法国大革命等强化了人们的"历史意识",随后的民族主义运动,强化着"血缘与地域"(blood and land)的民族认同观念③,也促使人们到"物质过去"中寻求认同的资源。

人类学的研究对象,即所谓"异文化"通常是无文字的人群和族群,因此,"物质文化"便成为民族志者极其重要的观察、了解的对象;这样,人类学和博物馆学殊途同归:它们都关注物和物质文化,将文化同物质一样视为静态的、不连续的特质的累积,就像自然科学家收集蝴蝶标本的方式一样。通过物的分类和展示,呈现浪漫的异国情调,表现标本由简到繁的序列。20世纪初到20世纪中叶,专业人类学者渐增,人类学的研究与人才训练重心逐渐由博物馆转移到大学中。④ 博物馆学和人类学,看似都是研究物及其分类,实际上,二者均是通过具体的物去发现、展示物背后的原因、价值,进而呈现所在地的社会结构、文化特质、物与人的关系等。就博物馆而言,它们通常通过一套陈列方式,包括解说程序来帮助参观者获得对这些"物"的想象,这一过程被称为物的博物馆化。

现代博物馆具有为公众服务的社会化功能,"为了公众的缘故,博物馆

---

① Tony Bennett. The Birth of Museum: History, Theory, Politics. London and New York: Routledge, 1995:95.

② Laurajane Smith. Uses of Heritage. London and New York: Routledge, 2006:17.

③ Bjornar Olsen. Excavating the Other: European Archaeology in the Age of Globalisation. In Zbigniew Kobyliński(ed.). Quo Vadis Archaeologia: Whither European Archaeology in the 21st Century? Warsaw: European Science Foundation, 2001:53.

④ 王嵩山:《文化传译——博物馆与人类学想象》,稻乡出版社1996年版,第60页。

必须以一种系统的方式展示物和事物——即不仅仅只是为了展示它们,展示本身也得按照合乎逻辑的分类体系"①。1887年,后来美国最著名的人类学家博厄斯,当时还只是一个年轻的博物馆管理员,就对当时博物馆的内部系统就像一个堆满了文物的场所进行批评,他对此的意见是,博物馆内文物之间的关系就像生物样本一样,所有的部件都形成相互的关系,即"具有历史关联和关系的民族学样本"(the ethnological specimen in its history and medium)。博厄斯不仅提出这样的主张,而且还在博物馆的展示方面贯彻他的这种思想,他提供了增加一种他称之为"生活组群"(life groups)样式,即将所展示的器物根据人们在实际生活中和仪式中使用的物件,像戏剧化的情境进行排列和展示。他还把他的思想和模式移植到了大学博物馆的展示体系之中,并成了后来美国大学博物馆的一种重要的模式根据。

从词与物考证,museum有两个原生意义和指喻:该词源自古希腊专门掌管诗歌、艺术和科学的女神缪斯(muses)。"音乐"(music)亦同源。在古希腊神话传说,特别在荷马史诗《奥德修纪》里有详细的记述。在古希腊,museum原指专门祭祀缪斯的缪斯庙,这里收藏着女神所掌管的物品,当时各城邦均有缪斯庙,其中最负盛名的是建于公元前290年的亚历山大城缪斯庙,它对希腊文化的传播起到了非常重要的作用,被认为是现代博物馆、美术馆的先驱。

缪斯的母亲是记忆女神,因此无论是博物馆的字源还是意源,"记忆"都是一个重要概念。据此,博物馆也是通过知识,让参观者将过去、现在和将来完整地联接在一起的记忆过程,而不是仅仅局限于收藏和展示"物"。② 也有将博物馆与死亡联系在一起的诠释:博物馆展品是"死"的,博物馆收集器物的过程便是一个器物与生命脱离的过程。阿多诺(Adorno)认为德语museal即"像博物馆那样"(museum like),这个词描述的事物与观者之间不再有至关重要的联系,所表现的是"死亡"的过去。它们被保存下来,是人们

---

① James Cuno. Museums Matter: In Praise of the Encyclopedic Museum. Chicago: The University of Chicago Press,2011:33.

② Willard B. Moore. Connecting the Past with the Present: Reflection upon Interpretation in Folklife Museum. In Patricia Hall, Charlie Seemann(eds.). Folklife and Museums: Selected Readings. Nashville, TN: American Association for State and Local History,1987: 51-58.

出于对历史的尊重，而不是因为现代社会需要它们。① 在西方，博物馆理论沿着自己的知识传统，逐渐形成相对独立的、有着完整的理论谱系的博物馆学，虽然它与 natural history 有些历史关系，却不是同一物。

就博物馆的历史形制，西方博物馆从私人收藏到公共博物馆，到今天已是各种新博物馆形式层出不穷。筹建于 1753 年的英国大英博物馆是第一座对公众开放的现代博物馆（1759 年 1 月 15 日）。1946 年国际博物馆协会（International Council of Museums，简称 ICOM）成立于巴黎，其章程中给博物馆的定义是：博物馆是指为公众开放的美术、工艺、科学、历史以及考古学藏品的机构，也包括动物园和植物园，该定义多次修订，1974 年修订版说："博物馆是一个不追求营利的、为社会和社会发展服务的、向公众开放的永久性机构，为研究、教育和欣赏的目的，对人类和人类环境的见证物进行收集、保存、传播和展览。"②2004 年增添物质和非物质的概念。如今，博物馆已被视为是集文化遗产的收集、保存、展览、研究和教育等功能于一身的综合性机构。

自 20 世纪 70 年代开始出现了很多新的博物馆形式，越来越多的博物馆开始侧重于区域性历史文化的整体保护和社区参与。一方面民俗博物馆、社会历史博物馆、遗产中心等新博物馆对国家博物馆和其他国家主导的公共博物馆等传统博物馆形式形成挑战，另一方面博物馆形式、功能也呈现多样化，比如遗产旅游，这一趋势标志着博物馆功能的娱乐化。

二

当用中国传统"博物"概念去翻译和套用西方的"博物学""博物馆"时，我们需要反思：(1)西方传统自成一范，分类细致和逻辑缜密，自然科学方面尤甚。将 natural history 和 museum 译为"博物（学/馆）"造成历史性误会。(2)我国传统"博物志（学）"在价值体制、知识分类和呈现形制上与西方大相径庭，属于正统经学以外的特殊体制和体例。(3)用同一个既不是中国传统的博物志（学），也不是 natural history 和 museum 本义去对应，便出现三者原本非一物因用同一个语词而误以为一物的窘境和尴尬，导致认识上的困境。

---

① ［美］珍妮特·马斯汀：《新博物馆理论与实践导论》，钱春霞等译，江苏美术出版社2008 年版，第 175—176 页。

② 严建强、梁晓艳：《博物馆（Museum）的定义及其理解》，《中国博物馆》2001 年第 1期，第 18—24 页。

　　中国"博物学"与西学的科制化不同,中国的博物学有一套自己的规范和学理;现在社会上普遍认识的这一用语是由西方引入的,"事实上中国人并没有一门学科,一个知识体系,甚或一个连续的学术传统,刚好与西方的'博物学'、'植物学'、'动物学'相对应……'博物学'也是19世纪翻译西方著作时出现的新词新义"①。我国自古就有"博物"(包括概念、分类、文体、知识相融合的"博物体系")。从现存的材料看,商周时代的甲骨文、金文就具有这一特殊的"博物体"雏形,其内容涉及当时的天文、历法、气象、地理、方国、世系、家族、人物、职官、征伐、刑狱、农业、畜牧、田猎、交通、宗教、祭祀、疾病、生育、灾祸等。直到秦汉以后,逐渐形成了正统的"经史子集"知识分类,使"博物"从属于正统的分类体系,或者成为正统分类的"补充"。

　　我国最有名的《博物志》当数张华所著。综观之,笔者称之为"博物体",包括(体识、体类、体用、体例)。全书十卷包括:卷一(地理:地、山、水、五方、物产),卷二("外"、"异"国、人、俗、产),卷三(异物种:兽、鸟、虫、鱼、草木),卷四(物论),卷五(方士、服食、辨方士),卷六(考释:人名、文籍、地理、典礼、乐、服饰、器名、物名),卷七(异闻),卷八(史补),卷九、十(杂说上、下)。其中有以"物理"为题的专论,不过,它与"物性"和"物类"互为一体,即"物性(特性)—物理(关联)—物类(分类)"。

　　中国的博物学,作为经史子集补充的博物,在我国今天的"遗产运动"中尤其要珍视,其中体系、体性、体质、体貌、体征等都缺乏语境化的完整研究。如:《尚书》、《周易》、《淮南子》、《鬼谷子》、《抱朴子内篇》、《黄帝内经》、《吕氏春秋》、《山海经》、《史记》、《水经注》、《太平御览》、《本草纲目》、《天工开物》、《长物志》、《博物志》、《徐霞客游记》、《藏药药典》、《尔雅》、《说文》的分类等。《尚书》被认为是中国"最早的经典之一"。根据孔安国《尚书序》中对其体例的分类,有六大类,即"典、谟、训、诰、誓、命"。典如《尧典》,记录帝尧的事迹;谟如《皋陶谟》,记载了宫廷上的君臣谋划和议论;训如《伊训》,讲的是商代老臣伊尹劝诫商王太甲要以史为鉴,加强德政;诰如《康诰》、《酒诰》等,是周王朝册封文王之子康叔的告谕,记载了周公对康叔的督导训诫;誓如《甘誓》、《牧誓》等,是作战前的誓师之词;命如《文侯之命》,是君王任命官员、侯伯的册命之词。② 分类作为认知和表述的重要依据,我国的博物学独树一

---

　　① ［美］范发迪:《清代在华的英国博物学家:科学、帝国与文化遭遇》,袁剑译,中国人民大学出版社2011年版,第159页。

　　② 慕平译注:《尚书》,中华书局2011年版,"前言"第6—7页。

帜,福柯正是受到我国博物学分类的启发而作《词与物》。

博物学以"物理"为理,然而,中国的博物学有自己的"物理"。比如文字被公认为"文明"标志之一,汉字的历史独树一帜。与其说这只是文字类型的差异,还不如说是不同的认知和知识的差异,而这种差异又直接导致了技术上的不同。以"书"为例,《尚书》古称《书》,"尚"即"上",可理解为"上古的史书"。《说文解字》:"著于竹帛谓之书。"说明中国古代的"书"书于的材料。许多学者常常忽视这样一个事实:中国文字符号的表述传统,与其制作、刻画、书写的方式和材料融为一体,这恰恰构成了中国"非物质文化遗产"之"材料体系"的一个重要特点,因此,在考量文明时或应将人类生产生活方式中的工具革命与文化变迁视为有机部分,甚至是关键部分。

中华民族之博物学,以地大物博为实,以天工开物为理,是为中国传统文化遗产中造化"天下"之"博物"与"物理"。

三

对人类而言,"家"是一个永恒的、最具实体性、最有归属感的社会基层单位,同时,也是遗产生成和代际传承的终端;虽然"家—家园"的概念和意义一直处于变化之中,其内涵和外延也不稳定,却从不妨碍其作为时代遗产的一个最重要的认同单位。从这个意义上说,"家—家园"也是遗产依据、依存、依附的根本;而所谓的生态博物馆,即以村落、社区为基本单位的博物馆,无妨归入"家园遗产"范围和范畴。"家园遗产"除了可以表示"人类共同财富"的集体理念外,更多地强调每一个遗产生成、传续的具体;在此,"家园"是一个可以量化的地理空间单位(比如村落),因为每一个家园都有特殊的"自然—人文"生态。在这个意义上,这一概念主要指人群与环境的相处状态。

传统的人类学擅长于对"社会细胞"(家—家庭—家族等)的研究,同时,习惯于将遗产置于特定社会历史的知识谱系中去看待和考察,以确定某一个特定遗产的生成理由、认同方式和传承依据。在词语的关联和使用上,"遗产"(heritage)与人类社会中的继承权与继嗣制度(heritance)存在着原生性关系。人类学在亲属制度的研究中,将亲属制度的一个重要原则确定以"家"为实体的"共有关系"和"共有财产"的继承方式,形成了人类学对家园遗产的一个基本原则。在地方性村落和宗族组织范围内,"共有财产"首先表现为对家族、氏族、部落等公共土地的占有和同享情况。这事实上是我国"乡土社会"中传统农业伦理和社会秩序中最具"宗法制"传承效力的部分。

所以,我国的生态博物馆必然与家园遗产相叠合。

也正是在这个意义上,我们确立"家园遗产"的概念旨在强调遗产的原初纽带(primordial tie),虽然在联合国教科文组织的定义中,遗产已经从地缘、世系(lineage)、宗教等范围上升到所谓"突出的普世价值"(outstanding universal value)的层面,成为"地球村"村民共享的财产,但这并不妨碍任何一个具体遗产的发生形态和存续传统的历史过程和特定"家园遗产"在归属上的正当性。具体而言,现在的遗产所有权基本上属于民族国家(nation-state)(比如在我国,"土地所有权"属于国家),但民族国家从概念到实体从来就是"想象的"、"有限的"、"有领土范围的"、"时段性的"现代国家表述单位。也就是说,多数历史遗产在从发生到存续过程中的归属权并不在国家。另一方面,即使是在后现代的背景下,也因为遗产的所属权发生"转换",原先遗产的所有者丧失了对它们的认同与继承关系;这样的情形对于绝大多数类似非物质文化遗产的存续与传承并不完全适用。所以,强调"家园遗产"仍然极其重要。

同时,"家园"的边界并不是唯一的,它在不同的语境中和背景下会出现多条边界的重叠和套用;因为"家园"与认同有着密切的关系,而人们的认同也不是单一性的。首先,我们可以在"国家"层面上确定"家园":国家也是家园。在我国的传统认知中,"家—国"在政治上是一体性的,即所谓"家国";在这个意义上,国家为所属的社会群体承担和提供安全保障和利益需求。与此同时,这种国家的"家园"也可能构成民族主义的"形体逻辑"。换言之,当国家所属的社会群体将他们的情愿投入其中,将他们的利益关系引入其中,这个"家园"就有了形体上的依附性,而当这个"家园"出现了与其他民族国家的冲突、矛盾、角力、抗争、紧张、友好、争取、释善、结盟等各种阶段性、事件性、战略性的关系时,"家园"中的成员会出现相对一致的力量集合;民族主义遂成一种习惯性的表述。

需要指出,在现代"民族—国家"的政治背景中,"国家"、"家园"的边界既有重叠又有区隔:重叠者,二者与我们所着重言说的具有分享传统习俗、历史记忆,拥有共同(或相关)的英雄祖先和集体认可的族群谱系,袭承共同的生产生活方式、生态环境,分配共同的自然和文化资源,承担共同的守护家园的责任和义务,形成共同的生活习惯、语言交流和宗教信仰,表达共同的情感和心理趋向等有关发生关系上的差异——前者是自上而下的,后者则是自下而上的。区隔者,二者有的时候所表现出的边界关系一致,有的时候则是不一致的,甚至发生撕裂、冲突和斗争。不过,我们所强调的"家园遗产"更偏向于指称一个具有特定的人群共同体的自主性范畴和范围,与"地方价值"密切相关。

生态博物馆作为"家园遗产"这一具有特定人群共同体"家园关系"的实现和体验,也必然产生"家园感",它可以是"活态遗产"的另外一种表述和体验。然而,"地球村"的出现,一种更大意义、更高层次的"家园"宣告出现,传统的地方"再地化"(re-localization)也随之出现,"家园遗产"因此加入、注入了许多新质性无形遗产内容。

镇山布依族生态博物馆作为我国的第一批生态博物馆中的一个(共 4个),不少学者进行过调研,我国政府的主流媒体对这一批生态博物馆也有过跟踪报道,各种评价都有。对此,我的意见是:我们或许并不要匆忙地对这一新生事物做绝然的评判,而将其视为一种现代性中国化的实验与实践。

为此,金露的博士论文姑为一范;无论是镇山布依族生态博物馆之案例,抑或是她本人的研究。

是为序。

彭兆荣

2015 年 8 月 1 日于昆明荷塘月色

序言二

　　金露博士是在厦门大学人类学系彭兆荣教授指导下较早在旅游和遗产领域接受系统训练的第三代青年人类学家。她本科毕业于中央民族大学民族学与生态学双学位专业，期间多次进行民族学田野调查工作，如对沈阳市西塔街朝鲜族聚居区的调研及对卞麦峪村土地问题的调研等。因为在学业、调研及其他方面的卓越表现，她曾连续四年获得中央民族大学专业奖学金，毕业后被保送到厦门大学继续学习民族学。她开始学术事业的时间相对较早，2005年、2006年就在专业期刊发表了学术论文，2006年、2007年开始在学术会议上提交论文并发表自己的学术观点。

　　2006年开始，她在厦门大学攻读研究生，并继续开展她的学术研究，她所参与的主要研究项目包括福建漳州官畲村畲族文化遗产调研、福建武夷山世界遗产监测调研、福建永定县土楼民族学田野调查、云南滇越铁路遗产线路及旅游品牌策划和贵州黔西南州旅游资源开发利用等。与此同时，她着手自己对于贵州文化遗产领域的研究，而此研究直接促成了这本关于民族、遗产与博物馆的著作。

　　金露博士还是博物馆研究的优秀年轻学者之一，这也是她遗产研究的一个重要组成部分。2006—2009年，她担任厦门大学人类学博物馆的讲解员。2009—2011年，她受邀在美国加州大学伯克利分校人类学系（Department of Anthropology at the University of California，Berkeley）和菲比·赫斯特人类学博物馆（Phoebe A. Hearst Museum of Anthropology）访学两年。在此期间，她陆续在学术领域刊发论文，同时在美国、法国和中国的学术会议上发表自己的学术观点。她在美国访学期间参加了我所主持的"旅游、艺术与现代性"学术研讨小组,并在研讨小组上作以报告,她同时常规性出席旅游研究工作组(Tourism Studies Working Group)的学术活动。并且,我与她合作对中国旅游人类学的兴起与发展进行研究①,之后,我一直密切关注她的学术事业。2012年,金露博士顺利地从厦门大学毕业,任职于宁波大学,我受邀在2013年前往宁波大学讲授了旅游人类学课程。

2007年6月,金露博士首次前往贵州寻找她博士论文的田野调查点,自此她开始关注生态博物馆项目——新近在中国建立的乡村博物馆模式。她长期研究贵州的第一批生态博物馆群,特别是镇山布依族生态博物馆。她还关注法国生态博物馆的起源与发展,并于2011年访问了法国的几座典型的生态博物馆,同时她对其他西方的生态博物馆以及它们在中国的引入有所研究。这本书即是她研究的成果,更是人类学视角下中国生态博物馆建立历程的一个检验。

金露博士研究生态博物馆的视角是将自己作为参与观察者,而非时事评论员。她展示出民间与官方之间对生态博物馆理解的分歧——官方从西方吸收生态博物馆知识,并希望将其应用于中国实践;而当地村民将生态博物馆看作一个自上而下的过程,他们可以从此项目中获取到自己所需。例如,为了提高镇山村建筑的视觉真实性,地方政府为每户村民提供一定数额的现金补偿用以重新装饰民居的外观,并评选出一户最佳民居给予高额奖励。这种奖励制度不仅能够给予村民补贴以维护他们的房屋,同时能够吸引更多的城市居民和汉族游客来到村里旅游,提高其在村内居民之间、整个村落与周边表现得不那么传统的村落之间在乡村住宿和餐饮业中的竞争力。

所有文化博物馆的概念都是为保护与展现人类制造的器物,同时将其陈列出来以教育公众。例如,艺术博物馆的特殊目的就是展示现在和/或过去某一地点或区域,甚至整个世界的物质文化。然而,生态博物馆是一种混合体——它试图通过介入社区,维持一种前工业/工业早期手工艺及农耕形式,目的是保护一种特殊的、活态的过去与现在的关联。理想上,当地社区成员希望留存他们过去经验的某些方面以抵抗现代化的侵袭,并将这些经

---

① 纳尔逊·格雷本、金露:《中国旅游人类学的兴起》,《青海民族研究》2011年第2期,第1—11页。

验传递给他们的儿女及继承人。① 村民们不一定非要"放弃"他们更"现代"甚至成为城市居民的变革,事实上保持过去以怀旧和教育是现代性的核心价值之一。

以镇山布依族生态博物馆为代表的中国生态博物馆在概念上实际分为两部分。最显而易见的部分是"资料信息中心",这里主要展示关于过去的物质证明——手工艺、服饰、工具、历史资料等,这些物质证明与一些文字说明、地图一起被保存及展示,有时兼具娱乐性。镇山布依族生态博物馆资料信息中心的建筑距离村子大约 1 公里,从村中步行 20 分钟或者开车很短的时间就可以到达。因为距离村落中心有一段距离,所以它经常被外来游客及地方村落中一些不太参与村落活动的成员们称为"博物馆"。然而,生态博物馆②的目的并不是排除现代方式,其与传统博物馆相比较最主要的差异是保留传统耕种方式及手工艺过程,以及它们的象征价值、引入素材和组织形式。在欧洲的案例中,当地社区是主要发起者和实践者,各级政府或非政府组织给予资助并鼓励社区的行为实践,而非以旅游为目的。

金露博士调查了当地人对生态博物馆这一现代观念的看法,揭示了他们如何理解、误解甚至有时忽视生态博物馆的理想参与模式。按照一些村民的话来说,只有学生和游客会去资料信息中心参观。③ 由于村民们没有充分了解生态博物馆理念,导致大部分村民放弃了传统的农耕方式,而这正是生态博物馆的核心理念。大部分村民会利用政府的帮助来照管他们的房屋,同时接待每周末从贵阳周边来访的游客。村民们会为游客们安排村口迎客酒的仪式,请一些身着传统服饰的村民欢迎游客的到来,并将游客接至他们的农家乐,有些会说服游客在他们宽敞的现代的"传统房屋"中留宿。

因为被授予"生态博物馆"之名,村落生活发生了改变。"保护"某些被

---

① 在访问贵州一些可以接待城市旅游者的少数民族村落后,我遇到几个乡村发展方面的领导。晚餐时,我问他们,有谁愿意花钱去看中国农民用镰刀耕种,而不是用机械的工具耕地。没有一个人举手,所以我总结可能中国目前还没有做好生态博物馆的准备。但是生态博物馆建设依然需要鼓励,因为很快这些人的子女可能愿意将这种怀旧的场景展现给他们的后代。

② eco-来源于希腊语的单词 oikos,意指将一个(农场)家户作为一个工作"组织",而不是特别指涉自然。我们可以将一个与自然相适应的小型传统农业村落看作 oikos 的"工作模式",一个文化的与自然的组织。

③ 当我 2012 年第二次去镇山生态博物馆时,资料信息中心的部分建筑已经被某当地企业占用,不再发挥其博物馆功能。

挑选出的传统、生态博物馆的名望以及广告宣传为村落带来了财富，同时也带来了现代性，具体表现为家电、网络、摩托车、汽车等形式。与之前"孤立的"村落相比，其与城市生活、整个中国，甚至是中国以外世界的联通性越来越密切。家庭愈加富有，孩子们获得更好的教育，但同时个人主义和移民的情况也在增加。村民们开始关注他们特殊的民族历史、古老信仰及传统习俗等，新的"习俗"和"传统"因旅游而创造，如各种节庆活动的复兴和再造。正如爱德华·布鲁纳所言，它们并不是"假的"，而是另一种更新形式的文化变革和创造力。

金露博士正在成为研究中国乡村中遗产、旅游、传统与现代性角力的领军人物。同时她在宁波大学讲授相关课程，将这一课题的重要性通过授课散播出去。目前，她正在研究浙江安吉一个非同寻常的生态博物馆系统，在此生态博物馆系统中共有 1 座中心馆，12 座专题生态博物馆和 20 余座村落文化展示馆，每座村落馆都有自己的资料信息中心，并有专人接待访问者，同时它们与地方自然环境具有极为密切的联系。①

能够遇到并指导金露博士我感到非常骄傲，与她一起工作十分愉快，她是中国旅游、遗产及博物馆研究的一名优秀的人类学者。我相信本书的读者将会在书中找到相关研究的模式，并能够激发读者思考在现代中国正在发生的变革。

纳尔逊·格雷本　教授

美国加州大学伯克利分校

2015 年 7 月

---

①　2013 年开始，我和金露博士开展了一项关于生态博物馆系统的研究课题，这项研究目前尚在进行中，研究成果将于近期发表。

前　言

　　这是一本描述中国西南少数民族村寨在旅游语境中的现代性表述的专著，也是一部围绕着传统、习俗与文化遗产而展开的人类学民族志。本书是根据对中国西南地区贵州省贵阳市下辖的一个布依族村寨的实地考察写成的。同大多数中国农村一样，这个村庄正经历着文化变迁的过程。本书旨在阐释在现代化的浪潮下，在特定地理环境与人文体系中，旅游对这个西南少数民族村寨的影响，及其与此社区的社会结构的关系。

　　本书所关注的研究对象——镇山布依族生态博物馆，具有地理、文化和经济上的多重意义。镇山村作为一个地理和行政概念是贵州省贵阳市下辖的布依族村寨；作为经济和文化概念，按照我国生态博物馆的理念，镇山布依族生态博物馆即整个村寨。同时，生态博物馆之于镇山村，还可以看作是一种保护当地文化的理念和一个发展旅游的事件。

　　生态博物馆作为一种新博物馆形式在我国有着特殊意义和时代特点。一方面，生态博物馆采用博物馆理念对少数民族村寨的民族文化遗产进行整体的、动态的和当地的保护；另一方面，生态博物馆所在地区的欠发达又使其承载了发展民族经济的责任，而旅游成为其中的重要形式之一。

　　本书审视镇山布依族生态博物馆现代性表述的切入点是旅游。选择旅游为切入点是基于田野点的特殊性——与贵州其他生态博物馆社区不同，旅游早在生态博物馆项目之前即进入镇山村，目前已经取代农业成为镇山布依族的主要生计方式，也正在悄然影响着宗教信仰和家庭结构等不易被改变的文化核心要件。

　　本书的研究主题是村落文化的现代性表述，主要以生计方式、亲属关系、宗教信仰和节庆文化四个方面论述文化诸方面所呈现出的现代性。之所以选择这四个方面加以论述,是因为生计方式、宗教信仰、亲属关系在人类学中被认为是文化的核心要素。节庆文化则是镇山村宗教信仰、亲属关系,甚至生计方式变迁集中而又直观的表现形式,通过田野调查发现,节庆文化受旅游活动的影响很大——或因其娱乐性和观赏性被开发为旅游活动,被重视、宣传、放大、娱乐化和现代化;或因其不能被开发为旅游节庆、带来直接的经济收入,而被淡化、逐渐衰落,甚至被遗忘。

笔者主要运用人类学参与观察的方法,以整体观分析生态博物馆(村落)文化的现代性表述。"亦汉亦夷"的班李家族世居于镇山村,依靠着花溪河谷两岸的农田繁衍生息,并且历史上世代为官,是地方上的旺族。由传统到现代是一个渐进的过程,但在镇山村有两个历史阶段对传统的变迁影响深远——20世纪60年代花溪水库的建成改变了村落空间布局,随后"文革"期间终止了几乎全部旧有的传统;20世纪90年代至今的大众旅游不断挤压村落空间,传统进一步变迁。

在全球化和工业化的背景下,民族旅游若想成功,少数民族在追求现代生活的同时还要保持一定的民族特色,以满足游客的需求。因此,镇山布依族生态博物馆(村落)内呈现出传统到现代的过渡态,其现代性表述为:生计方式由传统农耕向旅游业转化;亲属关系的联结减弱,大家族逐渐分化;宗教信仰的世俗化;传统节庆的再造和舞台化。由传统到现代的历史进程同时伴随着日益显著的民族国家意识、传统的变革、工业化、矛盾和冲突等现代性特征。

目　录

第一章　绪　论

第一节　主要概念、选题缘起和研究意义

一、主要概念

（一）生态博物馆①

生态博物馆来源于法语 écomusée，英文为 ecomuseum，是 20 世纪 70 年代产生于法国的一个新博物馆理念，也是一种新的博物馆形式。它强调遗产的原生性，关注遗产的自然生态和文化场域，提倡对遗产的整体性保护；它主要为社区服务，社区群体以主人的身份参与到生态博物馆的建设和管理工作中；它打破了传统博物馆围墙的范围限制，将博物馆的空间扩大到社区和景观，生态博物馆因此被称为"没有围墙的博物馆"（museums without walls）。

法国学者雨果·戴瓦兰（Hugues de Varine）和乔治·亨利·里维埃（Georges Henri-Rivière）被誉为生态博物馆的两位先驱者。1971 年，他们在法国格勒诺布尔参加国际博物馆协会第九次大会时提出生态博物馆的名称及理念，并倡导博物馆工作的新动向及博物馆功能的新需求——博物馆不

———————————

①　部分内容已发表于金露：《生态博物馆理念、功能转向及中国实践》，《贵州社会科学》2014 年第 6 期，第 46—51 页。

仅仅为博物馆观众服务,而应是社会传统意识的教育工具。

生态博物馆的前缀 eco 由 ecology 而来,但实际上它并不是简单地意指当前的生态学学科概念,而具有更为宏观的意义延伸,即把文化遗产和它周围的生态环境和社会环境当作一个有机整体来保护。戴瓦兰的解释最为权威:"生态博物馆的前缀 eco 不是我们通常认为的生态学(ecology)或经济学(economy)概念,它本质上是人类或社会生态:社区和社会,甚至人类是其存在、活动和进程的核心部分。"[1]"生态博物馆"诞生于法国的新博物馆运动,倡导打破传统博物馆的空间束缚,对遗产进行整体和当地保护,并鼓励当地人的参与。[2]

1971—1974 年,全球第一座生态博物馆克勒索-蒙西生态博物馆(Écomusée Creusot-Montceau)由博物馆学家戴瓦兰在法国建立。它是一处传统的煤矿工业城市社区,1971 年在整个地区发展起一项关于人类和工业博物馆的工程,共同生活在此社区的人们由此联结起来,被拉入计划、管理、估价等社区建设中。1974 年,此项目采纳了生态博物馆的名称。

1978 年加拿大开始在魁北克创建生态博物馆,这是法国生态博物馆向世界推出的第一个试验区的成果,此后,加拿大先后建立起"岛上居民之家"等六座生态博物馆。[3] 1986 年,北欧挪威创建了图顿生态博物馆(Toten Ecomuseum),主要展演挪威的乡村生活。它的创建者约翰·阿格·杰斯特龙(John Aage Gjestrum)后来成为中国生态博物馆建设的首席专家,应用同样的理念建立起中国贵州的第一代生态博物馆群。

截至 2005 年,全球已注册的生态博物馆约有 300 座。其中西欧和南欧 70 余座(主要集中在法国、意大利、西班牙、葡萄牙和比利时),北欧 50 余座(主要集中在挪威、瑞典和丹麦),拉丁美洲 90 余座(主要集中在巴西、墨西

①　Hugues de Varine. Ecomuseology and Sustainable Development. 载中国博物馆学会:《2005 年贵州生态博物馆国际论坛论文集》,紫禁城出版社 2006 年版,第 85 页。

②　Peter Davis. Ecomuseums and Sustainability in Italy, Japan and China: Concept Adaptation through Implementation. In Simon J. Knell, Suzanne MacLeod, Sheila Watson(eds.). Museum Revolutions: How Museums Change and Are Changed. London and New York: Routledge, 2007:198-214.

③　[加]雷内·里瓦德:《魁北克生态博物馆的兴起及其发展》,《中国博物馆》1987 年第 1 期,第 44—47 页。

哥和智利),北美洲 20 余座(主要集中在加拿大和美国)。① 除此之外,目前生态博物馆在南非、马里等非洲国家及中国、日本、越南等亚洲国家呈现出方兴未艾之势。

我国生态博物馆概念的引入并非直接来自于法国,而是源于挪威。1995 年至 2004 年,在中国和挪威签署的生态博物馆文化合作项目资助下,贵州省 4 个风格迥异的民族村落被选定为第一批生态博物馆。遵照挪威生态博物馆的模式,生态博物馆的范围被扩大到景观的范畴,②即将整个民族村寨当作一个整体进行动态遗产保护。随后,在我国的广西、内蒙古、云南等地纷纷建立起一批生态博物馆,生态博物馆在我国的发展也在 21 世纪的最初 10 年达到顶峰。本书所关注的是中国贵州的第一代生态博物馆,它们是梭戛箐苗生态博物馆、镇山布依族生态博物馆、堂安侗族生态博物馆和隆里汉族生态博物馆,并以镇山布依族生态博物馆作为主要的田野点进行论述。

(二)旅游

中国旅游活动的出现和发展与西方国家有着很大的差别。西方从殖民时期开始就有大量的传教士前往殖民国家传教,他们不仅将西方的宗教思想传播到殖民地,也同时将殖民地的非西方的物质和文化带回本国,早期的传教士可以看作最早的旅行者形式之一。20 世纪 60 年代开始,旅游活动在西方国家盛行,同时也受到学者越来越多的关注。中国的旅游现象,特别是朝圣形式的旅游现象,很早就在古代中国出现,但是,直到 20 世纪 70 年代末改革开放政策实行以后,中国的大众旅游才开始迅速发展。在接下来的短短 20 年间,中国已经迅速成为全球最大的旅游地之一。随着中国国内和国际旅游的发展,旅游逐渐成为学者们的研究对象,开始在学术领域被关注。

中国旅游研究开始于 20 世纪 80 年代,兴起于 20 世纪 90 年代。旅游管理是学术界首先关注的焦点之一。学者们主要以旅游现象中与经济相关的

---

① 安来顺:《在贵州省梭嘎乡建立中国第一座生态博物馆的可行性研究报告》,《中国博物馆》1995 年第 2 期,第 8—14 页;毛里齐奥·马吉:《世界生态博物馆共同面临的问题及怎样面对它们》,载中国博物馆学会:《2005 年贵州生态博物馆国际论坛论文集》,紫禁城出版社 2006 年版,第 89 页。

② 法国的生态博物馆最初以小型社区(如传统工业社区)为对象,挪威的生态博物馆在法国生态博物馆的概念之上将空间范围进一步扩大到景观的范畴。

部分作为研究对象,例如旅游市场的开发、酒店管理、旅行社和旅游设施的建设等,随后学者们开始聚焦旅游与文化、社会、环境等相关领域研究。其原因是:一方面随着旅游的发展,越来越多的社会、文化和生态问题开始出现;另一方面西方的学者们,尤其是人类学家,开始将旅游纳入他们对少数民族和族群认同等研究中,与此同时,中国的人类学家和民族学家也开始关注旅游研究。人类学中与旅游相关的研究话题主要有:旅游、殖民和怀旧;旅游和真实性;旅游、符号与结构;旅游、仪式与宗教;旅游、商品化和全球化;旅游和遗产;旅游和性别研究;旅游和景观等。①

民族旅游一直是我国旅游开发和旅游研究的热点之一。改革开放以来,随着国家政策的调整,之前相对封闭的民族地区对"外"开放,使得深入具有"异域风情"的民族地区参与旅游活动成为可能。同时,对当地人而言,民族旅游也是发展地区经济或者说"脱贫致富"的重要手段。

据第六次全国人口普查数字显示,贵州省少数民族人口位居全国第四位,其中少数民族人口比重超过总人口数的三分之一,因此发展民族旅游成为贵州旅游的重中之重。民族村寨被冠以民族文化村、民族文物村、村寨博物馆、露天博物馆、生态博物馆等名称进行遗产的整体保护,同时也成为发展民族旅游的一种新的尝试。

本书所研究的镇山布依族生态博物馆正是这种尝试之下的一个案例,它是众多民族村寨中进行旅游开发的先行者之一,具有这些民族村寨的共性;又因为特殊的民族文化、自然景观、历史发展脉络等而具有鲜明的独特性。

(三)现代性

"现代性"(modernity)在西方主要是指启蒙时代以来随着现代社会的兴起而发展起来的,新的世界体系生成的特性。《牛津英语词典》是第一本将"现代性"收录其中的词典,1673 年版词典中使用的原文是"语调的现代性",可理解为风格和审美的感觉。② 而 1989 年版的《牛津英语词典》中的解释为:(1)现代的品质、条件和属性;(2)现代的事物。③ 可以描述它的关键词

---

① 纳尔逊·格雷本、金露:《中国旅游人类学的兴起》,《青海民族研究》2011 年第 2 期,第 1—11 页。

② 陈嘉明:《现代性与后现代性十五讲》,北京大学出版社 2006 年版,第 2 页。

③ The Oxford English Dictionary(second edition). Oxford:Clarendon Press,1989:949.

有:科学、理性、工业化、商品化、自由市场、个人主义、主体性、大众社会、民主、极权等。

现代性无论在国外或是国内的学术界都是一个使用范围十分广泛的概念,美学、哲学、社会学、人类学等学科中都有很多关于现代性的讨论,因此对于什么是现代性有着"仁者见仁"的理解和诠释。囿于学科的局限性和个人知识所限,本书所论述的现代性主要是在人类学和社会学领域内的讨论,对于哲学中的现代性也略有涉及。

我国对"现代"的时间维度有固定的历史划分方法:1840年鸦片战争至1919年五四运动为近代,1919年五四运动至1949年新中国成立为现代,1949年新中国成立至今为当代。然而,现代性却不完全与时间维度中的现代相对应,它没有固定的时间段划分,也没有量化的标准。中国的现代性首先以"民族—国家"的建立为标志,同时表现在工业化、商品化等经济方面,去权威化和民主化等社会制度中,理念上的理性主义和科技观念中,文化的商业化和传统的断裂中等。

现代性的产生是一个渐进的过程,但是在某一时期现代性表述会更为明显。在笔者的田野点镇山村即有促进传统到现代的两个重要时期:其一是20世纪60年代,这一时期的花溪水库建设①和随后的一系列政治运动,导致镇山村原来的村落格局被破坏、机械化生产设备出现、宗教活动被压制、现代民族国家的观念形成;其二是20世纪90年代至今的旅游时代,这一时段的镇山村在政府引导下着手发展旅游业,先后被命名为民族文化村、贵州省文物保护单位和生态博物馆。在旅游发展的同时,村落的生计方式、亲属关系、宗教信仰、节庆活动等村民生活的方方面面都在发生着显著的变化,这些变化即是本书所讨论的现代性表述的范畴。

本书中,现代性主要指称传统社会特征和现代社会特征的角力和并生。特别是在旅游情境中,一方面,传统的少数民族村落将国家政策和西方概念融入本土思想,呈现出现代性;另一方面,民族旅游又需要少数民族村落保持一定的传统以吸引游客和维持旅游的可持续发展。在目前的旅游时代,民族村寨既不能保持绝对的传统,也不能发展绝对的现代,必然呈现出传统

---

① 花溪水库位于南明河上游花溪河段,地处贵阳市花溪区,下游距花溪3千米,距贵阳区20千米。该水库于1958年7月开始动工兴建,1959年7月大坝完工,1960年6月开始蓄水,1962年6月开始发电。

和现代并生的混合现代性,①这种现代性在生态博物馆中表述得尤为明显。在镇山生态博物馆,这些特征体现在生计方式由农耕到旅游业的转变、宗教观念和现代理性的角力、家族的分化、节庆活动在旅游中的舞台化展演等方面。

(四)布依族

布依族是我国少数民族中人口较多的民族之一,主要聚居在贵州黔南、黔西南两个布依族苗族自治州以及安顺地区的镇宁、关岭布依族苗族自治县、紫云苗族布依族自治县;在安顺地区的其他县(市)、贵阳市郊区、六盘水市辖区内也有部分聚居;另外,在贵州省的黔东南苗族侗族自治州和毕节、遵义、铜仁等地区以及云南、四川的部分地区也有布依族居住。② 国外的布依族主要居住在越南靠近中越边界的河宣、黄连山一带,以及从莱州至保乐—高谅的邻近地区,人口仅有数千,也是近一两百年间从国内陆续迁去的。③

布依族的族源,最早可以追溯到古代的越人。越人中,居住在广西中北部和贵州南部的称为"骆越"。布依族即来源于"骆越"的一支。④

根据全国人口普查情况可见,布依族人口在 2000 年前不断增多,但至 2010 年第六次全国人口普查时人数有所下降,2010 年布依族人口有 2870034 人,位居全国少数民族人口第十一位(见表 1-1)。

表 1-1　历次全国人口普查布依族人口情况(单位:人)⑤

1953 年	1964 年	1982 年	1990 年	2000 年	2010 年
1237714	1348055	2119345	2548294	2971460	2870034

---

① 混合现代性借用"hybrid modernity"这一概念。英语的 hybrid 指杂交生物体或混合物,本书借用这一概念表示本土与外来观念、文化、事物等的混合状态。参见 Penelope Harvey. Hybrids of Modernity: Anthropology, the Nation State and the Universal Exhibition. London and New York: Routledge,1996.

② 《布依族简史》编写组:《布依族简史》,贵州人民出版社 1984 年版,第 1 页。

③ 申旭、刘稚:《中国西南与东南亚的跨境民族》,云南民族出版社 1988 年版,第 104—120 页。

④ 《布依族简史》编写组:《布依族简史》,贵州人民出版社 1984 年版,第 7—8 页。

⑤ 2000 年前数据参见国家民族事务委员会经济发展司、国家统计局国民经济综合统计司:《中国民族统计年鉴·2007》,民族出版社 2007 年版,第 635 页。2010 年数据参见 http://gz.people.com.cn/n/2015/0713/c372330-25564678.html。

布依族分布的特点是成片聚居而又和汉、苗、瑶、水、侗、彝、壮、仡佬等民族交错杂居。一般来说,布依族都是几十户、上百户甚至几百户依山傍水聚族而居,而且多是一个家族或几个姓氏组成一个村寨,民间有"一条河水共来源,一寨人家共祖宗"的谚语,生动形容了布依族聚族而居的特点。① 布依族善种水稻,以大米为主食,喜吃糯食以及酸类辣味,好饮酒。民族节日有三月三、四月八、六月六等。春节、端午、七月半等节日与汉族相类似,但过节的形式与汉族相比又有所不同,具有本民族特色。②

根据语言的谱系分类法,布依语属于汉藏语系壮侗语族壮傣语支。布依语和同语支的壮语、傣语,甚至泰国的泰语十分接近,同源词分别为40%、30%、25%。布依族群众用布依语可以与使用本民族语言的壮族、傣族群众通话,特别是与广西北部地区的壮族和云南西双版纳的傣族互相通话没有太大障碍。布依族自古以来与周围的汉族交往密切,因此布依语中也吸收了不少汉语词汇。

布依语有自己的语音系统、基本词汇和语法结构,内部分歧不大,各地语法的基本规律大体一致,只有细微的差别,找不出地域上的重大差异性;基本词汇各地相同,有少数不一致的土语词,也没有明显的分界线。因此,在普查和比较研究的基础上,1956年布依族语言文字问题科学讨论会确定布依语没有方言的差别,只有土语之分。布依语划分为三个土语,各土语内部有小差异,再分为两到三个小区。根据1956年对40个调查点的语言材料,土语、小区的划分情况如下:③

第一土语:

第1小区:兴义巴结、安龙八坎、乐居、册亨乃言、贞丰鲁容、望谟者香、罗甸坡球、狰狞板乐、惠水长安

第2小区:平塘西凉、独山南寨、水岩、三都板考、荔波尧所、翁昂、朝阳、都匀新桥

第3小区:安龙天桥、兴仁云盘、贞丰巧贯

第二土语:

第4小区:平塘凯西、惠水党古、都匀富溪、贵定巩固、贵阳青岩、龙

① 王伟、李登福、陈秀英:《布依族》,民族出版社1993年版,第2页。
② 《布依族简史》编写组:《布依族简史》,贵州人民出版社1984年版,第2—3页。
③ 郭堂亮:《布依族语言与文字》,贵州民族出版社2009年版,第2—3页;另见《布依族简史》编写组:《布依族简史》,贵州人民出版社1984年版,第1页。

里羊场

　　第5小区:长顺营盘、安顺黄腊、清镇西南、黔西化石、织金包营

第三土语:

　　第6小区:紫云火烘、镇宁募役、关岭陇古、晴隆紫塘

　　第7小区:水城法耳、镇宁下硐、普安细寨、盘县赶场

　　第8小区:水城田坝

　　第一土语区以黔西南州为中心,旁及安顺地区南部和黔南州南部、西南部,故又称"黔南土语"。第二土语区以黔中为中心,包括黔南州西北部、北部,贵阳市,安顺地区北部、东北部,毕节地区东部、东南部,故又称"黔中土语"。第三土语区主要分布在安顺市西北部和毕节地区西南部、黔西南州北部,故又称"黔西土语"。

　　布依族历史上没有民族文字,历来使用汉字。但是,由于语言的不同,汉字不能完全准确地记录布依语的语音和表达布依语的语义,因此在民间,不少地区流传着一种借用汉字的音、形、义,仿照汉字形声字创造的方块字,用以书写本民族的语言,学术界称为"土俗字",有的称为"方块布依字"。[①]汉文化大约在宋明时期传入布依族地区,布依族学习汉文化的人不断增多,布依族的宗教人士"布摩"在汉字的基础上模仿(或借用)"六书"造字法,根据布依语的语音系统创造了布依族的"土俗字"。"土俗字"主要用来记录经书。在布依族地区有大量的《祭祀经》,它们最早是以口耳相传的形式流传的,之后用自创的"土俗字"记录下来。"土俗字"迄今仍为某些民间艺人用以记录布依族的文学作品、故事歌谣等,宗教职业者也用来记录、吟诵经书。[②]

　　1956年11月,国家制订了以拉丁字母为基础的布依文方案,此方案经过两次修改,修订后的布依文以布依语的第一土语为基础,以望谟县复兴镇话为标准音,共有26个字母、32个声母、87个韵母和8个音调。[③]但在推行中因为缺乏群众基础,使用的人较少。

---

① 王伟、李登福、陈秀英:《布依族》,民族出版社1993年版,第2页。

② 郭堂亮:《布依族语言与文字》,贵州民族出版社2009年版,第4页;另见《布依族简史》编写组:《布依族简史》,贵州人民出版社1984年版,第3页。

③ 王伟、李登福、陈秀英:《布依族》,民族出版社1993年版,第4页。

二、选题缘起

(一)初进贵州

笔者与贵州少数民族的接触始于 2008 年博士阶段。当年夏天,恰逢导师彭兆荣教授在贵州黔西南州开展一项有关旅游和文化遗产的横向课题,笔者有幸参与其中。这是笔者求学期间第一次来到西南少数民族地区,西南少数民族文化与之前接触的东北地区和闽南地区的少数民族文化有着非常显著的差别,文化风俗独特。也是在这次行程中,笔者目睹并感受到民族旅游在少数民族地区强大而深远的影响,特别是政府主导下民族旅游的发展对少数民族村落的影响。

2008—2009 学年度,当时博士一年级的笔者通过与导师的交流和阅读导师推荐的书目逐渐了解到生态博物馆的概念,并最终将其作为笔者在博士期间的主要研究方向。对生态博物馆研究的初衷源于以下三方面考虑:第一,因为有着在厦门大学人类学博物馆三年的兼职经历,笔者对博物馆具有极深的感情,并开始认真思考如何将人类学研究和博物馆研究结合起来,引出一个类似于"博物馆人类学"的交叉学科研究。第二,笔者自本科开始接受系统的民族学训练,博士阶段的专业方向又是民族文化与民族遗产,因此关注少数民族文化遗产也是希望涉猎的一个方面。第三,根据 2008 年在贵州田野点的体验和观察,笔者希望继续聚焦民族旅游及其对少数民族地区的影响,特别是当地人怎样通过自我调适应对旅游情境下文化由传统到现代的变迁过程。贵州民族地区的生态博物馆正体现了民族旅游、遗产研究和博物馆研究的兴趣交叉点。

值得指出的是,生态博物馆作为一种新博物馆形式在我国有着特殊意义和时代特点。一方面,生态博物馆采用博物馆理念对少数民族村寨的民族文化遗产进行整体的、动态的和当地的保护;另一方面,生态博物馆所在地区的欠发达又使其承载了发展民族经济的责任,而旅游成为其中的重要形式之一。大众旅游在增加民族村寨经济利益的同时也为村民接触外界提供了更多的机会,催生或催化了少数民族文化的变迁,这一过程中少数民族村寨呈现出了非本土的现代特征。从这种意义上来说,生态博物馆是探讨文化遗产、旅游和现代性的恰当的载体。

(二)再进贵州

2009 年春夏之际,笔者再次来到贵州,在黔中和黔东南地区的几个少数民族村寨进行田野调查,希望能够从中选择合适的田野点。这几个少数民族村寨包括朗德上寨村寨博物馆、西江千户苗寨、梭戛箐苗生态博物馆和镇山布依族生态博物馆。这四个少数民族村落也可以称为四座民族村寨博物馆,它们作为我的初期田野选择点各自具有独特的发展模式。

朗德上寨博物馆是我国第一座"原生"的新博物馆形式,称为"村寨博物馆",说其"原生"是因为它的建立并非如"生态博物馆"一样借用西方的概念,而是时任贵州省文化厅文物处处长的吴正光提出的一种村寨保护形式。目前村寨博物馆的运行主要依赖村民自治,采用记工分的形式,调动全村一起参与到遗产保护和旅游发展中。

西江千户苗寨是典型的公司介入进行旅游开发的村落,虽然统一化的管理体系和多样的旅游娱乐形式吸引了大众旅游者的目光,但过度商业化也是游客批评的焦点。

梭戛箐苗生态博物馆是我国与挪威合作建立的第一座生态博物馆,可以算作政府主导的典型,挪威政府和中国政府都投入了大量的资金、人力和物力,建立之初引起全世界游客和学者的关注。然而,梭戛过去的相对封闭与生态博物馆项目之后村落的开放形成鲜明的对比,生态博物馆不仅没有达到保护文化遗产的本意,反而成为民族文化变迁的一个催化剂。笔者在梭戛进行田野调查的时间(2009)是梭戛生态博物馆建成后的第十二年,当时生态博物馆项目已经很少有人问津,前去参观的游客也是寥寥无几,文化保护和旅游发展两个目标似乎都没有实现。

镇山布依族生态博物馆是中挪合作项目资助下在贵州建立的第二座生态博物馆,相比梭戛生态博物馆,它的情况更加特殊和复杂。首先,镇山布依族生态博物馆无疑是由政府参与并出资建设的项目,但在生态博物馆项目之前,村民已经开始经营旅游项目,并具有了一定的发展旅游的自觉性和自治性。其次,在生态博物馆项目之前,镇山村就已经被命名为"民族文化保护村"进行旅游开发,旅游已经成为村民生活的一部分,"生态博物馆"对村民来说并不新鲜。最后,镇山布依族生态博物馆与其他第一批的生态博物馆相比是距离城市最近的一个,距省会贵阳市西南仅 21 公里,使其成为众多生态博物馆中最容易到达和现代性表述最为明显的一个。在这样一个被命名为"生态博物馆"的村落里,旅游开发、遗产保护和现代性表述同时上演,因此笔者最终选择镇山布依族生态博物馆作为主要田野调查点。

(三)选题确定

从贵州回校几个月后,笔者就起程前往美国进行为期两年的交流深造。

在美国期间,笔者一方面积累学科相关的理论知识;另一方面查找生态博物馆在美国的相关信息,并几次前往与生态博物馆相关或相似的社区进行田野调查(美国没有生态博物馆的概念,但有类似于生态博物馆的新博物馆形式)。其中包括加州中国早期移民的聚居地乐居(Locke)镇、加州州府萨克拉门托(Sacramento)古镇等。

2011年回国前笔者特地前往巴黎第一大学索邦分校参加了"旅游、文化和发展"(Tourism,Culture and Development)研讨会,除了在会上的报告和交流外,笔者还希望能完成自己一直以来的一个心愿,那就是到生态博物馆的发源地亲自见证法国的生态博物馆。在法国朋友的建议下,笔者最终参观了法国第一座生态博物馆克勒索-蒙西生态博物馆和位于法国东北部的阿尔萨斯生态博物馆(Écomusée d'Alsace)。然而辗转几个小时的火车加上徒步几公里才最终到达的这两座生态博物馆却令笔者大跌眼镜,完全打破了之前对生态博物馆的预设和想象。笔者深感震惊的是法国和美国所谓的生态博物馆和中国的生态博物馆差别非常大——笔者短暂到达的几个国外生态博物馆几乎都是没有当地人居住的、主要进行旅游开发的、展演传统文化的"陈列馆",并非如生态博物馆理念中所提出的保护文化遗产的"活"的博物馆。这一度使笔者对生态博物馆的理念和实际操作中的巨大差异产生困惑,进而担忧中国生态博物馆的未来走向。

之后笔者试图找寻国内外生态博物馆的相似性,思考的过程中,笔者发现它们的共同点与旅游功能的凸显和生态博物馆中现代性的表述相关。全球化和工业化导致传统社区的生产方式和生活方式发生转变,本土文化呈现出前所未有的新属性;然而若想维持当地旅游业的兴旺,吸引游客感受当地传统,社区又需要保留一些传统性。生态博物馆中这种"现代性"与"传统性"的角力和取舍正是生态博物馆社区现代性的呈现和表述方式,笔者将其称为"混合现代性"(hybrid modernity)。生态博物馆的功能也正是客观记录和保存这种"混合现代性"。因此本书主要从生态博物馆社区的角度出发,站在当地人的视角进行参与观察,尽量客观描述文化变迁的过程和现代性的表述,分析传统和现代的抗争与平衡状态,以阐释生态博物馆中的"混合现代性"。

三、研究意义

少数民族文化遗产是我国文化遗产的重要组成部分。在现代化发展"双刃剑"和生态危机愈演愈烈的双重压力下,少数民族世代相承的文化遗产和特点鲜明的地方性知识备受瞩目。如何在文化遗产中发掘、利用、保护和传承遗产,即"取之于遗产用之于遗产"成为文化遗产研究的主要内容。

第一,中国的现代性转向是目前学术界讨论的热点之一,随着全球化进程的加快,我国逐步进入现代化社会。然而,这种转向就如硬币的两面,一方面我国的经济总额逐年增加、国际地位提升、人民生活水平提高;另一方面本土文化的独特性减少、传统丢失、生态环境被破坏。在西方主导的游戏规则下,我国的教育、经济、文化等都难免受到牵制,被卷入全球化的巨浪之中。然而可喜的是,近年来人们开始越来越多地关注本土社会,并尝试在本土社会的土壤上栽种西方的种子,于是各种本土化呼声高涨,此起彼伏。

第二,旅游从20世纪70年代改革开放开始成为由国家或当地政府部门主导的一种政治经济活动。"旅游业是现代社会经济发展不可缺少的部门,并且在满足人们物质文化生活需求和社会再生产中占有重要地位。首先,发展国际旅游业能增加外汇收入,使国民收入增值;其次,国内旅游业的发展可以促进非商品货币回笼;第三,扩大劳动力就业;第四,可以促使国际和地区间的科学技术和文化交流,加强各国人民之间的了解和友谊;第五,促进商品经济的发展和繁荣。"①由此可见,发展旅游业不仅成为一项国家政策,以增加外汇收入和促进非商品货币回笼;同时也成为人们提高经济收入的新兴产业,扩大了人们的就业范围。在欠发达地区,特别是在希望尽快发展经济的少数民族地区,发展旅游业成为当地人民脱贫致富的优先选择。

第三,生态博物馆理念在我国的实践无疑是我国对生态环境和文化遗产关注的产物,而中挪政府的合作又使得生态博物馆项目蒙上了一层西方色彩,并具有政府导向性。生态博物馆理念侧重遗产的当地保护、社区参与和整体性,但在实践过程中,由于各种利益关系和各级实施者理解的不同,旅游由始至终贯穿生态博物馆的发展历程,成为其主要功能。

本书以人类学传统中的生计方式、亲属关系、宗教信仰、节庆文化四个方面作为主要议题,论述镇山布依族生态博物馆的文化事项。通过深入访谈和地方文献的收集整理还原村寨历史文化,通过参与观察了解村寨现存的文化,通过一个个历史节点论述村寨逐步呈现出的现代性,并试图回答以下问题:

第一,村民眼中的传统民族文化和现代文化究竟是什么。通过对生计

---

① 　汝信、易克信:《当代中国社会科学手册》,社会科学文献出版社1989年版,第139页。

方式、亲属关系、宗教信仰与节庆文化的考量,笔者试图辨别在镇山布依族生态博物馆内部,哪些文化元素是传统的和固有的,哪些是现代的和外来的。村民又怎样将现代性元素融入日常生活中,怎样在自己的认知体系中平衡传统性和现代性。

第二,生态博物馆作为一个西方的外来概念,与此项目相关的不同群体对其理解程度不尽相同,如政府官员、相关专家学者、当地村民、游客等。本书将尝试分析这种"不对称"的认知对生态博物馆的发展有着怎样的影响,特别是当地村民如何将这个西方概念整合在自己原有的传统知识体系和认知实践中,从而管窥文化变迁的过程和现代性的表述。

第三,旅游是现代性的外在表现之一,同时旅游也是促成现代性的因素之一。自 20 世纪 70 年代末 80 年代初中国改革开放以来,旅游不论从速度上还是程度上都在影响着中国的现代化进程。同时,旅游本身也是现代化的产物,成为一名游客是现代性的标志之一。本研究以旅游为媒介,探讨现代性是怎样通过大众旅游,在生态博物馆中呈现出来的。

论及现实意义,从全球范围来看,以生态博物馆为代表的新博物馆形式的提出,特别是当地保护概念的提出,是遗产保护的一种趋势,它为保护民族文化、开发民族旅游业、发展民族经济指出了一条可行之路。生态博物馆将文化遗产留在原生地,体现了文物和遗产真正的文化含义;同时强调社区居民的参与,调动起村民保护当地文化遗产的积极性和主动性,积极推动非物质文化遗产的记忆、传承和普及。其中"社区参与"即是一种"文化自觉"。本书在试图解答以上问题的同时,希望能够为我国的生态博物馆研究提供一例深入的分析个案,为生态博物馆未来的建设和发展提供借鉴。

第二节　人类学现代性理论梳理

"现代性"一词来自于英文的 modernity,最早出现于 1673 年《牛津英语词典》中,指对审美的某种微妙的感觉,接近于"风格",原文为"语调的现代性"。[①]"要追溯其词源,我们就要回到罗马帝国即将灭亡时和罗马帝国灭亡后讲拉丁语的那些地区。随着基督教的兴起及其成功,在早期中世纪拉丁文中出现了形容词'modernus',它源出'modo'这个重要的时间限定语(意

---

①　陈嘉明:《现代性与后现代性十五讲》,北京大学出版社 2006 年版,第 2 页。

思是'现在'、'此刻'、'刚才'和'很快')。这个词被用来描述任何同现时(包括最近的过去和即至的将来)有着明确关系的事物。它同'antiquus'(古代)相对,后者指一种就质而言的'古老'(古老＝一流＝工艺精良＝可尊敬的传统＝典范,等等)。"①姚斯给出了现代性词源更为确切的考证:现代(modernus)一词在公元 5 世纪就出现了,这个词旨在将刚刚确定地位的基督教同异教的罗马社会区别开来。正是在这个意义上,"现代"一词就意味着时间的断裂。它在欧洲的一再使用,就是为了表现出一种新的时间意识,就是要同过去拉开距离而面向未来。② 法语中对应现代性的是 modernité 一词,出现在 19 世纪中期的法国,比英语中出现的时间要晚一些。波德莱尔③在《现代生活的画家》中首次定义现代性的特征:"现代性就是过渡、短暂、偶然,就是艺术的一半,另一半是永恒和不变。"④这里波德莱尔所称的现代性既指艺术和美的短暂性和偶然性,又指现代生活所体现的短暂性和偶然性。

现代性在学术界的理论意义来源于 18 世纪欧洲的启蒙运动。16 世纪开始,"现代"同"中世纪"逐渐偏离;经过启蒙运动和科学技术的发展,到 18 世纪晚期,现代与中世纪的断裂达到高峰;19 世纪法国大革命和工业革命后是现代性的成熟时期,是波德莱尔所描绘的短暂、偶然"现代性"的时间,也是马克思发表宣言的时代。现代性最主要的特征就是质疑宗教的权威性,提倡理性主义,崇尚科学,强调自由。从 18 世纪开始现代性就成为哲学领域讨论的主题之一,随后其影响力扩大到政治学、经济学、社会学、人类学、文学、艺术等领域。从地理空间上来看,对现代性的讨论最初是西方社会科学领域的关注点,之后逐渐被包括中国在内的东方世界所讨论。

一、现代性的关键词

与现代性相关的词汇很多,为区别现代性与其他词语的差异,这里简单加以介绍和梳理。

---

① [美]马泰·卡林内斯库:《现代性的五副面孔》,顾爱彬、李瑞华译,商务印书馆 2002 年版,第 1 页。

② [德]尤尔根·哈贝马斯:《后民族结构》,曹卫东译,上海人民出版社 2002 年版,第 178 页。

③ Charles Pierre Baudelaire(1821—1867),法国 19 世纪最著名的诗人之一,象征派诗歌先驱,现代派文学的奠基人,1857 年出版传世之作《恶之花》。

④ [法]波德莱尔:《波德莱尔美学论文选》,郭宏安译,人民文学出版社 1987 年版,第 485 页。

（一）现代（modern）、前现代（premodern）和后现代（postmodern）

现代既是一个形容词也是一个名词。作为形容词，现代指当下的、存在的；也可以指现在时代的特征：新潮的，不陈旧的。作为名词，它指代属于现在的，或者与当下有关的区别于遥远过去的时间；现在的时代。① 从西方学术史上来看，现代一般指从 16 世纪开始至今的时期，前现代则是 16 世纪之前没有进行宗教改革的中世纪。

我国对现代的时间划分和西方不同，《汉语大词典》中对"现代"一词的解释为："现在这个时代。我国历史分期上多指一九一九年五四运动到现在这个时期。"②

对现代性的反思和批判产生了后现代。追溯后现代一词的出现，我们可以发现一个有趣的偶然："后现代"一词同"现代"一样产生于美学领域。1870 年前后，英国画家约翰·瓦特斯金·查普曼（John Watkins Chapman）用"后现代绘画"描述那些据说比法国印象主义绘画还要现代和前卫的绘画作品。随后，在 1917 年出版的《欧洲文化的危机》中，作者鲁道夫·潘诺维茨（Roddf Pannovwitz）用"后现代"指称当时欧洲文化的虚无主义和价值崩溃。③ "后现代"的普遍使用和"后现代主义"思潮的出现是在 20 世纪 60 年代，20 世纪 90 年代达到成熟期并传入中国。

那么什么是后现代？是否存在后现代？令人吃惊的是，虽然后现代的使用铺天盖地，仿佛全世界都进入了一个"后"的时代，但是却很少有学者肯定后现代社会的存在。在研究现代性的学者中，只有弗雷德里克·詹姆逊（Fredric Jameson）明确使用了"后现代社会"和"后现代时期"这样的词语，认为后现代社会是接近于晚期资本主义阶段的新型社会。他对后现代性的阐述主要在《后现代主义——晚期资本主义的文化逻辑》一书中，"后现代主义"在他看来是一个时期的概念，用来划分文化（这里的文化指文学和艺术等狭义的文化）的发展阶段，而后现代主义是继现实主义和现代主义之后的又一个崭新的历史时期。在这一时期中，呈现出中心瓦解、创作方式的革

---

① The Oxford English Dictionary（second edition）. Oxford：Clarendon Press，1989：947-948.

② 汉语大词典编辑委员会、汉语大词典编纂处：《汉语大词典》，汉语大词典出版社1989 年版，第 579 页。

③ ［美］道格拉斯·凯尔纳、斯蒂文·贝斯特：《后现代理论：批判性的质疑》，张志斌译，中央编译出版社 2004 年版，第 7 页。

新、表意的不连贯性、科技的运用、批判距离的消失等文化特征,这也就是晚期资本主义的文化逻辑。①

然而,更多的学者,如吉登斯(Anthony Giddens)明确肯定现在的社会仍然属于"现代性"范畴,甚至现在学界认为的后现代思想的源头尼采(Friedrich Wilhelm Nietzsche)和海德格尔(Martin Heidegger)也并未宣称自己是"后现代"主义者。

吉登斯对"后现代性"与"后现代主义"这两个概念作以阐述。"后现代性"是认识论意义上的,其含义包括:否认以往的认识论基础的可靠性,并由此否认存在确定性的认识;否认历史具有目的性以及历史"进步"的观念的合理性;断言随着生态问题和更一般意义上的新社会运动的重要性的日益增加,一种新的社会—政治议程正在形成。"后现代主义"主要指现代性特征的审美观方面,指涉的是建立在现代性特征基础上有关文学、绘画、造型艺术和建筑的形式或运动,此外也不排除它是对于可能出现的现代性秩序转变的一种认识。即使给出"后现代性"和"后现代主义"的定义,吉登斯仍然强调,这并不代表后现代性的存在。他认为现代社会并没有进入后现代时期,而是迈入了一种更高等级的现代性,在此时期现代性的后果显得比之前更为剧烈化和普遍化。②

(二)现代性与现代化(modernization)

现代性与现代化看似相同,其实是两个不同层面、具有不同意义的概念。首先,从时间顺序和逻辑顺序上来说,现代化是因,现代性是果。现代化指社会、经济、科学等在由一个时代到另一个时代(尤其指由农业社会到工业社会)的跨越中发生变迁的过程。而现代性是这个过程的结果,即现代社会的属性。其次,从定性和定量的角度来看,现代化是一个可以定量的概念,经济、社会、技术的现代化都可以有一个明确的标准;而现代性是一种定性的价值,是不能够被定量的,因此对现代性的定义和论述十分多样。再次,因为现代化的可测量和现代性的不可测量,在学科范畴上,现代化一般涉及经济学和社会学,考量一个社会在从农业社会到工业社会的进程中的经济增长、生产力的变化及教育情况。而"现代性主要是一个哲学范畴,从

---

① Fredric Jameson. Postmodernism, or The Cultural Logic of Late Capitalism. Durham: Duke University Press, 1991.

② [英]安东尼·吉登斯:《现代性的后果》,田禾译,译林出版社 2000 年版,第 40—41 页。

哲学的高度审视与批判文明变迁的现代结果,着眼于从传统与现代的对比上抽象出现代化过程的本质特征,着眼于从思想观念与行为方式上把握现代化社会的属性,反思现代的时代意识与精神。"①

1960 年,在日本举办的"现代日本"国际研讨会上,学者们第一次认真而系统地讨论现代化问题,给出了现代化的八项标准:

（1）人口相对高度集中于城市之中,城市日益成为社会生活的中心;

（2）较高程度地使用非生物能源,商品流通和服务设施的增长;

（3）社会成员大幅度地互相交流,以及这些成员对经济和政治事务的广泛参与;

（4）公社性和世袭性集团的普遍瓦解,通过这种瓦解在社会中造成更大的个人社会流动性和更加多样化的个人活动领域;

（5）通过个人对其环境的世俗性和日益科学化的选择,广泛普及文化知识;

（6）一个不断扩展并充满渗透性的大众传播系统;

（7）大规模的制度的存在,如政府、商业和工业等,在这些制度中科层管理组织不断增长;

（8）在一个单元（如国家）控制之下的大量人口不断趋向统一,在一些单元（如国际关系）控制之下的日益增长的互相影响。②

美国著名现代化研究学者阿历克斯·英格尔斯（Alex Inkeles）对现代化给出了具体的参数,是国际上较为通用的现代化指标:(1)人均国民生产总值 3000 美元以上;(2)平均寿命 70 岁以上;(3)农业产值占 GDP 比例低于 12%～15%;(4)服务业产值占 GDP45%以上;(5)城市人口占总人口 50% 以上;(6)80%以上人识字;(7)大学入学率 10%～15%;(8)每名医生服务人数 1000 人以下;(9)人口增长率 1%以下;(10)非农人口 70%以上。③

现代性具有哲学层面的广度和深度,对现代性的归纳不能定性,只能归纳出其特征:(1)民主化;(2)法制化;(3)工业化;(4)都市化;(5)均富化;(6)福利化;(7)社会阶层流动化;(8)宗教世俗化;(9)教育普及化;(10)知识

① 　陈嘉明:《现代性与后现代性十五讲》,北京大学出版社 2006 年版,第 37 页。

② 　陈嘉明:《现代性与后现代性十五讲》,北京大学出版社 2006 年版,第 38 页。

③ 　http://www.library.sh.cn/dzyd/spxc/list.asp? spid＝685.

科学化；(11)信息传播化；(12)人口控制化；等等。① 这些特征在本书的田野点"镇山村"都或多或少有所体现。

（三）传统与现代

传统和现代既相互对立又密不可分。西方传统一词产生于欧洲启蒙运动，之后随着民族主义的发展而受到人类学、民俗学等学科的关注。《牛津英语词典》中对传统的主要释义之一是"从一个人到另一个人，从一代到另一代的传承和传递的动作或事实，主张、信仰、规则和习惯之类的传递，特别是通过口头和实践传承而非文字传承的事物"②。

我国传统一词出现的时间较早，早在《后汉书·东夷传·倭》中就记录有："自武帝灭朝鲜，使驿通于汉者三十许国，国皆称王，世世传统。"这里的传统指帝业、学说等世代相传。现在一般意义上所使用的传统和西方的用法相似，指世代相传的具有特点的风俗、道德、思想、作风、艺术、制度等社会因素，还有世代相传、旧有之意。③

传统一般与习俗、遗产、文化、社会等词同时出现，传统还隐含着考古遗存、陈列品、符号系统等意义。传统可以和文化诸方面联系起来，如传统艺术、传统医药、传统经济、传统婚姻、传统法等。其反面就是现代性，尤其指来自西方的现代性，这一对二元对立的概念似乎只有通过证明一方的存在才能认识到另一方的真实性。虽然传统并没有一个十分确定的标准，也没有一个可以划分是否传统的时间点，但是这丝毫不影响传统在现实生活中的广泛使用和学术界对其关注。传统社会（也可称非现代社会）的基本特征是以农业生产为主、非机械劳动、自给自足、社区相对稳定、保留较多的文化习俗。传统社会以传统作为文化标准，而现代社会的文化经常是动态的、变迁的、革新的。

二、人类学现代性的哲学之根

现代性涉及政治、经济、社会和文化等层面。作为一个历史分期的概念，现代性标志了一种断裂或一个时期的当前性或现在性。它既是一个量

---

① 罗荣渠：《现代化新论：世界与中国的现代化进程》，商务印书馆 2004 年版，第 14—15 页。

② The Oxford English Dictionary (second edition). Oxford: Clarendon Press, 1989: 353-354.

③ 汉语大词典编辑委员会、汉语大词典编纂处：《汉语大词典》，上海辞书出版社 1986 年版，第 1625 页。

的时间范畴,一个可以界划的时段,又是一个质的概念,即根据某种变化的特质来标识这一时段。① 现代性究竟是什么,现代性起止时间,现代性的特征是什么,学者们众说纷纭,没有统一的说法。"后现代"一词出现后,现代性和后现代性互相纠结,关系复杂。有人认为后现代是现代的初始阶段,有人认为后现代是现代性的终结,也有人说后现代与现代有历史分期的差异。

"现代性和现代化过程密不可分,工业化、城市化、科层化、世俗化、市民社会、殖民主义、民族主义、民族国家等历史进程,都是现代性的种种指标。世俗政治权力的确立和合法化,现代民族国家的建立,市场经济的形成和工业化过程,传统社会秩序的衰落和社会的分化与分工,以及宗教的衰微与世俗文化的兴起,这些进程深刻反映了现代社会的形成。现代性并非一个单一的过程和结果,它自身也充满了矛盾和对抗。"② 现代性研究涉及广泛,因此著述颇丰,以下仅对哲学领域中对人类学的现代性研究影响较大的社会思想家及其主要理论进行梳理,主要有马克思、马克斯·韦伯、福柯、哈贝马斯、吉登斯等。

（一）马克思(Karl Heinrich Marx,1818—1883)

马克思将资本主义作为现代社会的开端。资本主义以商品的生产、分配和消费为核心,与以宗教信仰为核心的中世纪相断裂。他认为是物质生产力而非理性等观念促成资本主义的产生。"物质生活的生产方式制约着整个社会生活、政治生活和精神生活的过程。不是人们的意识决定人们的存在,相反是人们的社会存在决定人们的意识。"③ 这也是马克思与随后介绍的马克斯·韦伯最本质的区别。生产力和生产关系的矛盾自然存在,只有革命才能将其消除。资产阶级革命引发阶级斗争和社会变革,从而导致现代社会的形成。

中世纪的欧洲是农业社会、庄园经济和宗法制度占主导。庄园主虽然是权力核心,但并不以利益为目标,农业是为维持自给自足的生活。由于劳动的自给自足,商品不被交换,人和人的关系纯粹、自然。而资本主义以商

---

① 周宪、许钧:现代性译丛总序,载[法]安托瓦纳·贡巴尼翁:《现代性的五个悖论》,许钧译,商务印书馆 2005 年版,第 2 页。

② 周宪、许钧:现代性译丛总序,载[法]安托瓦纳·贡巴尼翁:《现代性的五个悖论》,许钧译,商务印书馆 2005 年版,第 3 页。

③ [德]卡尔·马克思:《政治经济学批判》导言,《马克思恩格斯选集》第 2 卷,人民出版社 1972 年版,第 82—83 页。

品为核心,一切组织活动都按照商品的生产、交换和消费运行,以追逐利润为目标。商品的交换价值取代了使用价值,物不以本身的使用价值考量,而变成一种符号支配整个社会组织。人和人的关系被抽象为物和物的关系。

如果说韦伯对现代性持又爱又憎的矛盾性观点,那么马克思对现代性可以说是全盘的否定。资产阶级对传统的破坏十分严重,它"撕下了罩在家庭关系上的温情脉脉的面纱,把这种关系变成了纯粹的金钱关系"。同时,"一切固定的僵化的关系以及与之相适应的素被尊崇的观念和见解都被消除了,一切新形成的关系等不到固定下来就陈旧了。"马克思还坚信这样的过程不仅发生在欧洲,还会席卷全球的其他国家和其他民族,"资产阶级把一切民族都卷到西方所谓的文明中",它消灭了古老的民族工业,它使"农村屈服于城市的统治,使未开化和半开化的国家从属于文明的国家,使农民的民族从属于资产阶级的民族,使东方从属于西方"。[①]

马克思对现代性的预见令人惊叹,全球化的趋势下,中国的城市和乡村都遭遇西方文明的席卷,传统社会不得不积极适应、自我调适。

(二)马克斯·韦伯(Max Weber,1864—1920)

在韦伯看来,现代性就是祛魅的过程。这里"魅"就是指宗教的权威性,"祛魅"也就是宗教改革的过程。宗教改革源自马丁·路德的新教革命。路德的新教倡导个人和上帝直接的联系,不需要神职人员等作为沟通上帝的中介,人通过祈祷可以和上帝直接对话。人的独立平等以及内心和上帝的精神沟通导致以教会和神职人员为中心的神学体制大楼倒塌。在新教改革的影响下,个人主义、民族国家和自由观念等现代社会的特征随之出现。

韦伯不止于对现代起源的研究,而且敏锐地洞察到现代性发生在西方的根源。与马克思的"经济基础决定上层建筑"恰恰相反,他认为资本主义的发生是源于宗教的力量,即上层建筑决定经济基础。韦伯以他所熟知的加尔文教为例,认为新教的禁欲主义观念和文化影响了资本主义经济。在新教禁欲主义眼中劳动本身就是人生的目的,教徒按照上帝的圣训努力工作,进行财富的积累,加上节俭的花费使得资本积累良性循环,韦伯将这个过程称为"资本的过度积累"。然而,财富的积累不会永无止境地良性循环,财富导致信徒将眼光放在当下的世俗社会。"这时,寻求上帝的天国的狂热

---

① [德]卡尔·马克思、弗里德里希·恩格斯:《共产党宣言》,载《马克思恩格斯选集》第 1 卷,人民出版社 1972 年版,第 252—256 页。

开始逐渐转变为冷静的经济德性;宗教的根慢慢枯死,让位于世俗的功利主义。"①纯粹的宗教热情过后,经济伦理和经济人等功利主义抬头,商人谋取利益不再因为宗教荣光,而是金钱利益的驱使,因宗教而生的资本的积累开始为世俗服务。世俗化的新教伦理创造了资本主义的条件,商人积极地获得利益,工人任劳任怨地工作,祛除了宗教的新教禁欲主义成为资本主义精神。

从韦伯对加尔文教的考量,理性有两个层面:其一是宗教层面的理性,即"祛魅"的过程;其二是行为层面的理性,即勤勉工作和节约开支的禁欲行为。祛魅的宗教理性被世俗化后,成为形式理性。但是不论哪种理性,"清教的世界观都有利于一种理性的资产阶级经济生活的发展。它在这种发展中是最重要的,而且首先是唯一始终一致的影响。它哺育了近代经济人"②。从新教伦理发展出资本主义经济制度和国家体制的理性化,这就是现代性的根源。

然而,充满理性的资本主义组织方式创造了理性的国家,它组织庞大、等级分明、冷漠无情,人被禁锢在制度的"铁笼"里,成为国家机器的零件,没日没夜地工作。形式理性是这个"铁笼"的润滑剂,而铁笼就是现代性的标志之一。然而,韦伯的理性本身也存在矛盾,即形式理性(以经济为取向的社会行为方式)和实质理性(以价值为取向的社会行为模式)的悖论,亦即现代性的悖论。形式理性以理性作为控制体制内个体的手段,人们对体制的绝对服从就走向了理性的另一面——非理性。

韦伯提出的祛魅过程(宗教世俗化)、理性主义、人对制度的服从和对利益的追逐都是中国现代社会的主要表现。他所提出的现代性悖论也是学术界讨论的焦点之一。

(三)福柯(Michel Foucault,1926—1984)

福柯对现代性的论述不是放在"理性"上,而是侧重对"权力"的分析。资本主义的权力体现在知识构型上、权力技术上和秩序建构上。福柯认为现代社会之所以与古典社会不同,是因为它发明了新的权力体系和权力技术实践。福柯在《规训与惩罚》中分析了惩罚制度和权力的变化。以古典社

---

① [德]马克斯·韦伯:《新教伦理与资本主义精神》,于晓、陈维纲等译,生活·读书·新知三联书店 1992 年版,第 138 页。

② [德]马克斯·韦伯:《新教伦理与资本主义精神》,于晓、陈维纲等译,生活·读书·新知三联书店 1992 年版,第 136 页。

会和现代社会作对比,古典社会对人的惩罚形式是公开的、暴力的、血腥的,惩罚的对象是人的肉体;而在现代社会中酷刑消失了,取而代之的是对权力的剥夺。具体地说,肉体不再是惩罚的一个构成因素,而是将身体作为一个工具或媒介,将其"控制在一个强制、剥夺、义务和限制的体系中"①。惩罚不再是肉体的痛苦,而是肉体的权力技术应用,肉体变为某种政治领域,"权力直接控制它,干预它,给它打上标记,训练它,折磨它,强迫它完成某些任务、表现某些仪式和发出某些信号……肉体基本上是作为一种生产力而受到权力和支配关系的干预"②。

"规训"是现代社会对身体的惩罚技术,遍布整个现代社会。监狱系统存在各种规训技术,变成现代社会的典型惩罚组织。可以说,现代社会的象征是"高墙、空间、机构、规章、话语",犹如"监狱群岛",它致力于规范化权力的建构,希望减轻痛苦、治疗创伤和给予慰藉,不过这些都是"居心叵测的怜悯、不可公开的残酷伎俩、鸡零狗碎的小花招"③。

从疯癫史也可以看出现代社会的权力结构,17 世纪、18 世纪的欧洲,疯癫被视为行为规范的一种离轨,所有疯癫者都被圈禁起来。19 世纪为实证主义的时代,这个时代虽然开始启用令人宽慰的精神分析方法来治疗癫狂病人,但是癫狂病人并没有真正得到自由,因为医生是凭借权威来控制病人,而未必有科学可言。弗洛伊德(Sigmund Freud)是第一个不用精神病理论来掩盖医生与病人之间对立关系的人,而是全力关注医疗效果。他打破了精神病院结构的神秘性,把疯癫病人从精神病院解放出来。④ 理性,即资本主义的文明,是通过残酷的压制和排斥疯癫和非理性来建立自己的观念和秩序系统的。⑤

福柯提出的现代性之"权力"理论影响了很多西方的人类学者。他们大量引用福柯的"权力"理论来分析中国的现代性,特别是 1949 年后由国家主导的"现代化"过程。

---

① [法]米歇尔·福柯:《规训与惩罚》,刘北成、杨远婴译,生活·读书·新知三联书店 1999 年版,第 11 页。

② [法]米歇尔·福柯:《规训与惩罚》,刘北成、杨远婴译,生活·读书·新知三联书店 1999 年版,第 12 页。

③ [法]米歇尔·福柯:《规训与惩罚》,刘北成、杨远婴译,生活·读书·新知三联书店 1999 年版,第 353 页。

④ 陆扬:《后现代的文本阐释:福柯与德里达》,上海三联书店 2000 年版,第 59—62 页。

⑤ 陆扬:《后现代的文本阐释:福柯与德里达》,上海三联书店 2000 年版,第 56 页。

（四）哈贝马斯（Jürgen Habermas,1929—）

哈贝马斯是"法兰克福学派"中最有影响力的人物,是一位新马克思主义者,他将现代性同时置于哲学和社会学范畴进行讨论。① 在《现代性的地平线:哈贝马斯访谈录》中,他解释了自己以及其他法兰克福学派的学者将一直在德国分道扬镳的哲学和社会学联系起来的原因:"按照马克思主义传统,哲学和经济学、心理学等其他科学之间的分工,只有在共构理论探究的总纲领时才富有意义。"②哈贝马斯非常关注现代性的反思,将其称为"现代病理学理论"③,诊断现代性中存在的问题;同时他还认为现代性是"一项未完成的设计"④,旨在用新的模式和标准来取代中世纪几经分崩离析的模式和标准,来建构一种新的社会知识和时代,其中个人"自由"构成现代性的时代特征,"主体性"原则构成现代性的自我确证的原则。⑤

主体性原则之所以成为现代性的原则,是因为现代性本身需要解决自我理解和自我证明的问题。在中世纪,上帝是一切价值的标准,现代性在宗教世俗化的过程中不再关心上帝,而是希望通过自身的理性做出判断,即主体通过理性来反思和确定自己的价值体系。论述了主体性这一现代性原则后,他话锋一转,认为这种主体性哲学已经走向末路,他希望用自己的"交往行为理论"取而代之,试图通过由哲学向交往范式的转化来祛除现代性的诟病。"交往行为理论"简单来说就是主体之间通过一种程序化的沟通,在交往行为规范的约束下,真实而正当地对其行为进行协调,最后达成共识。而协调的主要方式是通过语言的沟通,交往行为同样依赖于交往行为者的"生

---

①　法兰克福学派是当代西方的一种社会哲学流派,以批判的社会理论著称。20世纪30—40年代初,以德国法兰克福大学的"社会研究中心"为中心,一群社会科学学者、哲学家、文化批评家所组成的学术社群。代表人物有瓦尔特·本雅明、狄奥多·阿多诺、埃里希·弗罗姆、赫伯特·马尔库塞、尤尔根·哈贝马斯等。

②　[德]尤尔根·哈贝马斯:《现代性的地平线:哈贝马斯访谈录》,李安东等译,上海人民出版社1997年版,第20页。

③　[德]尤尔根·哈贝马斯:《现代性的地平线:哈贝马斯访谈录》,李安东等译,上海人民出版社1997年版,第45页。

④　[德]尤尔根·哈贝马斯:《现代性的哲学话语》,曹卫东译,译林出版社2004年版,前言第1页。

⑤　陈嘉明:《现代性与后现代性十五讲》,北京大学出版社2006年版,第4页。

活世界",包括文化、社会和个性三个部分。① 哈贝马斯认为,只有通过交往理论的建立,才可以治疗西方资本主义社会的现代性危机。同时,他肯定了现代性的一些规范,如自由、普遍主义的道德、生活世界的运行原则等。

哈贝马斯的"交往行为理论"被认为是一个理想化的模型,在现实生活中,根本不可能通过沟通解决所有问题。但是,他的"交往行为理论"和他对现代性的深入剖析仍为当今的学术界所讨论。

（五）吉登斯（Anthony Giddens,1938—）

吉登斯从社会学角度分析了现代性的诸多特征。他认为现代性"是一种后传统的秩序","它首先意指在后封建的欧洲所建立的在 20 世纪日益成为具有世界历史性影响的行为制度与模式"。"现代性"大约等同于"工业化的世界",即蕴含于生产过程中物质力和机械的广泛应用所体现出的社会关系,它是现代性的制度轴。现代性的第二个维度是资本主义,它意指包含竞争力的产品市场和劳动力的商品化过程中的商品生产体系。②

现代与前现代在文化和社会的方方面面都呈现出不连续性,现代与前现代的分裂是因为现代性具有非常强大的推动力,使得现代社会以惊人的速度向前发展。那么这种推动力的动因是什么呢？吉登斯认为有三点至为重要。首先是时空的分离（separation of time and space）。他提出时间的"虚空"维度,机械时钟的发明促进了结构的全球化变迁,全世界的各个区域都使用统一的时间计量和统一时区划分。时间的确定不再依靠地点,因此产生了时空的分离。其次是"脱域"（disembedding）机制（或者称抽离化机制的发展）。抽离化机制可以理解为分化,它隐含着"在前现代社会中以一种松散的形式组织起来的活动模式,随着现代性的出现,变得更为专门化,更为精确"。货币成为一种流通符号被人们所信任,由技术人员组成的专家系统被普遍接受。"符号标志"和"专家系统"是社会系统抽离化的两种模式。再次是现代性对制度的反思。现代性的反思指的是社会活动以及人与自然的现实关系依据新的知识信息,而对之做出的阶段性修正的那种敏感性。对知识的怀疑削弱了知识的确定性,科学的积累也是建立在怀疑的基础上,今

---

① ［德］尤尔根·哈贝马斯:《现代性的哲学话语》,曹卫东译,译林出版社 2004 年版,第387 页。

② ［英］安东尼·吉登斯:《现代性与自我认同》,赵旭东等译,生活·读书·新知三联书店 1998 年版,第 2—15 页。

天建立起来的科学信条可能不久就会得到新的修正,或全然抛弃。①

吉登斯关注现代性的制度性维度,即现代性导致的制度性、文化与生活模式等方面发生的秩序的改变。其结果对社会来说,社会关系横跨全球,亦即"全球化";对个人而言,确立了西方的个人主义的价值观念和行为模式。他将全球化看成是现代性的后果,"全球化必须理解为一种辩证的现象,在一种时空分延关系中,一极的事件会在另一极上产生不同甚至相反的结果"。全球化意味着没有人能"逃避"由现代性所导致的转型。② 民族主义和跨国公司的出现都是全球化的重要表现。吉登斯进而提出"文化全球化"的概念,是指由通信技术和媒体所产生的全球化影响。全球化的维度也就是现代性的维度,它们是世界资本主义体系、民族国家体系、国际劳动分工体系和世界军事秩序。吉登斯所描绘的现代性是充满风险的:现代性自身的反思性源于人们在自然科学和技术发展的同时认识到自己知识的局限性,这种"人为的不确定性"往往体现在人类对社会生活和自然条件的控制和干预上,进一步作用于地球环境上,就造成对有限资源的掠夺和破坏,造成了生态危机。

吉登斯对现代性的制度、文化、生态等方面都有精彩的论述,特别是"文化全球化"的概念对旅游人类学和旅游社会学的影响深远,至今仍然受到学者们的关注。

综上所述,现代性脱胎于启蒙运动,与资本主义如影随形,它是一种与政治相关的社会变革,与权力、制度、理性紧密相关。它打破传统农业社会的格局,代之以工业社会机器的轰鸣。然而,现代性自身也有其冲突和矛盾,于是反思现代性也成为现代性的特有品质。总结起来,现代性的主要特征有以下几个方面。

1. 断裂

现代性的关键词之一就是断裂,广义上说就是过去和现在的断裂。马克思在《共产党宣言》中断言了资本主义和过去的断裂:"生产的不断变革,一切社会关系不停地动荡,永远的不安定和变动,这就是资产阶级时代不同于过去一切时代的地方。……一切等级的和固定的东西都烟消云散了,一

---

① 〔英〕安东尼·吉登斯:《现代性与自我认同》,赵旭东等译,生活·读书·新知三联书店 1998 年版,第 19—23 页。

② 〔英〕安东尼·吉登斯:《现代性与自我认同》,赵旭东等译,生活·读书·新知三联书店 1998 年版,第 24 页。

切神圣的东西都被亵渎了。人们不得不用冷静的眼光来看他们的生活地位、他们的相互关系。"①这种断裂在观念上表现为都市的现代生活和传统的乡村生活的断裂:现代性在都市的动荡导致乡村原有的生活方式、价值体系、社会关系等发生剧烈的变化;在制度上导致传统的礼俗社会和现代的法理社会的断裂,人们不再遵从共同体的不成文的制度,而是按照理性和制度化的规则小心行事。正是现代性固有的短暂性特征和传统的决裂,导致了现代性内部的冲突。

詹姆逊从断裂的意义上将现代性分为前现代性、现代性和后现代性。现代性既和前现代性断裂,又和后现代性断裂。前现代性根植于乡村生活和宗教生活,被家族权威和宗教权威所控制;现代性融于现代生活和都市中,到处都是赤裸裸的物质主义生活。都市是现代性的载体,都市由工业化促成。在都市里,人们变成了工业上的一颗颗螺丝钉,在都市机器的运作下精确地转动,确保机器的正常运作。前现代性的都市被农村包围,农业生产决定城市的存活,而不是城市主导农村;工业化的都市完全变成了权力和利益的中心,都市的扩张一步步侵蚀农村的土地和传统的农业生产,使得农村成为都市的附属物。因此,詹姆逊给出的现代性定义是"现代性不是一个概念,不是哲学或别的概念,它不过是各种各样的叙事类型。现代性,只能意味着现代性的多种情景"②。然而,詹姆逊对后现代毫无好感,他总结了后现代的主要病症:文化的商业化,后现代主义文化的浅薄化和"主体"、"自我"、"情感"的消失等。

2. 工业主义

工业主义是现代性的特点之一,商品的生产、交换和流通以及资本主义的其他经济活动都通过工业生产来表达。吉登斯在《民族—国家与暴力》中认为工业主义是物质和能源在商品生产、交换和消费中的运用,是生产的机械化和自动化,是制造业的推广,是生产流程的制度化,集中表现的场所就是工厂。③ 在工厂里,人变成了生产线上的一个个环节,而且必须与流水线

① [德]卡尔·马克思、弗里德里希·恩格斯:《共产党宣言》,载《马克思恩格斯选集》第1卷,人民出版社1972年版,第254页。

② [美]弗雷德里克·詹姆逊:《现代性、后现代性和全球化》,王丽亚译,中国人民大学出版社2004年版,第74页。

③ [英]安东尼·吉登斯:《民族—国家与暴力》,胡宗泽等译,生活·读书·新知三联书店1998年版,第172—174页。

的生产节奏相吻合。生产者和他们生产出的产品毫无感情,慢慢地人也变得没有了意识。"农民从农业生产的固定地块上解放出来并向工资劳动者转变的过程,同时就是他们从散布于孤立、地方化的社区中解脱出来的过程,作为新兴的流动者,他们可以具体在更为集中化的场所,靠机械化的制造业来进行生产。"①工业技术随着资本主义的发展不断变化,为了适应这些变化和变化造成的不安,人们必须不断学习新技术。教育因此在现代化社会中变得尤其重要,只有掌握了体系内的各种技能才不至于被淘汰。

工业对家庭的影响也十分巨大。传统社会中,农业的分工合作和共同耕作将家庭成员紧紧联结在一起,家庭是一个可以自给自足的有机体,是一个完整而稳定的经济组织。工业打破了传统家庭的封闭模式,使得成员被迫分离在几个地点。土地不再是赖以生存的物质和聚集家庭成员的场域,土地权或被剥夺或主动放弃,农民开始变卖土地、背井离乡,变成城市里流浪的雇佣工人。"家庭不再是一个集体性的经济单位,不再是生产和谋生之所在,它反而变成了工作之外的一个私人领域,它的传统意义、功能和价值都退缩了,同时,家庭规模也被一步步缩小。家庭成员的习性和身份认同,以前是根据血缘关系和家庭氛围获取定义,现在,它们在社会空间中,在职业的选择中,在工业机器控制的节奏中,被塑造成型。"②

3. 民族主义

民族主义是现代性的标志之一。"现代民族主义绝不仅仅是一个意识形态上的偶然,也不仅仅是纯粹仇恨的结果;答案显示,在一般形式上而不是在具体细节上,现代民族主义是一种必然。"③这种必然在盖尔纳(Ernest Gellner)看来就是现代社会的工业化,"向工业主义过渡的时期,也必然是一个民族主义的时期"④。因为在农业社会里,地域是相对封闭和自治的,人们有一套独立的、自发的、完整的单元和组织。在这些单元中有各自的机构、等级和规则,可以进行内部再生产,不依靠统一的教育体系、管理体系和生产机制,因此不太可能形成单元和单元之间的普遍性和同质性,也就不能形

---

① [英]安东尼·吉登斯:《民族—国家与暴力》,胡宗泽等译,生活·读书·新知三联书店 1998 年版,第 97—99 页。

② 汪民安:《现代性》,广西师范大学出版社 2005 年版,第 111 页。

③ [英]厄内斯特·盖尔纳:《民族与民族主义》,韩红译,中央编译出版社 2002 年版,第 169 页。

④ [英]厄内斯特·盖尔纳:《民族与民族主义》,韩红译,中央编译出版社 2002 年版,第 53 页。

成具有同一文化的"民族主义"共同体。变动的工业社会打破了这种传统的单元:人们不再固定在某一地域中,流动性成为社会的常态;工业的机械化流程需要具有不同技术的劳动人员,教育因此成为一个重要的环节;神圣的等级观念消失,平均主义出现。在工业社会,人们不是遵从某一人或某一信仰,而是遵从于一种文化,这种文化将性格迥异的个体连接起来,形成一个文化共同体——民族国家。

如果说盖尔纳是从经济的角度解释民族主义和现代性,那么本尼迪克特·安德森(Benedict Anderson)则从文化体系的角度对此进行分析。安德森将民族产生的文化根源主要归结为两个文化体系——宗教共同体和王朝。传统宗教在中世纪有着重要的地位,其伟大价值是"对身处宇宙之内的人、人类作为物种的存在以及生命之偶然性的关心"。同时,宗教思想也"通过将宿命转化成生命的连续性","隐晦模糊地暗示不朽的可能"。①

18世纪,随着启蒙运动的发展,宗教在人们心目中不再占据无可替代的神圣地位,产生了信仰危机。然而人们受到的苦难却仍需某种信仰寄托,"这个时代所亟须的是,通过世俗的形式,重新将宿命转化为连续,将偶然转化为意义"②,这时民族主义便取代了原有的宗教的地位,成为人们的心灵诉求。旧文化体系的衰落导致人们理解世界有了根本性的不同,这种对世界不同的理解方式就是一种新的时间观。小说和报纸的出现及其叙述结构改变了人们理解时间的方式,使水平—世俗的,时间—横向的共同体成为可能。③ 印刷术"改变了这个世界的面貌和状态"④。

资本主义、印刷科技和人类语言宿命的多样性三者之间的相互作用,使得一个新形式的想象的共同体成为可能。这个想象的共同体和民族主义产生的过程也就是现代性产生的过程,或者说民族主义是现代性的内容之一。

4. 冲突和矛盾

16—18世纪的现代性可以说是现代性的第一阶段,而现代性的成熟阶

---

① ［美］本尼迪克特·安德森:《想象的共同体》,吴叡人译,上海世纪出版社2005年版,第10页。

② ［美］本尼迪克特·安德森:《想象的共同体》,吴叡人译,上海世纪出版社2005年版,第10页。

③ 马衍阳:《〈想象的共同体〉中的"民族"与"民族主义"评析》,《世界民族》2005年第3期,第70—76页。

④ ［美］本尼迪克特·安德森:《想象的共同体》,吴叡人译,上海世纪出版社2005年版,第38页。

段则是在 18 世纪末法国大革命和英国工业革命之后。法国大革命是启蒙思想的产物,不过除了卢梭,其他启蒙思想家并没有想要推翻君主制的想法,也不赞同民主。但革命却以始料未及的速度和广度影响了政治机构、法律、宗教等领域,完成了需要长时间才能完成的事业。自由主义从法国大革命中诞生,为与传统的决裂而欢呼,但保守主义却对现代性充满不安和恐慌。部分学者因此希望回到古代,并且将古代神秘化从而拒绝现代。而现代主义却继承了激进派自由主义的思想,希望打破一切旧的理念——毁坏古老的城市,烧掉记录古老的图书馆。这种现代主义就走向了理性的反面——非理性,也就是资本主义的文化矛盾。现代性内部也有一对非常矛盾的双生体——文化的现代性和技术的现代性。"技术现代性(工具理性)成为一个自主的非人格化的领域,并编制成一个稳靠的铁笼,它在不断地侵蚀人的自由。技术现代性巨大的但又让人不安的冷漠成就,成为形形色色反现代性主张的基本凭据。一方面,它在政治经济上找到了共产主义的对头;另一方面在文化上找到了浪漫主义——它的后期激进版本是现代主义的反动,最后,在哲学上遭到了尼采、海德格尔和德里达的全面清算。"①现代性的标志是冲突,它有待于被叙事,而不是被定义。②

　　现代性的主要特点——断裂、工业主义、民族主义、冲突和矛盾在笔者的个案中都有所体现:镇山村的班李家族自明清以来就积极向中央王朝靠拢,③新中国成立后在民族—国家的建构中,镇山村拥有了布依族的身份。工业化也在同一时期出现,建成的花溪水库重构了村寨布局,也同时带来了电,引领村民迈向现代。旅游为村落发展提供了机会,部分传统因失去了生长环境而发生传统的断裂。现代性的自身冲突和矛盾不可避免,这使得现代性表述出一种矛盾和冲突的模型——在全球化的浪潮下,村民希望过上现代化的日子,但民族村寨的发展又需要保持自己的一份"异域性",以持续吸引疏离现代性的游客。

三、现代性的东方转向及人类学对现代性的研究

　　现代性自产生之日起,就遭到众多学者的反思和批判。生态环境的破坏和信任危机等一系列社会现象越来越让人怀疑资本主义社会的优越性。

---

①　汪民安:《现代性》,广西师范大学出版社 2005 年版,第 131 页。
②　汪民安:《现代性》,广西师范大学出版社 2005 年版,第 28 页。
③　"班李家族"是镇山村民的主体,"班"、"李"二姓同宗。目前村中布依族以班姓居多,因此本书亦按照当地人的习惯说法称其为"班李家族"。

既然现代性所代表的资本主义文化是不完美和充满悖论的,那么是不是可以找到一种与西方社会不同的、更好的选择呢?学者们放眼全球,于是将目光逐渐从西方世界转向东方,试图验证现代性在东方世界的可操作性和普同性,希望找到一种可以为西方所借鉴的传统模式,治愈西方现代性的病症,这就是学术界中的"东方转向"。这里所说的东方可以理解为广义上的非西方世界。在这样的社会环境下,西方开始了以反现代性为代表的新启蒙运动,倡导去西方中心、对现代性的批判反思和文化多样性。

从人类学现代性之源来看,现代性理论的来源和分析对象起初只针对西方世界,那么是不是只有一种西方的"现代性"模式?非西方世界的现代性是何状况?非西方世界具有自己的文化根基、政治背景和社会因素,这些都决定现代性不可能和西方起源的现代性相一致。"多元现代性"(multiple modernities)的提出就是对以西方模式为代表的现代性的质疑,认为除了西方现代性,在其他非西方国家还有其他形式的现代性,因此这里的现代性以复数形式出现。然而,多元现代性并非全盘否认西方的现代性,而是在共享基础上不同文化间的碰撞和交融。现代性在非西方世界的挑战在于如何结合西方的现代性发展本国的现代性,即现代性如何通过本土文化和地方传统而重塑。

亨廷顿(Samuel Phillips Huntington)的《文明的冲突》在西方世界引起轰动的原因正是其提出当今世界冲突是多元文化即不同文明圈间的冲突,但是他的分析仍然站在西方中心的立场上,认为非西方可以在保持自身文化价值的基础上吸纳西方的科技和经济,但实际情况并非如此简单。多元现代性的提出正是探讨在西方价值体系的冲击下非西方社会怎样进行其本土的现代性。

利奥塔(Jean-François Lyotard)认为,西方现代性的宏大叙事对非西方文化来说简直就是暴力,是一种摧残和毁灭。艾森斯塔德(S. N. Eisenstadt)是目前倡导多元现代性最活跃的人物之一,他意识到文化对塑造现代性的作用,重视当今世界国际政治、经济舞台上霸权中心的不断转移对现代性的影响,对于中国、日本等所代表的东亚现代性也相当关注。杜维明指出,黑格尔、马克思及韦伯等人虽认识到现代性的缺陷,但是仍认为现代性是"精神"的展开过程,是人类历史发展过程的必然规律,儒教东亚、伊斯兰教中东、印度教印度及佛教东南亚均只能接受西方现代化的历史目标,而无法对之做出实质贡献。在这里,文化的多样性遭到了否定,接受西方现代性成为一切民族所无法抵挡的趋势。然而实际情况是,在一些西方现代思想家看来不言而喻的观点,在全球视野中却只有地方性含义,而不是普遍有效。无论在西方还是在非西方,从传统到现代的过渡均未发生,传统从未消失,现代化过程被各种不同的地方文化传统所重塑。因此他主张只有超越传统/现代、西方/非西方、全球/地方等一些二分式思维方式,才能真正理解世界各地的现代性。①

（一）人类学对中国现代性的研究

王爱华(Aihwa Ong)认为现代性来自于传统社区和资本主义力量角逐的压力中,她称其为"多元现代性"(multiple modernities),以中国的现代性为代表。② 她认为中国的现代性是本土思想、西方概念和领导者自我东方化的混合体。③

中国的现代性的一边是资本主义规则,另一边是传统社区。文化差异在现代性的实践中起着重要作用,因为与西方操纵的规则同行的是现代的技术权力——民族国家、市场经济、现代军队、现代科学等,若想与这种主导力量对抗就要重视自己的文化和社区。在这一时期,因为我们对传统已经疏离,所以传统只能是被发明的。国家需要发明和重新发明传统,所以文化成为国家控制的一种重要手段。④

每个国家都选择性地参与到西方模式中,即便是同样的模式,也是重新被嵌入和组构在本土文化中,这种现代性可以称为"可选择的现代性"(alternative modernity)。⑤ "可选择的现代性"与前文提到的"混合现代性"(hy-

---

① 方朝晖:《文明的毁灭与新生》,中国人民大学出版社 2011 年版。

② Aihwa Ong. Spirits of Resistance and Capitalist Discipline：Factory Women in Malaysia. Albany：State University of New York Press,1987. The Gender and Labor Politics of Postmodernity. Annual Review of Anthropology,1991,20：279-309. Aihwa Ong. Anthropology，China，Modernities：The Geopolitics of Cultural Knowledge. In Henrietta L. Moore(ed.). The Future of Anthropological Knowledge. London and New York：Routledge,1996：60-92.

③ Aihwa Ong. Chinese Modernities：Narratives of Nation and of Capitalism. In Aihwa Ong,Donald M. Nonini(eds.). Ungrounded Empires：The Cultural Politics of Modern Chinese Transnationalism. London and New York：Routledge,1997：172.

④ Aihwa Ong. Anthropological Concepts for the Study of Nationalism. In Pál Nyíri，Joana Breidenbach (eds.). China Inside Out：Contemporary Chinese Nationalism and Transnationalism. Budapest and New York：Central European University Press,2005：17-19.

⑤ Aihwa Ong. Anthropological Concepts for the Study of Nationalism. In Pál Nyíri，Joana Breidenbach (eds.). China Inside Out：Contemporary Chinese Nationalism and Transnationalism. Budapest and New York：Central European University Press,2005：25.

brid modernity)和多元现代性(multiple modernities)都是在对西方现代性模式的质疑上提出的概念,申明在非西方世界,现代性的来源、特征和方式都有其独特性。在这个意义上来说,这三个概念所表达的意思基本相同,即非西方社会如何在"理性"、"资本主义"和"国家"等西方模式的借用和重建中按照自己的方式制造现代性。

在《另类的现代性:改革开放时代中国性别化的渴望》中,作者罗丽莎(Lisa Rofel)从本土角度理解现代性实践,通过中国丝绸工厂三代女工的日常生活来看中国社会主义后的现代性。作者申明"现代性是发生在很多具体场所中的抗争,并将地方形貌和全球形貌连结起来的过程"[1]。全书从妇女解放和性别地位的角度来看中国的现代性建构过程,论证现代性"作为一个一再被延迟的演出而存在,这个演出以各种悬殊的渴望为标识。这些渴望不断地相互替换以试图达到与西方相抗衡的物质和精神水准。这些延迟的渴望反映了当'中国'在现代性的普遍化项目和理论中一直象征着构成上的'外在'的情况下,中国精英阶层和政府领袖对现代性进行的各种跨文化的翻译。与此同时,这些差别也标明了现代性一统中的缺口,体现了现代性的不稳定性,并由此提供了对现代性进行挑战、超越和使其看似清晰的形象变形的空间"[2]。作者从历史、记忆和空间三方面理解工厂女性如何被"规训",同时提供了一个从日常生活分析现代性的例证。

杨美惠(Mayfair Yang)在《礼物、关系学与国家:中国人际关系与主体性建构》中将现代性看作是国家掌控的政治运动。她认为中国的现代性是由帝国主义触发的。"作为对帝国主义和贫困的创伤的反抗,20 世纪的中国开始走上一条文化自我改造的道路,在社会主义时期,这种改造伴随着对被认为是传统和'封建'的东西的排斥和破坏。"[3]国家掌握和控制了生产、分配、社会化和交通,社会结构也被下属于国家的行政管理结构中,国家和社会的外延完全重复。她以"关系"为研究对象,讨论在国家掌控下,权力的现代技

---

① Lisa Rofel. Other Modernities: Gendered Yearnings in China after Socialism. Berkeley: University of California Press,1999:18.

② [美]罗丽莎:《另类的现代性:改革开放时代中国性别化的渴望》,黄新译,江苏人民出版社 2006 年版,第 10 页。

③ [美]杨美惠:《礼物、关系学与国家:中国人际关系与主体性建构》,赵旭东、孙珉译,江苏人民出版社 2009 年版,第 36 页。

巧与目的。① 一方面,民间社会关系受制于国家权力话语;另一方面,人情和关系也是对国家力量的反抗。

刘新(Xin Liu)指出中国的现代化过程和世界上其他地区几乎没有什么不同,是在一个道德地理的发展图景中被实行的,在这个过程中一些新的社会身份被发明。在中国的地图上,有两个相对立的区域分别被标记为"贫穷落后地区"和"先富起来的地区"。这两个称号在 20 世纪 70 年代末被提出,在"贫穷落后地区"生活的人们被认为是没有能力自己做出改变和发展的,他们往往等待着被现代化。同时,他们生活在现代化进程的阴影中,是"四个现代化"中失去话语权的人;他们虽是被动的,但又是必要的,因为只有当这些人等待着被现代,现代化过程才成为可能。② 然而,他认为"处于现代过程的阴影中"并不是一个固定的社会状态,而是一个由处于不同经济发展时期的不同群体经历着的转变的时期。若想理解中国社会过渡的条件必须将这种社会存在看作是过程的形成。因此,他选取 20 世纪末中国山西农村的一个村落作为研究对象,讨论中国农村社会经历着的特殊历史时期的现代化过程。他将日常生活的实践和展演作为微观的历史力量,因为日常生活实践既是社会力量作用的结果,同时这些实践在某些方面又反映了他们所接受的特殊的历史情形。传统的、变革的和现代的三种社会资源在 20 世纪90 年代通过日常生活实践被重塑。

张鹂(Li Zhang)秉承她所专长的城市人类学研究,以云南昆明的老城改造为研究对象,讨论空间争夺与现代性的关系。一个昆明城市改造项目中,昆明的老城区将被毁坏,数千家庭将面临搬迁,其原因是老城区的"发展滞后感"(a sense of lateness)以及政府和房地产开发商对城市的再发展共谋。在此过程中,一些老城区居民对这一项目实施非常不满,并采取了法律手段来反抗政府和开发商,保护他们的生活空间。空间重建政治反映了中国在追求"现代"过程中的矛盾性。一方面,背负着民族希望的中国试图摆脱历史阴影赶超西方现代社会;另一方面,依附于文化传统的地方认同又成为发

---

① [美]杨美惠:《礼物、关系学与国家:中国人际关系与主体性建构》,赵旭东、孙珉译,江苏人民出版社 2009 年版,第 40 页。

② Xin Liu. In One's Own Shadow:An Ethnographic Account of the Condition of Post-reform Rural China. Berkeley:University of California Press,2000:xi.

展的阻碍。① 她所讨论的现代性是传统的地方感与追逐西方现代性的冲突,也是空间争夺的权力角逐。

综上所述,首先,以上讨论现代性的论著都或多或少地将现代性看作是国家掌控的政治运动。这种观点来自于福柯,认为现代的民族—国家以它丰富的创造力和生产力来制定监督和约束国民的条约和仪式,目的是保证民族—国家的健康发展、生产力和安全性。② 其次,国外人类学家所研究的历史时期均是新中国成立后,特别是"文化大革命"之后,在这段时间中国现代性表征显著,带有明显的政治色彩和国家话语,再加之国外学者的可进入性,因此为学者们所关注。最后,人类学对现代性研究采用富有学科特点的参与观察方法,选择城市或农村社区为田野点进行论述,与历史学、哲学等学科有很大的不同,其切入点如性别、关系、空间等也具有非常鲜明的学科特点。

（二）旅游与现代性研究

旅游是现代性的表征之一,也可以说旅游是"现代性的后果"。首先,欧洲殖民所获得的"战利品"被大量运送回国,人们将其分为"自然之物"和"人工之物"展出在"珍品陈列柜"中,这既是博物馆的起源,也是现代性的起源。其次,17 世纪欧洲的"大旅行"(grand tour)成为贵族子弟和富家子弟教育的必需组成部分。通过游历欧洲大陆,他们目睹世界上不同于自己的生活方式和历史文化,这些经历成为启蒙运动的精神来源。最后,现代旅游兴起的时期正值工业革命时期,库克船长的探险之旅就是很好的例证。③ 因此,很多从事旅游研究的学者认为旅游是一种现代行为,在现代性语境中才能更好地理解旅游现象。

1. 西方学者论旅游和现代性

旅游蕴含着某种现代价值观,譬如健康、自由、大自然、自我进步等,④这

---

① Li Zhang. Contesting Spatial Modernity in Late-Socialist China. Current Anthropology,2006,47(3):461-484.

② Aihwa Ong. Chinese Modernities:Narratives of Nation and of Capitalism. In Aihwa Ong,Donald M. Nonini(eds.). Ungrounded Empires:The Cultural Politics of Modern Chinese Transnationalism. London and New York:Routledge,1997:172.

③ Ning Wang. Tourism and Modernity:A Sociological Analysis. London:Heinemann,2000:2.

④ Nelson H. H. Graburn. The Anthropology of Tourism. Annals of Tourism Research,1983,10(1): 9-33.

些观念都是在社会和文化层面上的问题,它们与现代性紧密相关,并接近于杜尔干所说的"社会事实"。① 正如克里彭多夫(Jost Krippendorf)所说:"人类并不是生来就是一个旅行者,驱使数百万游客从家中旅行的并不太可能是他们先天的旅行需求,现代旅行的需求是被社会创造的,并在日常生活中被形塑。"②旅游不论作为现代休闲的形式,还是作为一种特殊的商品生产体系,均与现代性并生。③ 可以说,理解旅游现象即是理解现代性的后果,认识现代性可以从认识旅游现象中"管中窥豹"。

旅游既是现代性的后果,又是对现代性的逃离。人们在机械化的日常生活中周而复始地重复运作,旅游能够使他们暂时逃离现代性的制约。④ 也就是说,人们通过旅行能够摆脱现代性的迷惑,称为"现代性的推力"(push of modernity)。⑤ 与之相对的概念是"现代性的拉力"(pull of modernity),持这种观点的学者认为人们逃离现代性的旅游行为恰恰是他们被卷入现代商品生产体系的表现,因此他们并不是逃出现代性,而是进入现代性。事实上,以上两种关于旅游和现代性的观点所表述的意思就像一个硬币的两面。⑥ 旅行既可以是对现代性的庆祝,象征人们收入的增长和生活水平的提高,呈现出人们生活水平提高后的一种特殊的消费文化;同时,旅游业是对现代性的批判和质疑,表达了人们对现代性诸多黑暗面(如压力、不安定感、单调乏味等)的不满。人们对旅游又爱又恨的感情正如人们对现代性的"爱恨交织"(ambivalence),因此西方用"回家再离开"(home and away)生动形

---

① Marie-Françoise Lanfant. Methodological and Conceptual Issues Raised by the Study of International Tourism: A Test of Sociology. In Douglas G. Pearce, Richard W. Butler (eds.). Tourism Research: Critiques and Challenges. London and New York: Routledge, 1993:70-87.

② Jost Krippendorf. Translated by Vera Andrassy. The Holiday Maker: Understanding the Impact of Leisure and Travel. London: Heinemann,1987:xiv.

③ Ning Wang. Tourism and Modernity: A Sociological Analysis. London: Heinemann,2000:14.

④ Stanley Cohen,Laurie Taylor. Escape Attempts: The Theory and Practice of Resistance to Everyday Life. London and New York: Routledge,1992.

⑤ Llewellyn Watson,Kopachevsky Joseph. Interpretation of Tourism as Commodity. Annals of Tourism Research,1994,21(3):643-660.

⑥ Graham Dann. Tourist Motivation: An Appraisal. Annals of Tourism Research, 1981,8:187-219.

容人们对旅游和现代性的矛盾心理。①

麦康纳(Dean MacCannell)是人类学和社会学领域探讨旅游和现代性的鼻祖。在他看来,旅游是生活在不同现代性程度的社会中的人,对现代性的整体认知。具体来说,他认为旅游是人们对真实性及其意义的追寻,这种真实性在他们的社会中是难得一见或不存在的,因此人们到其他文化中去发现这种真实性及其背后的意义。"对真实性的追求"使得旅游成为现代生活的必须组成部分,抑或说,作为文化现象的旅游是现代性的一面镜子。②格雷本(Nelson Graburn)将旅游视为现代生活中的朝圣,旅游类似于特纳的阈限概念,日常生活中的人们逃离正常的生活轨迹,置身于非常态的时空中,体验与本文化完全不同的生活,再回到自己的日常生活中。③

科恩(Eric Cohen)将旅游视为现代性的体验,他主张在现代性语境中研究旅游。④ 随后,很多学者按此方法探讨旅游和现代性,并获得成功。例如丹恩(Graham Dann)在工业现代性的语境中研究旅游动机,他认为旅游一方面是为逃离现代性背景下正常、无意义和孤立的生活模式;另一方面也是对日常生活中诸多不满的一种补偿。⑤ 厄里(John Urry)引用福柯的理论分析旅游和现代性的范式,提出了具有影响力的"游客凝视"(tourist gaze)概念,分析围绕旅游生产和消费所生发的不同权力关系。⑥ 罗杰克(Chris

---

① Ning Wang. Tourism and Modernity: A Sociological Analysis. London: Heinemann, 2000:15.

② Dean MacCannell. Staged Authenticity: Arrangements of Social Space in Tourist Settings. American Journal of Sociology, 1973, 79(3): 589-603. The Tourist: A New Theory of the Leisure Class. New York: Schocken. 1976.

③ Nelson H. H. Graburn. The Anthropology of Tourism. Annals of Tourism Research. 1983. 10(1): 9-33. Tourism: the Sacred Journey. In Valene L. Smith (ed.). Hosts and Guests: The Anthropology of Tourism (2nd edition). Philadelphia: University of Pennsylvania Press, 1989:21-36.

④ Eric Cohen. Towards a Sociology of International Tourism. Social Research, 1972, 39(1):164-182.

⑤ Graham Dann. Anomie, Ego-enhancement and Tourism. Annals of Tourism Research, 1977, 4: 184-94. Tourist Motivation: An Appraisal. Annals of Tourism Research, 1981, 8:187-219.

⑥ John Urry. The Tourist Gaze: Leisure and Travel in Contemporary Societies. London: Sage, 1990.

Rojek)论述了在现代性的条件下旅游如何为社会所操控和管理。[①] 博若茨 (Jozsef Borocz)分析了现代性和旅行资本主义(travel capitalism)的联系,讨论东西方社会工业化和现代化程度的差异决定了旅游发展的不平等。[②] 综上,旅游人类学的先驱者们将旅游现象本身作为主要研究对象,重点论述旅游在现代性语境中的内涵和功能,认为旅游的社会学研究和人类学研究只有在现代性的语境中才能挖掘出更为深刻的意义。

如果说游客的旅游行为是主动应对现代性的手段,那么处于"被猎奇"之位的地方社区对现代性的应对可以说是相对被动的。通常来说,现代性意味着经济发展和文化现代化,具体来说就是抛弃传统的生活方式,接纳现代技术、服饰、实践、娱乐方式等。然而,如果一个传统社会或一个少数民族村寨选择旅游作为经济发展的手段和来源,就必须呈现一定程度的传统性以满足游客的猎奇心态。[③] 那么怎么来处理传统和现代在旅游中的矛盾呢?

第一种可能性是当地人为游客创造出新传统或者新物品,但风险是,如果游客发现这些"传统"或者"传统物品"不是原真的,就可能不再去此地旅游;但是同样的过程也可能创造出新的传统,如因纽特人的雕刻艺术。[④] 第二种策略是当地人开发出展演给游客的"前台"传统;而在不参与旅游活动时,他们则使用与游客无关的、真正日常生活中的"后台"区域。[⑤] 第三种观点认为根本没有办法阻挡旅游对当地文化的破坏,一旦旅游进入传统社会

---

① Chris Rojek. Ways of Escape: Modern Transformations in Leisure and Travel. London: Macmillan,1993.

② Jozsef Borocz. Leisure Migration: A Sociological Study on Tourism. Oxford: Elsevier Science,1996.

③ Valene L. Smith(ed.). Hosts and Guests: The Anthropology of Tourism. Philadelphia: University of Pennsylvania Press,1989. John H. Bodley. Victims of Progress. Lanham: Altamira Press,2008. Shinji Yamashita, Kadir Din and J. S. Eades (eds.). Tourism and Cultural Development in East Asia and Oceania. Bangi: University of Malaysia Press,1997.

④ Nelson H. H. Graburn. Eskimos without Igloos: Social and Economic Development in Sugluk. Boston: Little, Brown,1969. Circumpolar Peoples: An Anthropological Perspective. Pacific Palisades, Calif.: Goodyear Pub. Co.,1973. Ethnic and Tourist Arts: Cultural Expressions from the Fourth World. Berkeley: University of California Press,1976.

⑤ Erving Goffman. The Presentation of Self in Everyday Life. New York: Doubleday, 1959. Dean MacCannell. Staged Authenticity: Arrangements of Social Space in Tourist Settings. The American Journal of Sociology,1973,79 (3): 589-603.

中,必然会消减当地的传统性。①

2. 中国的旅游与现代性研究②

中国的旅游研究很多都涉及文化变迁和现代性问题。旅游是现代性的产物,关注旅游即是关注现代性,因此广义来说,旅游研究亦是对现代性的讨论。

人类学家深入传统社区进行田野调查,更易发觉旅游背景下社区现代性的呈现和表述,此方面的研究成果较多,重点多为旅游对传统社会(如少数民族)的影响。如崔敬昊《北京胡同变迁与旅游开发》一书从文化变迁的角度分析了北京胡同从民居到旅游景点这一过程中出现的问题。③ 杨胜明主编的《乡村旅游・反贫困战略的实践》对乡村旅游持非常积极的态度,认为乡村旅游可以改善农民的生活状况,是作为一项扶贫政策的实践。④ 徐赣丽的《民族旅游与民俗文化变迁——桂北壮瑶三村考察》主要探讨民俗旅游对少数民族村寨的双重影响,一方面民族旅游体现了民族文化的多样性;另一方面也加速了少数民族地区商业化和城市化的进程。⑤ 孙九霞在《旅游人类学的社区旅游与社区参与》一书中不仅系统介绍了西方旅游人类学的理论,还运用旅游人类学方法分析了三种类型的旅游社区在旅游中的参与互动。⑥

彭兆荣特别关注少数民族文化变迁的动因,而现代社会的移动性和旅游是导致文化变迁的重要因素之一。他以人类学的敏感担心现代性会使一些小的文化物种消亡,同时也特别忧虑现代大众旅游的到来会加速文化独特性的丧失,威胁到相对封闭的少数民族的文化认同。《旅游人类学》一书的写作正是基于他对中国旅游和现代性的思考,书中不仅介绍了西方的旅游人类学理论,还结合实例分析了中国的个案,是我国旅游人类学的第一本专著。⑦

---

① Davydd J. Greenwood. Tourism as an Agent of Change: A Spanish Basque Case. Ethnology,1972,11(1):80-91. Culture by the Pound: An Anthropological Perspective on Tourism as Cultural Commoditization. In Valene L. Smith(ed.). Hosts and Guests: The Anthropology of Tourism. Philadelphia: University of Pennsylvania Press,1977:129-138.

② 纳尔逊・格雷本、金露:《中国旅游人类学的兴起》,《青海民族研究》2011 年第 4 期,第 1—11 页。

③ 崔敬昊:《北京胡同变迁与旅游开发》,民族出版社 2005 年版。

④ 杨胜明:《乡村旅游・反贫困战略的实践》,贵州人民出版社 2008 年版。

⑤ 徐赣丽:《民族旅游与民俗文化变迁——桂北壮瑶三村考察》,民族出版社 2006 年版。

⑥ 孙九霞:《旅游人类学的社区旅游与社区参与》,商务印书馆 2009 年版。

⑦ 彭兆荣:《旅游人类学》,民族出版社 2004 年版。

除了以上专著外,围绕旅游现象,学者们又各有侧重。他们从不同的切入点,结合国外理论方法分析我国的旅游现象,主要专题如下:

(1)旅游、全球化及商品化。主要学者包括马晓京[①]、张晓萍[②]和韩敏。如韩敏的论文《全球化、旅游和文化重建》,论述了旅游、文化和全球化的关系。[③] 文章通过对湖南韶山旅游与云南和顺乡的分析,指出"旅游的全球化使少数民族或地方跨越原有的族群和地域的界限。这种文化的越境现象会对原有的以政治、意识形态、宗教等为依据的价值体系进行挑战,使原有的价值体系发生质变,趋向多元化。原本为边缘文化的要素将有可能成为主流文化的一部分,即产生重建主流文化和边缘文化的新秩序的可能性"。韩敏和纳尔逊·格雷本收集整理了 2009 年在云南昆明召开的世界人类学大会上旅游人类学小组的会议论文,于 2010 年出版了名为《旅游和全球化在东亚》的论文集。[④]

(2)旅游与博物馆。旅游与博物馆之间联系紧密,它们是现代性的双生体。陆建松提出博物馆对文化建设起到重要作用,因此应该成为城市旅游的主要部分之一。[⑤] 苏东海认为博物馆和遗产的发展是旅游可持续发展和经济建设的基础,旅游和博物馆应该加强合作,共同发展,消除彼此的误解。[⑥] 在《推进上海的博物馆旅游发展》一文中,作者姜睿提出"博物馆旅游"的概念,认为文化消费,包括大众旅游,已经成为中国市场的重要部分,博物馆旅游已经在世界范围内成为人们关注的焦点。[⑦]《我国博物馆旅游产品的开发现状及发展对策分析》指出中国博物馆存在缺乏吸引力、不重视宣传、展示方式单一等缺点,作者提出应该重视客源市场的需求、改善展示手法和

① 马晓京:《民族旅游文化商品化与民族传统文化的发展》,《中南民族大学学报》(人文社会科学版)2002 年第 6 期,第 104—107 页。

② 张晓萍:《旅游开发中的文化价值——从经济人类学的角度看文化商品化》,《民族艺术研究》2006 年第 5 期,第 34—39 页。

③ 韩敏:《全球化、旅游和文化重建》,载中国社会科学院:《全球化下的中国与日本——海内外学者的多元思考》,社会科学文献出版社 2003 年版,第 107—131 页。

④ Min Han, Nelson H. H. Graburn (eds.). Tourism and Globalization: Perspectives in East Asian Studies. Suita, Osaka: National Museum of Ethnology, Senri Ethnological Studies 76, 2010.

⑤ 陆建松:《博物馆与都市旅游业》,《探索与争鸣》1997 年第 11 期,第 37—38 页。

⑥ 苏东海:《文博与旅游关系的演进及发展对策》,《中国博物馆》2000 年第 4 期,第 15—19 页。

⑦ 姜睿:《推进上海的博物馆旅游发展》,《上海经济》2001 年第 2 期,第 46—48 页。

鼓励私人赞助博物馆、开发旅游产品等建议。① 《国内博物馆旅游研究进展与启示》总结了国内博物馆旅游研究的六个领域:博物馆与旅游的结合、博物馆旅游产品开发、城市博物馆旅游发展、博物馆旅游者行为、博物馆解说系统和生态博物馆。② 此外,云南大学人类学博物馆的尹绍亭一直致力于推进生态村的研究和实践;中央民族大学潘守永发表了许多有关博物馆和遗产保护的文章,特别是对中国的生态博物馆运动很感兴趣。

(3)旅游、殖民与怀旧。这一话题最初由罗萨尔多(Renato Rosaldo)在其著名的《帝国的怀旧》中提出,以美国人对其前殖民地的菲律宾人的态度为主要研究内容。③ 旅游、殖民与怀旧的议题不仅适用于不同国家和地区之间,也同样适用于国内旅游研究,意指在旅游活动中,来自中心地区的人对少数民族的操控权。

《怀旧旅游及其开发探讨》一文介绍了怀旧旅游的产生、内涵、特征和分类等,作者将怀旧旅游分为"基于个人记忆的怀旧旅游"、"基于集体记忆的怀旧旅游"和由于某种固有情结产生的"非记忆的怀旧旅游"三种,并提出了自己对怀旧旅游的建议。④ 高媛的《日本游客的"满洲"之旅与殖民历史的记忆消费》更为典型,文中分析了日本游客因怀旧前往前殖民地"满洲"游览的旅游现象。⑤ 杜芳娟《旅游心理与旅游"文化殖民"》中,从旅游心理的角度分析了大众文化从发达国家和地区向落后国家和地区传播的过程,并提出通过对旅游者和旅游地人们的心理调整来解决文化商业化的现象。⑥

(4)旅游和真实性。这一话题的研究从麦康纳(Dean MacCannel)"舞台

---

① 李瑛:《我国博物馆旅游产品的开发现状及发展对策分析》,《文化地理》2004年第4期,第30—32、90页。

② 陈桂洪、黄远水、张雅菲:《国内博物馆旅游研究进展与启示》,《乐山师范学院学报》2010年第12期,第74—79页。

③ Renato Rosaldo. Imperialist Nostalgia. Representations,1989,26:107-122.

④ 谭杰倪、曾文萍、刘学强:《怀旧旅游及其开发探讨》,《旅游市场》2010年第1期,第82—84页。

⑤ 高媛:《日本游客的"满洲"之旅与殖民历史的记忆消费》,载中国社会科学院研究会:《全球化下的中国与日本——海外学者的多元思考》,社会科学文献出版社2003年版,第132—147页。

⑥ 杜芳娟:《旅游心理与旅游"文化殖民"》,《贵州师范大学学报》(自然科学版)2003年第2期,第30—32页。

真实性"理论提出以来，①一直是旅游人类学界讨论的话题之一。中国学者对大众旅游研究，特别是少数民族旅游研究中，也一直将真实性问题作为他们的焦点。这类研究主要有两种，一种是总结和归纳西方的真实性理论；另一种是应用真实性理论分析中国的旅游现象。前者如《西方旅游研究中的"真实性"理论》②和《旅游研究中的"真实性"理论及其比较》③。后者如《旅游活动中文化的真实性与表演性研究》④、《民族旅游的真实性探析》⑤和《从"真实性"的讨论透视旅游中的"舞台展示"》⑥。

（5）旅游和遗产。这是最近出现的一个研究中心和公共话题，特别是在联合国教科文组织 2003 年发布了《非物质文化遗产公约》后，"非物质文化遗产"由于世界文化遗产地申请和界定的需要，被加入到 1972 年首份公约《世界文化和自然遗产保护公约》中，遗产与旅游的关系也越来越受到关注。

彭兆荣是这一研究的领军人物之一，他关注在文化遗产保护中如何处理旅游的介入，特别是在现代化进程中"遗产旅游"已经成为一种新的吸引游客的手段和卖点，势必对文化遗产的保护形成冲击。⑦ 同时，他关注"东道主"与"游客"间的对遗产争夺的现代性悖论⑧，对旅游遗产的符号化也深有

---

① Dean MacCannell. Staged Authenticity：Arrangements of Social Space in Tourist Settings. American Journal of Sociology，1973，79（3）：589-603. The Tourist：A New Theory of the Leisure Class. New York：Schocken，1976.

② 李旭东、张金玲：《西方旅游研究中的"真实性"理论》，《北京第二外国语学院学报》2005 年第 1 期，第 1—6 页。

③ 周亚庆等：《旅游研究中的"真实性"理论及其比较》，《旅游学刊》2007 年第 6 期，第 42—47 页。

④ 吴忠才：《旅游活动中文化的真实性与表演性研究》，《旅游科学》2002 年第 2 期，第 15—18 页。

⑤ 李旭东：《民族旅游的真实性探析》，《桂林旅游高等专科学校学报》2008 年第 1 期，第 17—19 页。

⑥ 肖鹏：《从"真实性"的讨论透视旅游中的"舞台展示"》，《市场论坛》2008 年第 1 期，第 35—37 页。

⑦ 彭兆荣：《"遗产旅游"与"家园遗产"：一种后现代的讨论》，《中南民族大学学报》（人文社会科学版）2007 年第 5 期，第 16—20 页；《遗产与旅游：传统与现代的并置与背离》，《广西民族研究》2008 年第 3 期，第 33—39 页；《旅游消费：家园遗产中"看不见的手"》，《社会科学战线》2008 年第 7 期，第 142—148 页。

⑧ 彭兆荣：《"东道主"与"游客"：一种现代性悖论的危险——旅游人类学的一种诠释》，《思想战线》2002 年第 6 期，第 40—42 页。

研究①。

第三节　生态博物馆理论和实践②

一、西方博物馆概念的提出和发展

博物馆一词来自于希腊语中的 muses(mouseion),指缪斯所在的地方。总体来看,西方博物馆的发展经历了从私人收藏到公共博物馆,再到各种新博物馆形式的产生这样一个渐进的过程。其起源可以追溯到公元前 3 世纪建于埃及亚历山大城内的亚历山大博物馆(Museum of Alexandria),即缪斯神庙。但现代博物馆体制的建立还要从 18 世纪公共博物馆的建立开始算起。第一座对公众开放的博物馆是英国的大英博物馆,它于 1753 年开始筹建,1759 年 1 月 15 日对公众开放。

1946 年,国际博物馆协会(英文名称 International Council of Museums,简称 ICOM)在法国巴黎成立。国际博协在 1946 年的成立章程中对博物馆进行了明确的定义:博物馆是指为公众开放的美术、工艺、科学、历史以及考古学藏品的机构,也包括动物园和植物园。1951 年、1962 年、1971 年国际博物馆协会多次对博物馆定义加以修正。1974 年的定义中提出了博物馆的性质,增加了博物馆的功能。2004 年,国际博物馆协会又将物质和非物质的概念加入定义中。目前,博物馆的最新定义为:"博物馆是一个不追求营利的、为社会和社会发展服务的、向公众开放的永久性机构,为研究教育和欣赏的目的,对人类和人类环境的物质和非物质见证物进行收集、保存、传播和展览。"③

(一)从传统博物馆到新博物馆

西方博物馆建立之初被称为"世界陈列柜"(展示他文化)和"珍品展览柜"(收藏珍贵物品)。从大的知识背景和历史条件来看,公共博物馆是建立在现代主义的历史进步观和科学理性主义发展的基础之上。公共博物馆最

①　彭兆荣:《现代旅游中的符号经济》,《江西社会科学》2005 年第 10 期,第 28—34 页。

②　第三节部分内容已发表于:金露:《探寻生态博物馆之根——论生态博物馆的产生、发展和在中国的实践》,《生态经济》2012 年第 9 期,第 180—185 页。

③　http://icom.museum/the-vision/museum-definition.

初的责任之一是展示真实——不仅展示理性主义启蒙思想,还展示了线性时间观和进化论等。

随后,工业革命在欧洲迅猛发展,加快了城市化和现代化的进程。此时的博物馆成为解释这些变化和稳定人们情绪的场所,也对培养国家观念和建立新的社会秩序起到了重要作用。在社会变化加剧的欧洲工业时代,博物馆参与了社会秩序制定、个人行为管理、道德进步和国家观念的形成等。而今天的博物馆除了继续扮演其规范性的角色外,还为参观者们提供了体验历史和文化的机会,增进大众对他文化的理解。因此,博物馆也是维系地方感和认同感的重要因素之一。民族主义就是博物馆产生的一种重要而特殊的认同感。

19世纪公共博物馆的建立是在民族—国家的形成中发展起来的。国家博物馆的出现就是一个很好的例证,它们与国家认同紧密联结,帮助人们认识国家是什么,并表述国家对国民的存在意义。也可以说,博物馆代表了一种公共表述,它们表述着过去经历的历史、现在纪念过去的方式、谁应该被铭记、谁应该被忘记、哪些历史事件对国家具有重要意义而哪些不重要等。每一次博物馆旅行都是一次国家认同和文化适应的旅程,每一个博物馆都在帮人们建立一种社会认同感和地理认同感,每一件器物都在为过去提供物质形式的依据、确定权威和建立集体记忆。

新博物馆形式的到来标志着传统公共博物馆实践的变化和社会的发展。自20世纪70年代开始,随着博物馆数量的增多,出现了很多新的博物馆形式,比如生态博物馆(ecomuseums)和露天博物馆(open-air museums)等。这些新博物馆形式侧重于区域性历史文化的整体保护和社区参与。一方面,民俗博物馆、社会历史博物馆、遗产中心等新博物馆形式挑战了国家博物馆和其他国家主导的公共博物馆等传统博物馆形式,同时博物馆形式增加并呈现出多样性。遗产旅游也在同一时期出现,这一趋势也标志着博物馆功能从教育性向娱乐性的转变。另一方面,由于全球化的影响,博物馆加强了社区参与功能和对本土文化的重视。以遗产旅游为例,当地的博物馆和本土遗产都是社区遗产的重要组成部分,这样人们参与其中就并不是简单的休闲娱乐,而是蕴藏着丰富的文化内涵。即使新博物馆形式更具娱乐性,但教育功能仍然继续发挥其作用。例如,社会历史博物馆出现了一种称为"演绎者"(interpreter)的新角色,"演绎者"穿戴传统服饰进行真人表演,用以展现特定的历史场景。"演绎者"的出现一方面增加了博物馆的娱乐性,另一方面也在一定程度上加强了博物馆的教育功能。

(二)博物馆与人类学

人类学与博物馆具有深厚的历史渊源。从学科史来看,人类学的产生与欧洲殖民紧密相关。18世纪开始,英、法等国开始对海外进行大规模的侵略和殖民,前往殖民地的除了本国军队外,还包括政府官员和传教士等——政府官员负责管理殖民地,传教士将教义传向殖民地民众。同时,派往殖民地的宗主国群体也将当地的所见所闻定期向国内汇报,其中汇报的内容就包括文化的各事项,这些唤起了国内人民对异域的想象。与此同时,学者们开始将研究方向转向海外的殖民地国家,于是人类学这门研究"人性和文化"的学科应运而生。

人类学家起初开始调查海外民族时,不仅将当地的风俗文化详细书写成册,作为"民族志"资料交付宗主国,同时也收集了当地的一些实物标本。当时并没有一个专门的机构收集这些标本,于是建立了大量的博物馆用以收藏人类学家采集的标本。因此,很多西方的人类学家同时是博物馆工作者,如著名的人类学家博厄斯曾任美国自然历史博物馆馆长。博物馆对民族学、人类学器物的展示手段、陈列方法和分类系统也引发人类学理论的发展和创新,如文化传播论、变迁理论、文化区的划分、进化论等,它们不仅是人类学的重要理论,也成为博物馆陈列方式的参考依据。

当时的人类学和博物馆都关注物和物质文化,将文化同物质一样视为静态的、不连续的特质的累积,就像自然科学家收集蝴蝶标本的方式一样。通过物的分类和展示,呈现浪漫的异国情调,表现标本由简到繁的序列。20世纪初到20世纪中叶,专业人类学者渐增,人类学研究与专业训练的重心才逐渐由博物馆转移到大学中。[1]

博物馆同人类学一样,表面上是研究"物"和物的分类,实则通过物发现和展示其背后的制造原因、存在价值及所在地的社会结构、文化特质、物与人的关系等。那么,怎样通过博物馆中的标本和陈列物来反映文化功能和社会结构呢?博物馆使用了一套特殊的陈列方式和固化的解说程序来完成参观者对"物"的想象。博物馆中对物固化、象征化的现象可以称为物的博物馆化。

物的功用是在一定的时间和空间范围内发挥的效用。时间上,随着社会的发展,物可能产生新的功用或者被新的物替代。空间上来说,甲地的某

---

① 王嵩山:《文化传译——博物馆与人类学想象》,稻乡出版社1996年版,第60页。

物在乙地可能有着不同的制作方法和意义解释。博物馆中的物大部分都是异时异地之物，陈列在展厅中的物已经失去了它在当时当地的功用，成为"固化"的物。而这种"固化"的物的想象是经过价值筛选和有意识的安排而实现的。

物的生命是短暂的、个别的，然而博物馆中保存之物，却在博物馆这一特殊的场域中延长了生命，物在某特殊地点或特殊社会中的知识和价值也使其成为当地特定的某个代表，变为异文化的象征。博物馆中的物联结了过去和现在，联结了异地与本地，联结了不同的社会和价值系统。

如何体现物与环境、场域的互动关系，使物从"固化"状态融入真实的生活中。王嵩山以巴厘岛为例，介绍了巴厘岛博物馆与俗民社会的互动关系，称其为博物馆经营的整合模式。巴厘岛的博物馆物质条件并不算好，管理和维护简单，藏品暴露于自然状况中日渐损耗。然而，巴厘文化中的博物馆及周边环境营造出完整、开放、互为主体的整体，结合为一个理性经验与感官直觉俱存的整体"博物馆情境"。博物馆中的文物展示和日常生活中所面对的事物，在许多场合都能有所对应。面具、短剑、蜡染织物不仅挂在展示柜内，也出现在仪式、文物市场、人们日常的衣着上；仪式的行进队伍、露天剧场歌舞的展示与表演更能震撼人心；从出生到死亡的生命礼仪的用品不仅陈列在博物馆中，也在巴厘人日常遵行的仪式中一览无余；绘画、雕刻等不但静静地陈列在博物馆展厅，在文物商店、工艺村中更能见其动态的制作过程。总之，巴厘岛将现实之物、神圣之物与博物馆中的物融为一体，将博物馆中固化的物与当地环境相结合，使展厅中"固化"之物也变得活力四射。生态博物馆、战地博物馆等都是按照此原则建立的人、环境、博物馆的结合。①

博物馆之物不仅具有流动、久远的时间意象，能够反映当时的社会经济条件、社会组织形式等，同时来自世界各地的器物也因为距离产生出独特的空间观念，表现社区形式和环境情况。博物馆中的物已经脱离了当地的知识网络，但通过博物馆工作者的恢复和解释产生了新的意义。物通过再解释，得到教化民众的功能。博物馆一方面是文化遗产的保护所和艺术的殿堂，另一方面则显示出强势文化对弱势文化的剥夺，呈现出政治经济力量的

---

① 　王嵩山：《文化传译——博物馆与人类学想象》，稻乡出版社1996年版，第81—106页。

不平等。①

生态博物馆等新博物馆形式的出现试图打破传统博物馆固有的模式,将物置于原生环境中进行展示和陈列,博物馆中的物不再只是异时异地之物,而是此时此地"真实"的物,发挥着物本来的功用。同时,博物馆服务的主要对象由游客转为当地居民,社区居民拥有物的使用权并参与到博物馆的管理工作中,这种"本土管理"模式意欲摆脱外来者的权力控制,使社区居民成为博物馆的主人。

二、生态博物馆等新博物馆形式的产生及理念

新博物馆与传统博物馆相对,它是传统博物馆的扩展和延伸,而不是对传统博物馆的全盘否定。新博物馆运动起源于斯堪的纳维亚(Scandinavia),②标志性事件是北欧第一座露天博物馆(open-air museum)的建立。随后,美国在一个非裔美国人社区建立了第一座邻里博物馆(neighbourhood museums)——"安那考斯蒂亚博物馆"(Anacostia Museum)。到20世纪60年代末,新博物馆形式已经如雨后春笋般蓬勃发展,获得了一定的关注度。新博物馆的主要形式有社区博物馆(community museum)、活态历史博物馆(living history museum)、整体博物馆(integral museum)和生态博物馆(eco-museum)等。

戴瓦兰是新博物馆运动的先驱者和代表人物之一,他总结了新博物馆不同于传统博物馆的四点功能:第一,新博物馆应该是服务于现在和未来的数据银行(data bank),它必须与社区之根相联结,并且提供对目前人类生态有帮助的信息。第二,新博物馆应该是变迁的观测台。它必须记录受现代化过度影响的历史文化、现存社会价值和传统生活方式。第三,新博物馆应该是一个工作坊,社区内的居民能够相聚于此,选择有用的材料和信息并吸收它们,以主动发挥居民的创造性和争取他们的利益。第四,新博物馆应该是反映过去价值观和传统的展览柜。社区未来的发展不能通过割裂传统来完成和实现,这些传统和价值观应该通过人们现在的认知来展现和延续。③新博物馆在世界范围内发展出的主要形式有以下几种。

---

① 以上部分内容已发表于:彭兆荣、金露:《物、物质、遗产与博物馆》,《贵州民族研究》2009年第4期,第50—55页。

② 此处的斯堪的纳维亚指北欧诸国,主要包括丹麦、挪威、瑞典、芬兰和冰岛。

③ Anupama Bhatnagar. Museum, Museology and New Museology. New Delhi: Sundeep Prakashan,1999:46-47.

（一）邻里博物馆

邻里博物馆为某一区域的人群服务，它在管理上相对独立，但同时也接受某些机构资助。实际上，它是一种解决现存博物馆缺陷的中间方式，即通过社区居民或者第三方机构来满足博物馆和社区的需要，引导社区发展。其运行的主要模式是倡导大城市的博物馆建立分支机构，这些分支就被称为"邻里博物馆"（neighbourhood museums）、"分支博物馆"（branch musuems）、"微型博物馆"（mini museums）或"市区中心"（urban centres）。

邻里博物馆的概念产生于美国。在 20 世纪的美国，随着大批城区毫无规划地出现，大量劳工从郊区涌向城市寻求更好的生活，这一过程产生了很多诸如种族矛盾、贫困、住房、物质匮乏、吸毒和教育等问题。邻里博物馆的产生试图通过第三方资助机构的丰富资源和经验来解释和分析相关社区的社会问题，联结社区的过去、现在和未来。

第一个邻里博物馆"安那考斯蒂亚博物馆"于 1967 年在一个非裔美国人社区建立，是美国著名的史密森学会的延展机构。[①] 之所以选择这个社区是因为它呈现了现代美国社会存在的主要问题和危机。史密森学会的工作人员和社区成员代表定期会面，互相听取意见，按照社区居民的意愿发展博物馆，同时向他们提供技术支持和培训，解决社区问题，提高社区居民的生活质量。

（二）社区博物馆

社区博物馆产生于发展中国家，它是社区发展计划的一部分，包括当地居民和他们的社会活动。它的主要功能有对当地文化的社会调查和记录、针对当地人关心的话题举办展览、讨论社区发展的需求和提出社区发展规划等。

社区博物馆产生的根源是反思发展中国家受西方文化冲击而产生的传统的断裂。西方的科学技术虽然对现代世界的发展有着深远的影响，但同时也对发展中国家造成了巨大的冲击，比如环境的破坏、传统的丧失、旧文化伦理的变迁。这些变迁和冲击不仅破坏了传统的社会结构和社会制度，也改变了人们的生活方式，影响了当地社会主动、自由的发展。来自西方观念中的"发展"也未见得成功，如果当地人单单听从政府的安排，却并不理解

[①]　美国史密森学会（Smithsonian Institution）1864 年创立于华盛顿，是由美国政府资助的半官方性质的博物馆机构和研究机构，学会下设 14 所博物馆和 1 所动物园。

其思想,也没有接受相关培训,就没有真正意义上的发展。社区博物馆听取社区群体的需求,提供社区发展所需的信息、技术和资源。相互理解、互相合作、社区参与是社区博物馆的主要理念。

社区博物馆最早在东非的坦桑尼亚诞生和发展,这些博物馆主要是为激发当地居民的积极性而建立的政治机构。社区博物馆的任务包括调查当地的文化传统,指出这些文化传统怎样在殖民时期发生改变,以及怎样使这些殖民经历成为今后国家发展的资源。

社区博物馆除了具有传统博物馆收藏、陈列和保存等功能外,更侧重调查研究、记录民族志和发掘民俗文化。通过参与社区活动,当地居民主动地扮演调查助理的角色,最终成为熟悉当地文化传统的权威,从而建立社区发展所需要的新的文化认同感。

(三)活态历史博物馆

活态历史博物馆的概念来源于 20 世纪 70 年代末期的活态历史农场运动。第一座活态历史农场由达尔文·凯尔西(Darwin Kelsey)在美国马萨诸塞州东部的斯特布里奇村(Sturbridge Village)建造。这个农场运用文化地理学的理念和方法展演了 19 世纪 30 年代当地典型的农业生活,特别是使用第三方演绎(third-person interpretation)的方法向游客介绍生活场景,即演绎者穿着当时的服饰展演不同职业和等级人们的生活。以此为开端,在北美,活态历史农场运动朝着范围更大的活态历史运动发展。随后,露天博物馆也被包括在内,它与活态历史农场不同的是,不仅采用第三方演绎,还使用第一方演绎的方法,即穿着传统服饰的演绎者好像他们就是生活在当时当地的居民,用第一人称来解释和展演当时的地域文化。

1980 年,在斯特布里奇活态历史农场召开了一次年会,在这次会议上,会员们不仅将农业博物馆和活态历史农场列为研究对象,也同时将露天博物馆、历史遗迹等对活态历史方法感兴趣的对象纳入自己的研究范围中。活态历史博物馆是一个交叉学科的研究,侧重社会历史学、民俗学和文化地理学。它主张尽量按照当时的场景去保存和展演文化,包括田地、篱笆、农舍等都要尽量按照当时的场景布置。这种主张是随后出现的"当地保护"概念的来源和雏形。它兼具研究和展演的功能,不仅满足游客娱乐的需求,还同时研究特定地域的历史文化。

(四)整体博物馆

整体博物馆的概念诞生于拉丁美洲,它将地域和生活在此地域中的人连接起来,既包括地理空间和历史空间,还包括人的态度和行为,目的是通过对这些方面的研究来促进社区的发展。戴瓦兰总结了整体博物馆的两点原则:一是为了促进社区的发展,社区居民必须首先认识与社区相关的技术、社会、经济和政治等方面。二是整体博物馆必须承担起使社区居民有此认识的工具作用。因此整体博物馆只适用于小型和中型社区,而不适用于大型社区。

整体博物馆另一个重要作用是留存社区居民的集体记忆,研究社区的文化之根,并挖掘这些集体记忆和文化之根,以服务于社区发展。具体来说,就是使社区居民认识自己的文化遗产,帮助他们找到文化认同感,为社区发展做导向。因此整体博物馆的作用不仅是保护当地文化遗产,还是反映当地社会问题和经济问题的一面镜子。

(五)生态博物馆

生态博物馆是新博物馆中使用程度最高、发展最快,同时也是被误用最严重的概念。生态博物馆概念首次出现在 1971 年博物馆理事会第九次常规会议上,由当时的主席戴瓦兰提出。随后由里维尔发展成系统的理念。根据里维尔的总结,生态博物馆主要扮演三个角色:第一,它是一个学习和研究过去和现在的社区以及社区环境的实验室;第二,它是帮助社区居民保护和发展当地自然和文化遗产的保护中心;第三,它还是培训当地居民保护自己文化的学校。

戴瓦兰给出了一个区分传统博物馆和生态博物馆的简单明了的公式,经过加拿大博物馆学家里维德(René Rivard)补充如下(括号中为里维德的补充内容):

博物馆＝建筑＋收藏品＋公众(＋专家)

Museums＝Building＋Collection＋Public(＋Experts)

生态博物馆＝地域＋遗产＋居民(＋记忆)

Ecomuseums＝Territory＋Heritage＋Population(＋Memory)

相比较传统的博物馆,生态博物馆拥有其独特的优势:第一,生态博物馆将博物馆的范围扩大到社区、生态环境和景观的范畴,使博物馆去中心化,以使博物馆中的物质和非物质遗产资源能够在生态博物馆的区域内共享。第二,将社区居民纳入博物馆工作中。第三,它主张遗产的当地保护,而不是将物脱离原生地,离开赖以生存的文化场景。第四,倡导"本地管理",即专家提供社区发展所需的技术、文化、经济条件,而当地人作为博物馆的主人管理博物馆和决定博物馆未来的发展方向。[①]

生态博物馆自 20 世纪 70 年代作为一种新博物馆形式出现以来,一直担负着社区遗产保护与文化传承之责。生态博物馆的作用如一面镜子,人们可以在其中认识自己,发掘自己与环境及祖辈之间的关系;同时在生态博物馆中,可以促进参观者对当地传统和社区居民独特性的理解。

在其发源地法国,生态博物馆社区涵盖乡村与都市,传统工业社区、传统作坊等均被"遗产化",并加以保护、利用和开发。[②] 当时的法国,传统的工业社区由于科学技术发展和产业升级而逐渐衰落,以大型工业生产为核心的工业社区开始瓦解,生态博物馆的出现为保护工业遗产和手工作坊提供了依据。同时生态博物馆为那些传统意义上无法为自己发声的人争取权益,如从事手工劳动的妇女、囚犯、移民等。生态博物馆还帮助人们处理文化认同与博物馆的关系,提供一种当地人记录文化、环境、经济变化的工具。[③]

意大利的生态博物馆建设较为完善,生态博物馆已经被应用于保护和诠释某些特定范围的有形和无形遗产项目的广泛范围。一些生态博物馆已经进入政府法律保障范围,如特兰托市在 2000 年颁布了文化、环境与历史遗产保护的相关法律,其中第 13 条就有"创建生态博物馆以挖掘地方传统和地方文化"[④]。为抢救文化遗产,生态博物馆开展了"记忆工程"以建构地方感,吸引了大批"怀旧"的旅游者。此外意大利的生态博物馆学家为规范生态博物馆的管理和运作、评价其对遗产保护的效果,还建立起一套"生态博物馆综合评价标准",并在实践中应用到对全球范围内生态博物馆的评价工作中。[⑤]

———————————

① Anupama Bhatnagar. Museum, Museology and New Museology. New Delhi: Sundeep Prakashan,1999:94-115.

② Poulot Dominique. Identity as Self-Discovery: The Ecomuseum in France. In Daniel J. Sherman & Irit Rogoff (eds.). Museum Culture: Histories, Discourses, Spectacles. London and New York:Routledge,1994:66-84.

③ Coral Delgado. The Ecomuseum in Fresnes: Against Exclusion. Museum International,2001,53(1):37-41.

④ Margherita Cogo. Ecomuseums and Local Government,载中国博物馆学会:《2005 年贵州生态博物馆国际论坛论文集》,紫禁城出版社 2006 年版,第 136—142 页。

⑤ Gerard Corsane. Ecomuseum Evaluation: Experiences in Piemonte and Liguria, Italy. International Journal of Heritage Studies,2007,13(2):101-106.

在北欧的挪威和瑞典,少数民族文化、珍贵的动植物、历史遗迹、传统工业遗存和传统农业都成为生态博物馆的保护对象,当地居民透过生态博物馆反观本地区的文化遗产,激发出文化自信。[①] 挪威位于欧洲大陆的最北边,它的地理位置和自然环境使其具有独特的自足性和地方自我认同感,当地居民对自己的生态环境和文化遗产的认知度很高。瑞典在 19 世纪末出现了移民潮,大量农民离开乡村进入城市寻找工作,另有大量国内人口(20% 左右)移民到美国,这一变化推进了当地的遗产保护运动。

俄罗斯地跨欧亚大陆,是世界上面积最大的国家,人口分布极不平衡。俄罗斯少数民族众多且复杂,民族问题特别突出,如何缓和民族矛盾十分迫切。因此俄罗斯的生态博物馆比欧洲其他国家具有显著的政治特征,生态博物馆更依赖于社区居民的民族政治环境。专家学者和社区居民共同参与社区发展,解决现代社会的问题及重建地域内多民族文化环境。通过生态博物馆,社区居民能够更好地理解自己的文化,参与到当地社会活动中,保存和重新评估自己的文化现状,对社区未来发展亦大有裨益。[②]

在美国,生态博物馆形式起初作为印第安社区认知传统文化及变迁的工具,随后与旅游相伴而来的娱乐性和展演性占据主导。[③] 相似情况也发生在加拿大和澳大利亚。[④]

在亚洲,生态博物馆研究虽起步较晚,却成绩斐然,其中包括日本、韩国、印度、菲律宾和越南等国。在非洲和拉丁美洲,亦有与此类似的社区博物馆和整体博物馆等新博物馆形式诞生。

生态博物馆的功能转向首先因为其涵盖内容的广泛性,从提出之日起,生态博物馆就没有一个固定的模式,不同国家、社区和个人根据自身的需要

---

① Marc Maure. Ecomuseums: A Mirror, a Window, or a Showcase? Ewa Bergdahl. Ecomuseum in Sweden. 载中国博物馆学会:《2005 年贵州生态博物馆国际论坛论文集》,紫禁城出版社 2006 年版,第 115—117、151—154 页。

② V. M. Kimeev. Ecomuseums in Siberia as Centers for Ethnic and Cultural Heritage Preservation in the Natural Environment. Archaeology Ethnology & Anthropology of Eurasia,2008,35(3):119-128.

③ Nancy Fuller. The Museum as a Vehicle for Community Empowerment: The Ak-Chin Indian Community Ecomuseum Project. In Ivan Karp (ed.). Museums and Communities. Washington and London: Smithsonian Institute, 1992:327-366.

④ Peter Davis. Ecomuseums: A Sense of Place. London and New York: Leicester University Press, 1999:165-189.

和理解对生态博物馆的解读也不尽相同,这也造成许多社区假借生态博物馆之名吸引参观者,被误读、被泛化等名不副实的情况亦屡见不鲜。其次,从实践层面上考量,生态博物馆在本土化的过程中经本土文化的过滤吸收,使其在不同国家和地区的实践方式各异、形式多样。如前所述,生态博物馆在法国、意大利、挪威、俄罗斯及美国等国家的发展受本国的经济、文化、政治等因素影响,侧重点有所不同——或侧重自然环境保护,或侧重文化遗产传承,或侧重对少数民族文化的复兴和评估。再次,生态博物馆社区是一个开放的、发展的空间,社区经济、文化、生态环境的变化必然对社区传统有一定的影响,如城市化进程、移民数量增加、科学技术的进步、现代传媒的普及、交通运输业的发展等。最后,旅游活动中的"游客凝视"使得旅游开发更多满足游客的需求,一些生态博物馆由最初的"记录、保存、传承文化遗产"之核心,向娱乐性、展演性转变。①

三、中国"博物"概念溯源②

对生态博物馆在中国的本土化问题,很多学者持这样一种观点:生态博物馆产生于西方社会,无论是文化背景还是经济背景,西方社会的情况都与中国不同,将生态博物馆引入中国必然会遭遇水土不服的处境。那么在中国传统社会中有没有博物馆概念的出现呢?在历史上"博物"究竟是何解释?唯有通过中西文化中概念的比较才能回答这些问题。绪论第三节的开篇已经论述了西方的博物馆概念及其发展过程,本部分仅从博物之概念上对其进行训诂学考据,从中理解中国历史上的"博物"。

"博物"在中国史籍中出现的时间非常早,最初"博"和"物"是以单字形式出现,随后在《左传》中才第一次出现"博物"这一词语形式。

(一)甲骨文和金文中的"博"、"物"

博物两个字作为单字,在汉字中被记载和应用的历史久远,可以在甲骨

---

① 部分内容已发表于金露:《生态博物馆理念、功能转向及中国实践》,《贵州社会科学》2014年第6期,第46—51页。

② 彭兆荣:《博物体:一种中国特色的生态概念与模式》,《福建艺术》2010年第2期,第30—34页。

文和金文上找到相关证据(见图 1-1)①。

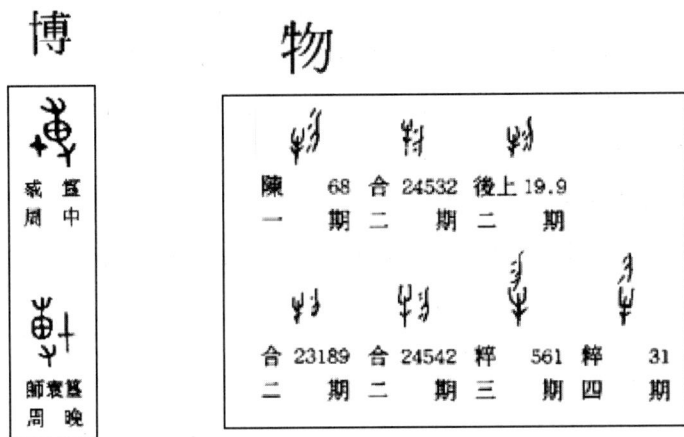

博　物

陳　68　合 24532　後上 19.9
一　期　二　期　二　期

合 23189　合 24542　粹　561　粹　31
二　期　二　期　三　期　四　期

图 1-1　金文和甲骨文中的"博"、"物"二字

古文字学家对金文中的"博"和甲骨文中的"物"各有解释。张世超《金文形义通解》指出:"博"字是形声字,应解释作"从又,从十(丗),甫声"。"又"象"手"形,表示用手发出的动作。"丗"象干盾之形,就是盾牌。所以该字本义是用手拿着武器,就是"搏击、搏斗"。从"手"的"搏"是后来的写法。右边的"甫"表示"博"字的读音。② 强运开列举了金文中的"博"有从"阜"、从"戈"、从"干"等几种不同的写法,表示"征伐"等义。从上述解释中我们可以看到"博"字的出现与战争密切相关,其"搏斗"、"征伐"等引申义也是从征战、武力中而来。

"物"字的解释应从王国维《观堂集林·释物》之说。"物"也是个形声字,应解释作"从牛,勿声"。本义是杂色牛,"杂"是引申义,读音同"勿"。③《甲骨金文字典》中的"物"主要有两个意思:一为杂色牛;二为杂色。原文如下:𠂇象耒形,𠂇象耒端刺田起土。一举耒起土为一垡,垡与𠂆古音同,且𠂇形近,故𠂇字后世亦隶定为勿,由起土而训为土色,色、形色经传多借"物"为之。

————————————

① 金文中的"博"字见容庚编著,张振林、马国权摹补:《金文编》,中华书局 1958 年版,第 135 页;高明、涂白奎:《古文字类编(增订本)》,上海古籍出版社 2008 年版,第 96 页。甲骨文中的"物"字见中国社会科学院考古研究所:《甲骨文编》卷二·六,中华书局 1965 年版;高明、涂白奎:《古文字类编(增订本)》,上海古籍出版社 2008 年版,第 534 页。

② 张世超等:《金文形义通解》卷三,中文出版社 1996 年版。

③ 王国维:《观堂集林·释物》,中华书局 1959 年版。

《左传·成公二年》载:"物土之宜而布其利。"物土即相土色。郑司农注《周礼·草人》:"以物地占其形色。"物训色则自非一色,引申之得为杂。《周礼·司常》:"杂帛为物。"甲骨文物作𤙸,或从牛作𤙹,皆谓杂色牛,无作否定词用者,西周金文则全用作否定词。如盂鼎之"𤙸废朕命。"召伯虎簋之"𤙸敢对"皆是。《说文》中解释为:"万物也……从牛,勿声。"①

(二)《说文解字》及其对现代博物概念的影响

《说文解字》中博的词条为"博,大通也,从十从尃。尃,布也"②。《说文解字注》中写:"博,大通也。凡取于人易为力曰博。"③

"物"在《说文解字》中的记载是:"物,万物也。牛为大物,天地之数,起于牵牛,故从牛。勿声,文弗切。"④《说文解字注》对"物"的解释更为详细:"物,万物也。牛为大物。牛为物之大者,故物从牛。与半同义。天地之数起于牵牛。戴先生《原象》曰周人以斗牵牛为纪首,命曰星纪。自周而上,日月之行不起于斗,牵牛也。按许说物从牛之故,又广其意如此。故从牛,勿声。"⑤

《辞源》对"博"的相关释义主要有:(1)大。《韩非子·爱臣》:"是故诸侯之博大,天子之害也。"《吕氏春秋·上德》:"故义之为利博矣。"(2)广。《礼记·中庸》:"博厚所以载物也。"(3)通达,多闻。《荀子·修身》:"多闻曰博,少闻曰浅。"(4)众多,丰富。《论语·子罕》:"博我以闻,约我以礼。"《荀子·儒效》:"故闻之而不见,虽博必谬。"(5)局戏。通"簙"。(6)换取,取得。《宋书·索虏传》引《拓跋焘与刘裕书》:"若厌其区宇者,可来平城居,我往扬州住,且可博与土地。"⑥

《辞源》中对"物"的解释为:(1)存在于天地间的万物。《诗·大雅·烝民》:"天生烝民,有物有则。"(2)与"我"相对的他物。《易经·系辞下》:"仰

---

① 方述鑫等:《甲骨金文字典》卷九,巴蜀书社 1993 年版。
② 〔汉〕许慎撰,〔宋〕徐铉校定:《说文解字》卷三上,中华书局 1963 年版。
③ 〔汉〕许慎撰,〔清〕段玉裁注:《说文解字注》(经韵楼藏版)三卷上,上海古籍出版社 1981 年版。
④ 〔汉〕许慎撰,〔宋〕徐铉校定:《说文解字》卷二上,中华书局 1963 年版。
⑤ 〔汉〕许慎撰,〔清〕段玉裁注:《说文解字注》(经韵楼藏版)二篇上,上海古籍出版社 1981 年版。
⑥ 广东、广西、湖南、河南辞源修订组、商务印书馆编辑部:《辞源》(修订本)第一册,商务印书馆出版 1979 年版,第 428 页。

则观象于天，俯则观法于地，……近取诸身，远取诸物，于是始作八卦。"
（3）实物的内容实质。《周易·家人》："君子以言有物，而行有恒。"（4）颜色。
《周礼·春官·保章氏》："以五云之物，辨吉凶。"注："物，色也。"（5）种类。
《周礼·夏官·校人》："辨六马之属，种马一物，戎马一物，齐马一物，道马一
物，田马一物，驽马一物。"注："谓以一类相从也。"（6）观察，选择。《左传·
昭公三十二年》："刉沟洫，物土方。"注："物，相也。"《周礼·地官·草人》：
"则物其地，图而授之，巡其禁令。"（7）标志。《左传·定公十年》："叔孙氏之
甲有物，吾未敢以出。"注："物，识也。"（8）杂色牛。《诗·小雅·无羊》："三
十维物，尔牲则具。"后因指杂帛。《周礼·春官·司常》："掌九旗之物名，各
有属以待国事。……交龙为旂，通帛为旜，杂帛为物，龙虎为旗。"注："杂帛
者，以帛素饰其侧。"参阅近人王国维《观堂集林》六释物。①

　　《辞海》、《汉语大词典》、《汉语大字典》等辞书中也有对"博""物"概念的
类似解释，有些更为具体，延伸意义更多。

　　（三）"博物"一词的出现及《博物志》

　　典籍中最早出现"博物"是在《左传·昭公元年》中，即形容郑国大夫子
产通晓众物。原文为："晋侯闻子产之言，曰：'博物君子也。'"②

　　另见《孔丛子·嘉言第一》中称孔子"博物"。原文作：躬履谦让，洽闻强
记，博物不穷，抑亦圣人之兴者乎？③《列子·汤问》张湛注曰：夫奇见异闻，
众所疑。禹、益、坚岂直空言谲怪以骇一世，盖明必有此物，以遣执守者之固
陋，除视听者之盲聋耳。夷坚未闻，亦古博物者也。④又《汉书·楚元王传》
的《赞》说："自孔子后，缀文之士众矣，唯孟轲、孙况、董仲舒、司马迁、刘向、
扬雄。此数公者，皆博物洽闻，通达古今，其言有补于世。"⑤

　　随后，博物之意逐步扩展，形成了现在的"博物"概念。

　　一是指通晓众物。汉桓宽《盐铁论·杂论》："桑大夫据当世，合时变，推
道术，尚权利，辟略小辩，虽非正法，然巨儒宿学，恶然大能自解，可谓博物通
士矣。"宋欧阳修《笔说·博物说》："草木虫鱼，《诗》家自为一学，博物尤难。"

---

　　①　广东、广西、湖南、河南辞源修订组、商务印书馆编辑部编：《辞源》（修订本）第三册，
商务印书馆出版 1979 年版，第 1984 页。

　　②　〔清〕阮元校刻：《十三经注疏·春秋左传正义》卷四一，中华书局 1980 年影印版。

　　③　〔汉〕孔鲋注，〔宋〕宋咸注：《孔丛子》，清嘉庆宛委别藏本，第 1 页。

　　④　〔春秋战国〕列御寇撰，〔晋〕张湛注：《列子》卷五，四部丛刊影北宋本。

　　⑤　〔汉〕班固撰：《汉书》卷三七，清乾隆武英殿刻本。

又指通晓各种事物的人。唐玄奘《大唐西域记·摩揭陀国下》:"于是客游后进,详论艺能,其退走者固十七八矣。二三博物,众中次诘,莫不挫其锐,颓其名。"

二是指万物。唐玄奘《大唐西域记·摩腊婆国》:"昔此邑中,有婆罗门,生知博物,学冠时彦,内外典籍,究极幽微。"宋苏轼《以石易画晋卿难之复次韵》:"欲观博物妙,故以求马卜。"

三是旧时对动物、植物、矿物,生理等学科的统称。①"博物"承袭了"博"的"大通"和"物"的"杂",具有通晓众物、包罗万象之意,同时还指通晓众物的人。西晋张华(232—300)取"博物"之大而杂之意,将自己编撰志怪小说集命名为《博物志》。书中分类记载了异境奇物、古代琐闻杂事及神仙方术等。内容多取材于古籍,包罗很杂,有山川地理的知识,有历史人物的传说,有奇异的草木鱼虫、飞禽走兽的描述,也有怪诞不经的神仙方技的故事,其中还保存了不少古代神话材料。如所记八月有人浮槎至天河见织女的传闻,是有关牛郎织女神话故事的原始资料。据东晋王嘉《拾遗记》称,此书原400卷,晋武帝令张华删订为10卷,但此说无旁证。《隋书·经籍志》杂家类著录本书即为10卷。今本内容混杂,文辞疏略,注释寥寥数则,而且其他著作所引有今本所不载者,当是原书已佚,由后人搜辑而成。今人范宁有《博物志校证》。与《博物志》内容和编撰形式相似的还有宋代李石的《续博物志》和明代董斯张的《广博物志》。②

由此可见,"博"、"物"在金文和甲骨文中取"博"的"搏击"、"征战"之意和"物"的"杂"之意。"博物"作为词语出现首先指通晓众物,称通晓众物的人为"博物君子",后引申至"包罗万象"。因此,"博物"本为形容词,近代才有"万物"之意,并指代一种学科。而西方的博物馆概念源于古希腊神话,指缪斯所在的地方。其起源可以追溯到公元前3世纪建于埃及亚历山大城内缪斯神庙。公共博物馆18世纪开始在西方出现,我国现行的博物馆概念由此而来。

四、生态博物馆在中国的本土化过程及相关研究

在中国政府和挪威政府签署的文化合作项目下,我国首批生态博物馆在贵州省的4个民族村寨建立。挪威博物馆学家约翰·阿格·杰斯特龙作

① 罗竹风主编,中国汉语大词典编辑委员会、汉语大词典编纂处:《汉语大词典》,上海辞书出版社1986年版,第910页。

② 李学勤、吕文郁:《四库大辞典》,吉林大学出版社1996年版,第2167页。

为主要专家,按照他在挪威建立的图顿生态博物馆(Toten Ecomuseum)来指导中国生态博物馆的建设。与挪威生态博物馆相同,每个生态博物馆主要分为村落和资料信息中心两部分。村落指村民日常生活的整个区域,包括村寨里的居民、自然环境和文化景观。资料信息中心通常在村落外围,距离村落有一定距离,是一座单独的建筑,主要用来展示村落的历史和文化,保存当地的物质和非物质文化遗产,同时也是社区居民活动的场所。

中国的生态博物馆发展,根据我国博物馆学家苏东海的总结,可以分为四个阶段。[①]

第一代生态博物馆特指在中挪合作项目下,1995 年到 2004 年在贵州建立的生态博物馆群。这四座生态博物馆分别是梭戛箐苗生态博物馆、镇山布依族生态博物馆、隆里汉族生态博物馆和堂安侗族生态博物馆。第一代生态博物馆基本实现了生态博物馆对遗产动态的、整体的和当地保护的理念,但村民并未"成为主人",而是在生态博物馆初期由政府机构作为"文化代理"接管,待当地人可以"文化自理"后,再将管理权交回村寨。

第二代生态博物馆包括内蒙古的敖伦苏木生态博物馆和广西的生态博物馆群。敖伦苏木生态博物馆是中国北方的第一座生态博物馆。随后广西民族博物馆开展了"1+10"项目,即在广西民族博物馆的指导下,2003 年到 2005 年在广西建立 10 座生态博物馆,包括南丹的白裤瑶生态博物馆、三江的侗族生态博物馆和靖西的壮族生态博物馆等。第二代生态博物馆更加侧重学者和当地居民的合作和沟通,建立了科研力量和村民的互动机制,同时也加强了生态博物馆的文化展示功能。

第三代生态博物馆已经基本实现村民自治的理念。2005 年,云南西双版纳的布朗族生态博物馆成功将管理权交到村民手中。贵州的地扪生态博物馆由企业牵头,帮助村民建立合作社,真正使村民受益,同时能够以馆养馆,实现生态博物馆的自主经营。

第四代生态博物馆逐渐从农村走向城市,呈现多维度发展。如北京乾面胡同将整个历史街区当作一个生态博物馆进行保护,同时启动胡同街区历史记忆工程,记录下 60 多位原住民的口述史。沈阳铁西老工业区居民旧址博物馆则对传统的历史工业区进行整体保护。除此之外,云南的民族文化生态村,也是在生态博物馆的理念下建立的,由于篇幅有限,本书不做

---

① Donghai Su. The Concept of the Ecomuseum and Its Practice in China. Museum International,2008,60(1-2):29-30.

涉及。

与生态博物馆的发展相对应,中国生态博物馆研究大致可以分为三个阶段:第一阶段是 1986—1996 年,这一阶段的成果主要是在《中国博物馆》期刊上发表的文章。文章内容涉及对生态博物馆概念的引入,在法国、加拿大等地建立的生态博物馆的介绍和在中国建立生态博物馆的可行性分析。第二阶段是 1997—2005 年,这期间出现的论文主要是对生态博物馆这一新事物的研究以及探讨中国生态博物馆建设以来出现的问题。第三阶段是 2006 年至今,这一阶段出现的论文更多是反思生态博物馆本土化中出现的问题,特别是遗产保护与旅游开发的冲突,也从理论上对生态博物馆是否适合中国国情提出质疑。

从内容上来看,关于生态博物馆的论文可以分为以下几类:

第一,国外生态博物馆译文。自 1986 年开始,《中国博物馆》陆续刊登了一些国外生态博物馆理论和实践的译文,如弗朗索瓦·于贝尔著、孟庆龙译的《法国的生态博物馆:矛盾和畸变》,[1]南茜·福勒著,罗宣、张淑娴译的《生态博物馆的概念与方法——介绍亚克钦印第安社区生态博物馆计划》,[2]为我国建立生态博物馆做理论铺垫。

第二,中国生态博物馆与旅游。张成渝对生态博物馆和乡村旅游这两种文化保护和可持续发展模式进行对比,认为生态博物馆更侧重保护,顺应发展;乡村旅游侧重发展,而将保护作为次要元素,因此比起乡村旅游,生态博物馆对村落而言更具有可持续发展性。[3]张涛以梭戛箐苗生态博物馆为例,讨论了自生态博物馆项目实施以来,地方发展和旅游中出现的问题,认为外部资源的大规模导入除了短期内受到国际和国内的关注外,并未真正实现地方发展和合作方挪威期望的遗产保护作用。他认为解决问题的关键是找到一种可以真正对话的机制。[4]

第三,生态博物馆与遗产保护和民族文化发展。周真刚、胡朝相在《论

---

① [法]弗朗索瓦·于贝尔:《法国的生态博物馆:矛盾和畸变》,孟庆龙译,《中国博物馆》1986 年第 4 期,第 78—82 页。

② [美]南茜·福勒:《生态博物馆的概念与方法——介绍亚克钦印第安社区生态博物馆计划》,罗宣、张淑娴译,《中国博物馆》1993 年第 4 期,第 73—82 页。

③ 张成渝:《村落文化景观保护与可持续发展的两种实践——解读生态博物馆与乡村旅游》,《同济大学学报》(社会科学版)2011 年第 3 期,第 35—44 页。

④ 张涛:《生态博物馆、旅游与地方发展》,《西南民族大学学报》(人文社会科学报)2011 年第 10 期,第 115—120 页。

生态博物馆社区的文化遗产保护》中以梭戛箐苗生态博物馆为例，阐述了社区开放后村民受到外来思想的冲击而全盘抛弃传统观念的现状，认为要想做到保护文化遗产必须首先消除贫困、发展教育，并用社区原有的"乡规民约"结合国家法律法规进行文化遗产保护。① 龙菲的《贵州生态博物馆建设与文化遗产保护》结合贵州生态博物馆群的现状和生态博物馆发展的指导原则，肯定了生态博物馆在保护文化遗产方面的作用，认为文化遗产保护的最终目的是改善村民生活，提高村民素质，因此应该加大经费投入。② 总之，有些学者认为生态博物馆对保护文化遗产和发展地区经济都是一种积极的方法，③也有些学者认为生态博物馆加剧了少数民族文化的变迁。④

第四，反思生态博物馆本土化过程中出现的问题。潘年英在第一次考察梭戛箐苗生态博物馆后，对其发展非常担忧，认为当地村民并没有做好接受生态博物馆的准备，对村民来说更重要的是填饱肚子，而不是保护文化。⑤时隔六年，他再次前往梭戛箐苗生态博物馆，发现存在的问题已经由矛盾走向畸形，如兜售纪念品、日常服饰趋于汉装等，提出加强村民的文化自觉能力和提高村民生活水平。⑥ 潘守永在《生态博物馆只是一种理念而非一种固定的模式》中认为，中国的生态博物馆承载了太多本不应该承载的责任，如扶贫、发展经济等，造成了生态博物馆在中国的尴尬局面。但是说"生态博物馆在中国是失败的"还为时过早，成败还需要时间的验证，未来生态博物馆的发展应该将居民的主动参与作为核心理念。⑦

第五，生态博物馆美学分析、社区参与模式探讨和符号象征等。童晓娇

---

① 周真刚、胡朝相：《论生态博物馆社区的文化遗产保护》，《贵州民族研究》2002 年第 2 期，第 95—101 页。

② 龙菲：《贵州生态博物馆建设与文化遗产保护》，《理论与当代》2008 年第 8 期，第 45—46 页。

③ 胡朝相：《生态博物馆理论在贵州的实践》，《中国博物馆》2000 年第 2 期，第 61—65、38 页。

④ 甘代军：《生态博物馆中国化的悖论》，《中央民族大学学报》(哲学社会科学版)2009 年第 2 期，第 68—73 页。

⑤ 潘年英：《矛盾的"文本"——梭戛生态博物馆田野考察实录》，《黎明职业大学学报》2000 年第 4 期，第 6—14 页。

⑥ 潘年英：《变形的"文本"——梭戛生态博物馆的人类学观察》，《湖南科技大学学报》(社会科学版)2006 年第 2 期，第 104—108 页。

⑦ 毛俊玉：《生态博物馆只是一种理念，而非一种固定的模式——对话潘守永》，《文化月刊》2011 年第 10 期，第 6—28 页。

以生态博物馆的社区参与模式为研究主题,提出"当地居民＋政府＋专家＋博物馆工作站＋旅游开发公司＋旅行社"的社区参与模式。[①] 韦祖庆和黄怡鹏分别讨论生态博物馆的美学取向和生态审美。[②][③] 韦祖庆在《生态博物馆:一个文化他者的意象符号》中认为,生态博物馆的选地大多在少数民族或欠发达地区,建馆的目的是保持"异质性文化",因此是一个文化他者的象征符号。[④]

第四节　研究框架和理论方法

一、研究框架

本书的研究对象是镇山布依族生态博物馆,按照我国生态博物馆的理念,也可以理解为整个生态博物馆村落——即镇山村。同时,生态博物馆之于镇山村,还可以看作是一种保护当地文化的理念和一个发展旅游的事件。本书的研究主题是村落文化的现代性表述,主要从生计方式、亲属关系、宗教信仰和节庆文化四个方面论述文化诸方面所呈现出的现代性。之所以选择这四个方面加以论述,是因为生计方式、宗教信仰、亲属关系在人类学中被认为是文化的核心要素。节庆文化则是镇山村宗教信仰、亲属关系、甚至生产方式变迁集中而又直观的表现形式,通过田野调查发现,节庆文化受旅游活动的影响很大——或因其娱乐性或观赏性被开发为旅游活动,被重视、宣传、放大、娱乐化和现代化;或因其不能被开发为旅游节庆、带来直接的经济收入,而被淡化、逐渐衰落,甚至被遗忘。

本书审视镇山布依族生态博物馆现代性表述的切入点是旅游。之所以选择旅游为切入点是基于田野点的特殊性——与贵州其他生态博物馆社区不同,旅游早在生态博物馆项目之前就进入镇山村,目前已经取代农业成为

---

① 童晓娇:《生态博物馆的社区参与模式初探》,《桂林旅游专科高等学院学报》2007 年第 5 期,第 666—669 页。

② 韦祖庆:《生态博物馆的美学内涵》,《贵州社会科学》2007 年第 8 期,第 48—52 页。

③ 黄怡鹏:《时空交错的动态和谐之美——生态博物馆生态审美分析》,《文化研究》2008 年第 2 期,第 48—49 页。

④ 韦祖庆:《生态博物馆:一个文化他者的意象符号》,《广西民族师范学院学报》2010 年第 4 期,第 17—20 页。

镇山布依族的主要生计方式,也正在悄然改变着宗教信仰和家庭结构等不易被改变的文化核心要件。

但值得注意的是,旅游并不是唯一影响镇山村现代性的事件和要素。在旅游和生态博物馆进入镇山村之前,一系列的历史节点已经滋生现代性。这些历史性的事件主要有:1958 年花溪水库的修建、农村人民公社化运动、"文革"等。特别是 1958 年花溪水库的建设淹没了镇山村河谷地带,镇山村村民世世代代赖以为生的水田几乎全部被淹没在水库之下。镇山村村民经历了从耕种水田到耕种山坡旱地而勉强维持生活的阶段,当地村民形象地称这样只能靠雨水维持的旱地为"望天田"。花溪水库的修建不仅改变了镇山村的生计方式,水库蓄水后同时改变了村落的空间布局,原来祖居镇山村的班李一家的大家族被划分为李村和镇山村两个自然村落。水库的物理隔绝,使本是一家的班李家族渐行渐远,亲缘关系和家庭结构随之发生改变。伴随着水库这一庞然大物出现的还有电灯、抽水机等现代性的物化表现,村民通过直观的物接受着现代技术。"文革"等政治运动对传统的破坏亦影响巨大。

本书主要以历史为主线,通过村民的口述史和历史文献资料,并通过参与观察研究现代性在生态博物馆中的表述,主要内容包括生计方式由农耕到旅游业的转变、宗教观念和现代理性的角力、传统的大家族与核心家庭并存、节庆活动在旅游中的舞台化展演等。

第一章绪论主要梳理现代性理论和回顾生态博物馆研究现状。

第二章主要论述镇山布依族生态博物馆社区的地理位置、族群认同和生态环境等基本概况,便利的地理位置、布依族的风俗文化和依山傍水的自然环境是镇山村被发现和被展演的三个主要因素。

第三章从生计方式看现代性的表述。从明朝万历年间开始到 20 世纪 90 年代,镇山村以农业为主要生计方式。20 世纪 90 年代之后,镇山村从一个普通的布依族村寨,经历了被发现、被展演、被遗忘的政府主导的旅游开发过程,旅游业逐渐成为镇山村主要的生计方式,农业因为费时、费力、经济收益低等原因成为次要的生计方式。同时由旅游业引出的餐饮服务业、手工业也在社区中出现。生计方式的变迁反映出布依族传统思想的转变——以农业为主的安土思想向以商业为主的谋利思想转变。

第四章呈现了镇山布依族生态博物馆亲属关系的现代性,镇山村始祖以"汉父夷母"的结合组成家庭,家族经过明、清、民国、新中国等历史时期的发展,目前已经延续到第 17 代子孙。在镇山村村民的亲属结构有大家族、中家族、小家族和家庭四种形式。家族分化的原因包括:时间久远和兄弟分家;修建水库和水库移民对村落布局的改变;旅游开发中新的利益联盟群体的出现等。坟的分布一方面可以看出班李家族的扩大,另一方面也可以看出班李家族在明清的势力扩张和在现代的收缩。

第五章论述宗教信仰的现代性,主要以祖先崇拜为例阐释宗教的世俗化。随着旅游收入的提高,与土地相连的土地神和祖先崇拜逐渐淡化,外部表现为仪式的简单化、举行仪式的频率降低。由于科学和医疗知识的普及,地方的鬼魂崇拜几近消亡,随着村里最后一位迷拉①的自然死亡,扫寨活动终止。

第六章讨论旅游对节庆的影响。春节、清明、七月半等传统节庆因为没有民族特色而被淡化,但跳场、六月六等具有民族特色的节日在旅游中被开发、强化,变为"前台"的文艺表演。祭祖节是一个完全因旅游而创造的节日,祭祖空间从过去的堂屋转移到寺庙,与原来的文化传统大相径庭。各级政府和村两委等利益群体对节庆的偏好和利益博弈变成节庆兴衰的重要因素之一。

结论引出对混合现代性的论述、对生态博物馆本土化的思考和对镇山村未来的展望。

二、研究方法

(一)田野调查和比较方法

笔者于 2009 年 4 月至 5 月第一次进入贵阳花溪区镇山村进行田野调查,走访了参与生态博物馆建设的主要部门,如贵州省文化厅文物处、花溪区文管所等,一方面搜集整理生态博物馆相关资料,一方面对主要参与者进行访谈,力求了解生态博物馆建设的始末;花溪区档案馆、花溪区新闻信息中心、花溪区旅游局、花溪区民宗局、花溪区方志办、石板镇政府等部门保存有部分档案资料,笔者亦依次走访。走访过程中同样会获得一些关键人物的信息,通过不同部门间的穿针引线有幸访谈到几位当时全程参与整个项目的"当事人"。村民无疑是田野调查的主角,他们对生态博物馆项目虽"后知后觉",却是主要见证者和参与者,他们"主位"获得的信息和论调与"客位"的政府和学者的说辞有所不同。

以镇山村为中心,笔者在黔东南朗德上寨村寨博物馆和西江千户苗寨、

①　迷拉为布依族本土宗教的一种宗教人士,类似于"萨满"。

六枝特区的梭戛箐苗生态博物馆、花溪区的青岩古镇也进行了短期的田野调查，它们有些虽没有"生态博物馆"之名，却与镇山村有着相似的旅游发展经历。

"比较方法"一直为人类学学科使用和推崇，对多个村落的比较研究更能发现镇山布依族生态博物馆的特殊性和普遍性。这种"比较方法"一直持续到 2009 年 9 月至 2011 年 9 月，笔者在美国、加拿大和法国的几个生态博物馆社区所进行的调查，对比中西生态博物馆形式的异同对研究生态博物馆在中国的本土化问题大有裨益。

2011 年 1 月至 5 月，笔者第二次进入镇山布依族生态博物馆社区。与上次不同的是，这次的我更多的是以一名村民的"主位"身份进入社区，与村民同吃同住同劳动，参与到他们的仪式、节庆活动、接待工作等日常生活的方方面面。此间笔者参加了三次婚礼、一次葬礼，亲见了安神、谢土、清明上坟等村落常见的仪式活动，接待了来自姐妹村西江苗寨的姐妹，与村民一起度过了春节、元宵节、清明节、四月八等节日，目睹油菜花开、收割和春耕的农业劳动场景，也看到村民等待游客、招待游客的旅游餐饮活动。

笔者的访谈对象包括各个年龄段的村民，其中历史故事和神话传说主要通过与老年人的深入访谈获得，并同时了解不同年龄段的村民所知的地方性知识的差异。比较方法大量使用在历史上各个时期的对比、本村和周边村落文化的对比、口头传说和文献资料的对比、文化各个方面之间的对比。

这一时期笔者再次走访了保存官方文献资料的贵阳市花溪区档案馆、贵州省文化厅、贵阳花溪区文物保护管理所、花溪区旅游局等部门，并增补了来自贵州省档案馆、贵阳市花溪区政协文史委、花溪区石板镇档案室的文史资料和档案资料。同时，笔者在镇山村村主任、文书和仪式先生手中获得了很多珍贵的民间文献，包括镇山村班李氏族谱、仪式所用的古书、古传的八字本和一些政府官方文件。历史文献主要来自贵州省图书馆地方志和古籍室。

（二）整体观

镇山布依族生态博物馆（镇山村）中的各个文化事项本来是一个有机整体，生计方式、亲属结构、宗教信仰和节日风俗都是相互关联、互相影响的组成部分，人类学的整体观能够发现各个文化事项间的差异和千丝万缕的联系，整体观也是生态博物馆理念的原则之一。

(三)跨学科方法

本书主要从人类学的视角论述文化遗产在旅游情境中的现代性表述,同时采用历史学方法进行历史文献梳理,并历时性分析现代性在不同时期的呈现;博物馆学中的新博物馆理论,特别是生态博物馆理论,也在文中有所体现。本书试图通过跨学科的方法来研究一个跨学科的"生态博物馆",将"旅游"、"遗产"和"现代性"有机地结合起来进行论述。

(四)主位与客位相结合

简单来说,人类学的学科方法可以归结为"走进去"和"走出来"六个字。"走进去"即人类学者走入他(们)所要研究的社区,以当地人"主位"的视角观察并记录社区居民日常生活的各个方面,通过与他们"同吃同住同劳动"理解他们生活世界中的思维方式,从而得出相对客观的描述,这将是随后分析的基础素材。因此,本书的论述将引用大量的访谈资料,力求客观地反映村民的真实生活和真实想法。

结束一定时间的田野调查之后,沉浸在田野中的人类学者还必须"走出来",即走出田野、回归书斋,以一名人类学者的"客位"身份去分析社区文化的要义。当地人长期生活在他们循规蹈矩的生活中,对日常所见已形成固有模式,有时并未深究背后的意义系统。这时就需要人类学家从繁杂的文化事项中提炼升华出文化背后的"意义之网",并透过社会变化与文化变迁的交互作用,分析其动力与机制,撰写出一份内容丰富且具有理论意义的民族志。"走进去"(主位)与"走出来"(客位)对人类学者来说缺一不可、意义非凡。

三、生态博物馆、遗产、旅游与现代性的关系

生态博物馆理念的提出本来与旅游无关,顾名思义,生态博物馆的功能主要还是博物馆的功能,即对文化遗产的保存、展示和教育,不同的是服务的群体是社区居民。但是,生态博物馆的概念自提出之日起一直不断被误读,这种趋势不仅发生在中国,也同时发生在拥有生态博物馆的其他国家。

在中国,生态博物馆自建立之初,不同群体就对其有着不同的理解。从政府角度来看,生态博物馆被认为是国家发展旅游的一项政策。从中国国情出发,生态博物馆除了原本的遗产保护之责,还同时担负着发展民族经济的责任。首先,从地理位置来看,第一批生态博物馆都是选择少数民族村寨,隆里虽然是汉族村寨,但其周边都是少数民族村寨,使其成为当地的"少数民族村寨"。其次,生态博物馆建设之初,先是维护村寨的基础设施等,比

如在镇山村,前期的资金投入主要用于修建公路、维修房屋、自来水入户等,接着是维修武庙、村民厕所改造工程和修建旅游所需的公厕、码头和停车场。同时政府还大力帮助镇山村进行宣传,包括媒体采访、电视宣传和旅游接待等。可以说,生态博物馆是政府发展旅游的一个窗口。

而村民眼中的生态博物馆是发展经济、开展旅游业的工具。从村民的角度来看,生态博物馆的概念对他们来说是极其陌生的。镇山村和其他几个生态博物馆不同的是,它在生态博物馆项目之前就已经发展了旅游业,知名度很高。由于缺乏对生态博物馆理念的推广,对于村民来说它只是另一种发展旅游的方式,因此生态博物馆项目实施以后村民仍然按照以前的农家乐方式经营旅游业。村民对博物馆的理解还停留在传统博物馆层面,他们眼中的博物馆应该是有固定的建筑、展出一些器物,而生态博物馆与他们想象中的博物馆相差甚远。当笔者询问村民对生态博物馆的看法时,他们都不约而同地说起村外的资料信息中心,而不认为村寨本身才是生态博物馆的主体。

生态博物馆项目按照一种旅游开发模式开展,成为政府主导和村民参与的、以经济发展为目标的旅游项目,以至于游客根本未察觉到生态博物馆与其他民俗村的区别。游客来到村里,也多是打麻将、吃农家饭、划船,对布依族文化和生态博物馆都涉及甚少。从参与程度上来看,生态博物馆只是一个虚拟的空间,既与村民的社会空间相分离,又与游客的旅游空间相分离。也可以说,生态博物馆是由政府、当地村民和游客共同建构的一个社区空间。

因此,本书的生态博物馆同时具有两种使用情况:其一是从理念出发,将"镇山布依族生态博物馆"和"镇山村"看作同一个概念,包括生活在其中的人以及人的社会活动,"生态博物馆的现代性表述"亦即"镇山村村落文化的现代性表述"。其二是从实践层面出发,将"生态博物馆"作为一项国家政策和一种西方概念,在旅游情境下讨论其对当地文化的影响。传统的少数民族村落将国家政策(旅游)和西方概念(生态博物馆)融入本土思想在旅游情境中进行表述,反映出传统和现代的角力和并生。为避免以下行文中带来的困惑,特此说明。

第二章　镇山布依族生态博物馆的
自然情况和文化背景

我家住在半边山哟喂

周围团转着水岸哟喂

周围团转着水岸哟喂

守着那龙潭哟喊口干

——镇山村歌谣

这是一首在镇山布依族生态博物馆人人耳熟能详的山歌，在"山歌无本句句真"的布依村落，自然环境、日常生活、大事小情都是山歌信手拈来的重要素材。正如这首山歌中所唱，镇山村三面环水，一面临山，是布依族典型的村落样式（见图 2-1）。依山傍水的居住环境是从事农耕的先决条件；同时，当地的布依族居民就地取材、随山就势，用土、木、石建造了融于自然山水的石板房。自明朝时始祖李仁宇迁居此处与当地布依族女子成婚以来，班李家族历经朝代更迭，不断发展、延续子嗣，形成了一定规模的布依族聚落。他们在明清时期世代为官，一直与地方政府保持着密切的联系，在当地享有较高的权力和地位。历史上，相对封闭的自然环境较好地保存了镇山村的民风民俗；在现代大众旅游时代，山、水、石板房和布依族的历史文化都成为独具特色的旅游资源。

图 2-1　镇山村全景①

第一节　村落概况

一、自然情况

镇山村是中国西南地区的一个布依族村落，行政区划为贵州省贵阳市花溪区石板镇。花溪区位于贵阳市南面，距离市中心 17 公里，地理位置为东经 $106°27'\sim106°52'$，北纬 $26°11'\sim26°34'$。东连龙里县，南接惠水、长顺两县，西接平坝县、清镇市，北邻贵阳市小河、乌当、南明等区。

花溪区全境大部分地区为喀斯特地质地貌典型地区，处云贵高原东斜坡和苗岭山脉中段，为长江水系和珠江水系的分水岭地带。东西部为低中山丘陵谷盆区，海拔 $1035\sim1429$ 米；中部为丘盆区，海拔 $1015\sim1429$ 米；东南部为中山台地，平均海拔为 1300 米，最高点为皇帝坡 1655.9 米；西南部为山地，海拔 $1067\sim1529$ 米。全区总面积 957.6 平方公里。东部、中部有南北走向山脉三条，形成山脉间三条槽谷坝子，盛产稻谷。

花溪区是贵阳市的生态区、旅游区、文化区。生态区意指生态资源丰

———————————

①　图片由花溪区文管所提供。

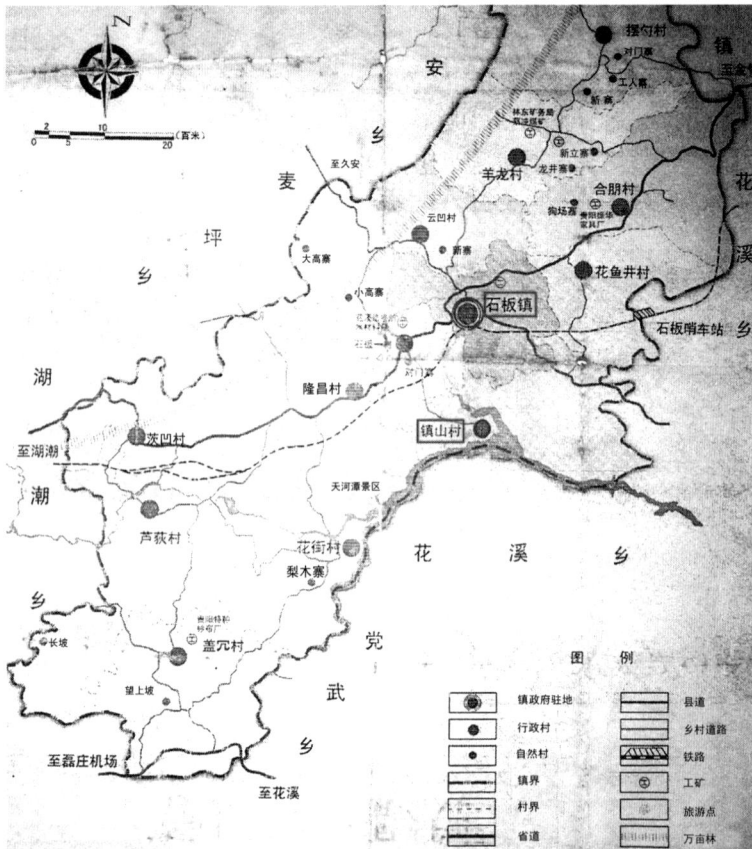

图 2-2　花溪区石板镇镇域综合现状

富,自然环境保护良好。花溪区年平均降雨量 1178.1 毫米,年平均相对湿度 78%~83%,年平均日照总数为 1274.2 小时,年平均气温 14.9 摄氏度。境内耕地面积 12323 公顷,森林面积 23424 公顷,森林覆盖率达 34.1%。境内水资源丰富,有长江水系和珠江水系两大水系 26 条河流,另有小溪 38 条,总长 400 余公里,水质无色、无味、透明、无沉淀,是贵阳市的主要饮用水源。① 丰富的民族文化资源是花溪区的品牌标签之一。花溪区下辖 2 镇 7 乡 18 个社区服务中心,共 122 个行政村,52 个居委会,2012 年年末常住人口 62.61 万人,有苗、布依等少数民族,少数民族约占总人口数 33%。② 凭借天

① 李祖运:《贵阳市花溪区志》,贵州人民出版社 2007 年版,第 1—2 页。
② 花溪区人民政府公众信息网,http://www.hxgov.gov.cn/lxhx/hxgg/index.shtml。

然秀美的生态景观和丰富的少数民族文化,该区也成为贵阳市及其他地区游客喜爱的旅游地之一。

镇山村位于花溪区西南面,距省会贵阳21公里,距花溪区11公里,距石板镇1.25公里。这里属亚热带季风湿润区气候,雨水适中,日照充足,冬无严寒、夏无酷暑。地理坐标为东经106°37′,北纬26°27′,最高海拔为(半边山山顶)1195.88米,村寨正中海拔1163.40米,寨脚海拔1128.87米。全村总面积3.8平方公里,东西最大距离5公里,南北最大距离3公里。现有耕地707亩,其中水田(称为田)303亩,旱地(称为土)404亩,人均耕地1.6亩。[①] 镇山村向北是镇政府所在地石板镇(见图2-2),南面和李村、天鹅寨隔花溪水库遥遥相望,向西是隆昌乡,东面是老犁地村(见图2-3)。

图 2-3　镇山村附近村寨分布

镇山村处于花溪河中段,从水路往东南3公里可达花溪水库大坝和花溪公园,往西北逆流而上2公里可游览国家4A级景区——天河潭风景区。花溪河是南明河流经花溪区段的名称,发源于今花溪区党武乡的山中,向东北流入花溪乡境内后,始称"花溪河"。"花溪河"古称"济番河",因为要从贵阳府进入定番州,必须从此河过渡,因此称为"济番河"。[②]

村寨东北角的"半边山"在历史上一直是这一区域的标志性自然景观,

---

① 数据由镇山村两委(村民委员会和党支部委员会)提供。

② 〔清〕赵尔巽等撰,马国君编著:《〈清史稿·地理志·贵州〉研究》,贵州人民出版社2011年版,第56页。

《贵阳府志》中就有关于此山的记载"有半边山,峙三岔河滨",[①]镇山村周围在历史上也因此山命名。村中老人说:"以前这块地区,包括附近的石板、李村、关口、天鹅、隆昌、竹拢等寨子,还有现在的镇山村都是属于我们这里,统一就叫半边山。现在的镇山村,在过去叫屯上、下寨、对门河,现在才叫上寨、下寨和李村。"半边山在历史上不仅是周围村落标明其地理位置的坐标,更引发了当地人对大自然鬼斧神工的无尽想象。说起半边山,镇山村几乎人人都会讲述一段秦始皇执鞭赶山的传说故事,连石板村和天鹅寨等周围村寨的人们也能娓娓道来。

据镇山村 2011 年人口统计,截至 2011 年 9 月 9 日,全村共有 152 户[②],666 人,分为 5 个村民小组。其中男性 327 人,占全村人口总数的 49%;女性 339 人,占全村总人口的 51%。按年龄划分,18 岁以下人口为 163 人,18~35 岁人口 200 人,35~60 岁 255 人,60 岁以上老人 48 人。按照户口性质划分,非农人口为 5 人,农业人口 661 人。2011 年人口出生率 19.5‰,死亡率 4.5‰。[③]

镇山村主要由布依族、苗族、汉族三个民族组成,目前有苗族 68 户,汉族 1 户,其余全部为布依族。近年来,由于布依族、苗族、汉族之间的通婚情况增多,苗族和汉族的人数增加迅速。特别是汉族女性嫁到镇山村的人数与日俱增,汉族女婿入赘的情况也不少见,更有外省女性嫁入的情况出现。截至 2012 年 5 月,镇山村共有汉族 80 人,占总人数的 12%。

布依族是镇山村有文献记载的最早的居民。当地布依族有班李两姓,两姓同源,为一个家族的两支。根据镇山村班李氏族谱记载,村里的布依族是来自江西的始祖李仁宇和当地布依族女子结合的后代,即汉族和布依族通婚的后裔。他们婚后生有两子,长子随父姓,取名李鹤山;次子随母姓,取名班近山,繁衍至今已经有 17 代子孙。班李两姓同宗,互不通婚。班姓后代现在大部分生活在镇山村,而李姓后代多生活在河对面的李村。苗族主要有王、陈两姓,在 1958 年修建花溪水库时,考虑到不同的民族习惯,当时村内多数苗族迁居到沿河的栗木山的山坳中,自成一个单元,现在为镇山村的第五村民小组,称为关口寨。关于村里苗族的来历,老人们说,他们以前是给布依族大户人家

---

①　〔清〕周作楫,贵阳市地方志编纂委员会办公室校注:《贵阳府志》卷二十五,贵州人民出版社 2005 年版。

②　根据不同的划分标准,家庭住户有不同的数字。儿女成家、村民外迁等都会产生住户数量的变动。另有资料显示镇山村有住户 193 户。

③　数据来源于镇山村 2011 年人口情况统计表。

打长工的,来自花溪党武乡等地,后来就定居于此。现在村民受到民族平等理念的影响,不太提起苗族过去的地位,而更倾向于说村里都是一家人。汉族只有刘姓一户,是在花溪水库修建时期,1960 年左右从阿哈水库附近迁入村内的。

二、历史沿革

(一)文献记载

镇山村属于贵阳市花溪区,这片地区原名花仡佬,历史悠久,与贵阳密切关联。其地在西周至春秋隶属牂牁国,秦属象郡且兰县西部,汉代置牂牁郡,唐代属矩州,宋代属羁縻州之矩州。元代置金筑安抚司,包括今花溪区之花溪乡、青岩、石板、燕楼、湖潮等地,现在的镇山村在元代属金筑安抚司之下的石板。明朝归贵州卫、贵州前卫管辖。

明代之前贵州的人口很少,主要居民是少数民族,汉族人数较少。明代邱禾实在郭子章《黔记·序》中道:"籍黔之人,不足以当中土一大郡,又汉夷错居,而夷倍蓰焉。"[①]而黔中村落的发展和明朝的卫所屯田制度密不可分。明朝初期,朱元璋刚刚建立政权,为巩固边防,"开一线以通云南"。朱棣在永乐十一年(1413)建立贵州布政使司,在贵州设立卫所,实行屯田,整治驿道,不断增设府、州、县等流官的统治范围。同时为安抚元末战乱带来的破坏,恢复和发展当时的社会经济,实行"移民就宽乡"的政策,使人们从人口密集的"狭乡"向地广人稀的"宽乡"流动。

明洪武年间开始,卫所不断设立。洪武四年(1371)置贵州卫,洪武二十四年(1391)置贵州前卫。[②] 在这一时期,汉族人大规模以军事移民的方式进入贵州。为了"有亲戚相依之势,有生理相安之心"[③],为防止士兵逃散,还允许官兵携家属前往。这些士兵"三分戍守,七分耕种",既有军籍,又同时"寓兵于农",在无战事的和平时期就从事农业劳动,有战争时即全副武装投入战斗。明代的屯田制度非常完善,实施上也具体明确。"自古屯营之田,或用兵或用民,皆是于军伍之外,各分兵置司。惟我朝之制,就于卫所所在有闲旷之土,分军以立屯堡,俾其且耕且守。盖以十分为率,七分守城,三分屯耕,遇有儆急,朝发夕至。是于守御之中而收耕获之利,其法视古为良。

① 〔明〕郭子章:《黔记》,贵州图书馆 1966 年校勘本。
② 《贵州六百年经济史》编辑委员会:《贵州六百年经济史》,贵州人民出版社 1998 年版,第 33 页。
③ 〔清〕张廷玉等撰:《明史》卷九十,中华书局 1974 年版。

……其牛具农器则总于屯曹,屯粮子粒则司于户部。有民之处则有屯营之田,非若唐人专设农寺以领之也。"[①]从洪武年间设立卫所开始,至永乐以后又增设府、州和县,共建成五十余座卫所,屯堡更是有 280 余处。这些屯堡星罗棋布,形成庞大的军事和社会网络。起初这些卫所和屯堡都是作为军事据点和政治中心而建。随着人口的聚集,生活的社会化、货币流通和货物的需求程度提高,再加之所建之处都在驿道沿线,屯堡逐渐发展成为商业中心。如离镇山村最近的石板哨,就由原来的军事哨所逐渐演变为市集,每逢卯日和申日赶场,当时方圆几里的百姓都会来此出售自己家里富余的粮食和农副产品,再购买自己所需之物留用。

因为明代的屯兵政策,人口大量迁移并在屯兵驻地附近定居,定居的军民所建立的村寨就多以驻守的军事地标命名,出现了大量以营、屯、哨、堡等命名的村寨。如镇山村周边的合朋村原为"合朋堡",石板镇原为"石板哨",湖潮乡原为"胡潮堡"等(见图 2-4)。

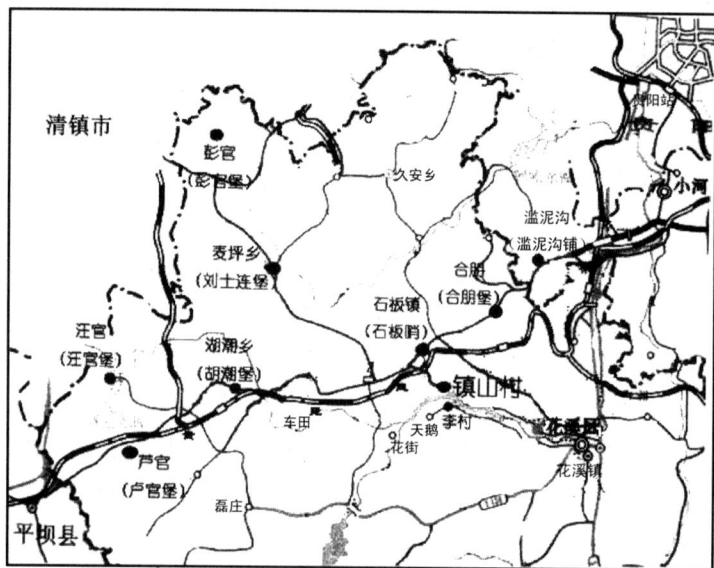

图 2-4　花溪区通滇驿道两侧部分屯堡分布[②]

---

① 《贵州六百年经济史》编委会:《贵州六百年经济史》,贵州人民出版社 1998 年版,第 34 页。

② 汤芸:《以山川为盟:黔中文化接触中的地景、传闻与历史感》,民族出版社 2008 年版,第 57 页。

明万历十四年(1586),贵竹长官司及龙里卫属平伐长官司辖地合置新贵县,与贵阳府同城,隶贵阳府。新贵县辖东上、东下、南上、南下、西上、西下、北上、北下8里248寨,今石板哨(今花溪区石板镇)一带属南上里。

清康熙二十六年(1687)四月,云贵总督范承勋疏请将卫所裁除获准,裁贵州卫、贵州前卫合并置贵筑县,与新贵县同城而治。康熙三十四年(1695)裁新贵县并入贵筑县,贵筑县辖有今贵阳市所辖南明、云岩、花溪、乌当、白云、小河六区的地域。半边山(今镇山村)属于贵阳府贵阳亲辖地的蔡关里(蔡家关里)。《贵阳府志·疆里图记》第一之二载:"贵阳亲辖地凡里四,正副土司六。南三十里为蔡关里。……蔡关里,一名蔡家关里,管寨三十七。半边山,在城南三十里,一云三十五里;其东十里至白羊寨,一云东十二里至张王庄;南五里至广顺州天鹅寨,一云南三里至龙场坡;西五里至龙场坡,一云西七里至高寨;北五里至石板哨,一云至合朋堡。居民有仲家百余户,市石板场,去场五里,秋米五石二斗有奇。有半边山,峙三叉河滨。有飞云岩,中有洞。有背水岩,有三叉河自广顺老化街流入,上有傅家桥。"①

石板哨的由来已久,明代即在此设哨,是省城通往广顺州的必经之处。而清朝的石板哨(今石板镇)属于贵阳府贵筑县的南上里。《贵阳府志·疆里图记》第一之三载:"贵筑县,附郭,广一百一十里,袤一百六十五里。辖里十七。南上里,管寨四十。石板哨,在城南三十里,其东十五里至集麟村,南三里至府属之龙场坡,西五里至水塘高寨及府属之洋燕寨,北五里至合朋、杨晏寨。有营盘坡,有敲梆坡,有将军山,有云岩。有南明河自天生桥来,流径三重石堰、云岩至半边山。有小溪源自高寨,流至半边山,入南明河。居民二百七十余户,有场,申、卯日集,巳、亥日亦集。"②

《贵阳志·建置志》中也记录有石板哨的归属地:"贵筑县辖十七里,东曰东上里……南曰南上里,场五:石板哨、胡朝堡、刘士连堡、川心堡、花仡佬。"③可见当时的花溪辖地(花仡佬)和石板镇辖地(石板哨)分属于两个区域。但石板哨所属的南上里和半边山的管辖区域相接壤,民间往来频繁,互通有无。

---

① 〔清〕周作楫,贵阳市地方志编纂委员会办公室校注:《贵阳府志》卷二十五,贵州人民出版社2005年版。

② 〔清〕周作楫,贵阳市地方志编纂委员会办公室校注:《贵阳府志》卷二十六,贵州人民出版社2005年版。

③ 贵阳志编纂委员会:《贵阳志·建置志》,贵州人民出版社1983年版,第18—19页。

清宣统三年(1911)辛亥革命成功,结束了清王朝的统治。民国三年(1914)1月,国民政府废贵阳府置贵阳县,辖原贵筑县全部行政区域,今花溪区地域亦为贵阳县管辖。石板哨和半边山之所在于民国三年属贵阳县西二区。民国十九年(1930)3月,贵阳县行政建置做出调整,今石板镇和镇山村被归为第七区,设石板哨镇。"镇山乡"首次出现,归属于石板哨镇,下辖桥上、天鹅寨、摆克寨、铁厂(现属天鹅村)、老妈井、半边山、老力地(今老犁地)、马洞(马硐)、竹陇(竹拢)、小石厂。乡公所位于镇山寺(今镇山村武庙)。民国二十六年(1937)11月,行政建置再次调整,镇山被归入新五区的第五联保。同年,贵阳县县长认为"花仡佬其名不雅",将"花仡佬"改名"花溪",寓"花开四季、溪水常绿"之意。民国三十年(1941)石板哨镇改名为石板乡,直属于贵筑县。①

1949年11月15日,贵阳解放,中国人民解放军第五兵团46师138团进驻花溪。24日,中国共产党领导下的人民政府建立,仍置贵筑县,石板哨之所在属贵筑县第四区(石板区),区公所仍驻石板哨,下辖石板、隆昌、长鲊、湖潮、汪官、雪厂各乡。这一建置一直延续到1958年2月。此后,贵筑县被撤销,其地置为贵阳市花溪区和乌当区两区。行政区划基本上以黔湘、黔滇公路为界,路以南为花溪区、以北为乌当区,两区均为市辖县级区。花溪区共辖2镇14乡。1958年以后石板乡改为石板公社,有两个生产大队,石板一大队和石板二大队,分别有八个生产队。② 镇山村原属于石板一大队。

1958年至1960年,为兴建花溪水库,镇山下寨的布依族向北搬往水位更高的坡地上。原来居住在下寨的苗族则搬往村子东侧栗木山的山坳里,取名"关口"。居住于花溪河南侧的李姓布依族继续向南侧迁移,归为天鹅寨的李村组,后来又改为"李村",在行政区划上和镇山村隶属于不同公社。水库搬迁以后单独成立了镇山大队。镇山大队包括镇山和关口寨两个自然村,大队驻镇山。《贵阳志·建置志》中记载:"镇山又称半边山,在石板哨东南一公里半,有7个生产队、89户、411人。关口寨在镇山东一公里,有2个生产队、13户、91人。"③

(二)口述历史

神话传说与历史的关系密切。虽然在过去,历史学家基本不会将神话

---

① 李祖运:《贵阳市花溪区志》,贵州人民出版社2007年版,第46—51页。

② 贵阳志编纂委员会:《贵阳志·建置志》,贵州人民出版社1983年版,第257页。

③ 贵阳志编纂委员会:《贵阳志·建置志》,贵州人民出版社1983年版,第257页。

作为严肃的史实,但事实上,神话传说在很多社会中以一种社会历史记忆的方式而存在。神话与历史的关系也为人类学者们所关注,如萨林斯以著名的库克船长为例,诠释了历史与神话的并接。[①] 少数民族的历史往往从神话传说开始,如畲族的盘瓠神话,苗族洪水漫天、兄妹成婚的神话等。有关自然之物的想象也是神话传说的主要母题之一,作为地理坐标的半边山突兀地耸立在村落东南角,引起当地布依族的无限想象。

半边山传说版本一:

秦始皇统一中国以后,嫌山太多了,挡住了太阳,就要把山都赶到东洋大海里。于是秦始皇就命令,在全国征发民夫士兵,挖山填海,修建长城。民夫们日复一日地挖山、搬石头,干活非常辛苦又吃不饱饭。好多人累得生了病,有些人吃不饱饿死了,挖山填海修长城的民夫苦不堪言。龙王三小姐正巧看到了,她特别同情这些民夫,就想办法帮助这些人,她想要是万里长城早点筑好,这些民夫就可以早些回家,不用受苦了。于是龙王三小姐回到龙宫里拿出一些麻线。这些麻线不是普通的麻线,是有神力的,只要拿它们朝石头一敲,石头就松了;用它们去挑石头,石头就像棉花一样轻。这些民夫有了麻线,干活不费力,而且速度也快了。秦始皇觉得奇怪,就去工地上看,发现了民夫用的麻线。他觉得这个东西很神奇,就把麻线收集起来,编成了一条鞭子。他用鞭子朝一座山一抽,山就动了。他用大力气赶山,山就跑得飞快。于是他就用这根赶山鞭一路赶山,想把山赶到东南大海里去填海,这样他的地盘就宽了。

龙王三小姐知道秦始皇得了那些麻线,而且做成鞭子去赶山,心想,要是你把山都赶到大海里,我在哪里住,心里很着急。有一天她想到一个好办法。秦始皇赶山跑路很辛苦,到了晚上肯定要找地方休息。于是她就把镇山村变成了一座客栈,自己乔装打扮成客栈的老板娘。等秦始皇一来,她就备上好酒好菜招待他。秦始皇不知道这是龙王三小姐的计谋,喝多了酒醉倒了,于是龙王三小姐趁秦始皇睡着的时候把有神力的赶山鞭取走,又换了一条一模一样但是没有神力的鞭子。秦始皇第二天早上醒来,照样拿着鞭子去赶山,但是奇怪的是,他再怎么

---

① 〔美〕马歇尔·萨林斯:《历史之岛》,蓝达居、张宏明、黄向春、刘永华译,上海人民出版社 2003 年版。

用力,山也纹丝不动。他一生气,就使劲全身力气挥了一鞭子,结果就把山劈掉了一半,只剩下现在的这半边,另一半听说飞到了云南。

半边山传说版本二:

半边山就是这村周围最高的一座山,但是这座山与别的山不一样的地方就是,别的山都是圆圆的一座山,但是半边山形状奇特,只有半座山,另外一半就像被刀劈斧砍一样齐整整地被削去了一半,所以就叫半边山。这是为什么呢? 传说秦始皇征战四方,想要统一全国。但是秦始皇发兵打到云南的时候军队就走不动了,这是因为,云南境内密密麻麻全都是大山,军队就打不进去了。秦始皇看到这种形势,就把皇宫里珍藏的神器赶山鞭拿了出来,准备把云南的大山全部赶到东洋大海里去,然后就能占领云南了。于是秦始皇就日夜不停地赶山,把好些山赶到大海里。大海里龙王的三小姐就着急了,龙王三小姐想他这么日夜不停地赶山,时间久了就要把海给堵死了,把海堵死了她就没地方去了。于是一天傍晚,龙王三小姐变成一个女人到了人间,秦始皇这时候正把一批大山赶到现在镇山村这个地方,龙女就劝日夜赶山不止的秦始皇休息一下,让他在这个地方住一夜。等秦始皇睡下之后呢,龙女就用从龙宫拿的假赶山鞭换了秦始皇的真赶山鞭。第二天,秦始皇醒来继续赶山,就赶不动了。从云南赶来的大山就停在贵州了,所以我们贵州山多。秦始皇不甘心,就使全力往其中一座大山上抽了一鞭子,这龙宫的鞭子虽然不是赶山鞭,但也带着龙宫里的仙气,这么一抽,山就从中间劈开了,另外的一半飞到云南。好事的村里人曾经去云南的昭通看过剩下的半边山,跟我们村的这半边山合起来,恰好严丝合缝,能拼成一座完整的大山。①

半边山作为"自然之物"在石板哨一带是一个地标性景观,过去的镇山村名为"半边山"也是因山得名。但同时景观也具有其文化意义,透过有关半边山的神话传说,我们能够看到谁在记忆历史与如何记忆。神话传说赋予半边山符号价值和历史感,同时附着在景观上的还有班李家族的身份认同。正如利明和贝尔德所说"神话有助于人们解释古人的习俗、信仰、制度、

---

① 以上两个版本的半边山传说均于 2012 年 4 月通过镇山村村民的口述整理而成,报道人有近十人,主要的报道人包括 BYD、BYZ、BYX、BSD、BSX、SS、LLH 等。

自然现象、历史名称、地点,以及各种事件。"①在镇山村广为流传的半边山神话为半边山的由来披上了一层如仙如画的光环,也蕴含着皇权、暴力、征战等诸多历史元素。这个与战争和征服相关的神话传说似乎也若隐若现地揭示了镇山村始祖的军户背景,与村民所说的"始祖李仁宇原是驻扎在石板哨的军官"相呼应。

镇山人口耳相传的村寨历史与史书上的记载相似,但很多细节却也不尽相同。报道人 BYX 介绍,镇山村的地名最早是叫营盘坡,再后来叫长安营,第三个名字才叫半边山,最后改为现在的名字镇山村。至于各个名称的具体时间老人却"说不清楚",只道"叫营盘坡时候的事情很早了,要百岁老人小时候听老人讲传说才听说过。那时候,城墙上还有大土炮"。《贵阳府志》中确有关于营盘坡的记载:"石板哨,在城南三十里……有营盘坡,有敲梆坡,有将军山,有云岩……有小溪源自高寨,流至半边山,入南明河。"②然而,此营盘坡和彼营盘坡是否为同一所指就不得而知了。

镇山村村民讲述的村落历史,总是与祖先、战争、军营哨所息息相关,他们的族谱展现了一个辉煌的英雄家族(班李家族的历史将在第二节中叙述)。直到后来汉族在半边山地区的迁入和明朝灭亡后班李家族在军事地位上的衰落,半边山作为一个地名才渐渐与军事相脱离。镇山人记忆中的石板哨是汉人的石板哨,半边山虽然与其毗邻,却是另外一片天地。花溪水库建成前,村民同样用"半边山"命名自西向东贯穿半边山的河水,称其为半边山大河。"石板哨主要是说汉人居住的石板街一带,半边山代表的地方主要就是半边山大河两岸的几个寨子。半边山脚下这条河过去就叫半边山大河,在过去来说,附近几个寨子都没什么河,就只有这一条大河,所以就叫半边山大河,河两边都是稻田。"③当时的半边山大河滋养着以现在镇山村为中心的一整片稻作农耕区,虽然明朝之后班李家族的军事地位下降,但弃武从文的老祖公们依然管理着半边山大河两岸绝大多数的水田,成为"地无三寸平"的贵州山区少有的"地主"。

镇山村班李家族的显赫地位到解放以后就不复存在了。解放初期的土

---

① ［美］戴维·利明、埃德温·贝尔德:《神话学》,李培茱等译,上海人民出版社 1990 年版,第 91 页。

② 〔清〕周作楫,贵阳市地方志编纂委员会办公室校注:《贵阳府志》卷二十五,贵州人民出版社 2005 年版。

③ 报道人 BYX,2012 年 4 月 11 日,镇山村 BYX 家。

地改革之后,镇山村成为贵阳市花溪区石板镇石板一村的一个村民小组,然而不久之后,镇山村又被石板一村剔除。曾经地位显赫的班李家族万万没有想到,曾经因镇山米而闻名的村子,居然有一天会失去他们几乎所有的水田。1958 年修建花溪水库,镇山村的水田几乎全部被淹没在了水库之下。曾经富庶的镇山村生活开始困难起来。这时的石板一村果断地将其管辖范围的镇山村重新划分出去,镇山村成为一个独立的大队,单独进行生产活动。老人回忆起当时的情境依然愤慨和无奈。

> 农田被淹了过后,我们村没有土地,也没有别的收入利润,石板村就把我们分出去,让我们单独一个村了。他们把我们分出去的原因就是因为我们太穷了。没被水淹之前我们这个地方,地方大、田地宽,甚至还有七八家碾米的碾坊,他们就愿意跟我们合为一个村。水库淹了之后,我们田地也没有了,碾坊也没有了,就没有收入了,全靠种旱地吃饭。旱地也叫"望天田",粮食产量很低。他们石板村的人当时还有其他企业,他们就把我们分出去了,所以我们镇山村只有一百多户人还能作为一个村,就是因为他们不要我们了,把我们分出去了。①

花溪水库 1958 年开始施工,1959 年 11 月大坝完成开始蓄水,1960 年 3 月水库再次蓄水。尽管这期间村民一直拆撤河谷两侧的房屋,再搬到河岸的坡地上重新搭建,但是仍然有一部分房屋没来得及拆完就被大水淹没。此时的镇山村被突来的水库工程分割为三部分:河水北侧的镇山村、栗木山坳里的关口寨和南岸的李村。接下来的三年是镇山村最难熬的时期,靠"望天田"吃饭的镇山人本就生活艰难,又赶上"三年困难时期",日子可想而知。1963 年以后情况稍好一些,国家为了弥补村民的损失,为镇山村安装了抽水泵,由水库抽水到"望天田"所在的位置,善于稻作的布依族人重新开始耕种水田。借着花溪水库之便,镇山村成为贵阳农村首批用电户,电灯进入村民的日常生活中,标志着现代生活的到来。

---

① 报道人 BYD,2012 年 4 月 5 日,镇山村 BYD 家。

第二节 族群认同

一、布依族的族源

(一)族源族称

布依族的祖先自古以来就生息、繁衍于南北盘江、红水河流域及其以北地带,是贵州的世居民族之一。布依族的族源,最早可以追溯到古代的越人。《隋书·南蛮传》记载:"南蛮杂类,与华人错居,曰蜒、曰儴、曰俚……随山洞而居,古先所谓百越是也。"根据越人分布的地域,在今浙江一带的称"东越";在浙江南部及靠福建一带的称为"闽越";在福建南部和靠广东的部分称为"东瓯";在四川、湖北以南一带的称为"夔越";在广东一部分和靠近广西的称为"南越";在广东北部和广西中部的称为"西瓯";在云南的称为"滇越";在广西中北部和贵州南部的称为"骆越"。布依族即来源于"骆越"的一支,即垦食骆田的人,骆田意为山谷里的田。[①]

春秋时期,包括今布依族在内的越人,居住在牂柯江的牂柯国内。据《旧唐书·地理志》记载:"邕州宣化县之北,欢水在县北,本牂柯河,俗称郁状江,即骆越水也。亦名温水,古骆越地也。"唐代出现"谢蛮"、"都匀蛮"、"白水蛮"等称谓,布依族先民就在其中。宋元以后出现封建领地之"蕃"的专称,领主称为"蕃主",西南蕃中"部族数十,独五姓最著"。这五姓为龙、石、罗、方、张,称为"五蕃"。后来增加了韦、程二姓,称"七蕃",元代又增加卢蕃,统称为"八蕃"。其中卢、罗、韦等姓氏仍然是现在布依族人口中常见的姓氏。[②]

元代开始有"仲家"出现在史籍之中,明、清史籍则称为"仲苗"、"仲蛮"、"青仲"或者"仲家"。从清代到民国年间,布依族除被称为"仲家"外,还被称为"夷家"、"夷族"、"水家"、"水户"、"土人"和"土边"等,这些称谓都为他称。

关于"仲家"称呼的来源,主要有两种说法:一说是布依族多在依山傍水的河谷平地居住,主要从事农业,且擅长种植水稻,根据他们的主要生计方式,称其为"仲家"或"种家",即种田之人。另一说是布依族"相传奉调而来,

---

① 《布依族简史》编写组:《布依族简史》,贵州人民出版社1984年版,第7—8页。

② 《布依族简史》编写组:《布依族简史》,贵州人民出版社1984年版,第10—11页。

身穿重甲,因名仲家",又有"夷族亦曰种家,或谓其好着重甲"。此说法是根据明朝洪武年间"调北征南"布依族自江西前来的传闻相附会而来的。[①]

布依族的"布依"根据本民族自称音译而成。三个土语区除了都有"布依"的自称外,因为方言的差异,各土语区的读音略有不同,第一土语区还有自称"布雅依""布约依",第二土语区还有自称"布育依",第三土语区还有"褒依"的自称。

除了上面提到的自称和他称外,根据地理位置、语音差异和服饰的不同,布依族对居住在其他地区、与自己不同的其他布依人还有一些互称。例如位于贵州西部打邦河中游的镇宁县扁担山区的布依人称其上游六枝特区郎岱一带的布依人为"布那",称其辖有的募役区的布依人为"布依";而募役区人又相对地称其上游的扁担山人为"布那",称其下游的六马区人为"布依"。周围其他县也有类似的互称,但各地布依族只认为自己是"布依",而不是"布那""布依"等。又如罗甸、望谟一带的布依族称居住在山沟里的布依人为"布偰",称居住在城镇及其周围的人为"布俗"。因语音差异的互称如:安顺县(现为安顺市,笔者注)布依族称本县属第二土语区的人为"布依根"(意为"上布依"),属第一土语区的人为"布依拉"(意为"下布依");贞丰县称县内属第二土语区的人为"布蛮";罗甸县则称黔桂边境语音不同的人为"布绛"等。因服饰的差异不同的互称有:望谟县把从镇宁迁来的穿裙子、语音又不同的布依人称为"布瑶",误认为瑶族;罗甸县把从花溪、安顺一带来做生意穿着长衫的布依人称为"布绒"等。[②]

(二)镇山人说"仲家"

镇山村的布依族在历史上长期与汉族、苗族杂居,在与汉族、苗族的互动中他们看到了自己的独特性,在区分"他者"的同时定义自己。

村里人常说:"客家(即汉族)住街头,夷家(即布依族)住水头,苗家住山头。"也就是说,汉族一般住在街上,善于经商;布依族习惯在水边生活,以农业为主要生计方式;苗族一般住在山上,虽然也以农业为生,自然条件却不如布依族。他们认为:"仲家(布依族)就是种家,是一个专门种庄稼的民族。"在村里同样流行的还有"山苗子,水种家",此处镇山人也特地强调是"种家"而非"仲家",因为布依族依水而居,依靠种田为生。

---

① 《布依族简史》编写组:《布依族简史》,贵州人民出版社 1984 年版,第 12 页。

② 王伟、李登福、陈秀英:《布依族》,民族出版社 1991 年版,第 5 页。

也有村民认为仲家其实是"轻重"的"重",这与前文提到的"相传奉调而来,身穿重甲,因名仲家"和"夷族亦曰种家,或谓其好着重甲"的说法相同,也与族谱记载的"祖先在明朝调北征南时来自江西"相符合。虽然"重家"在调查期间也有听村民说起,但"种家"之说仍占大多数。

有些村民对"仲家"这一他称也有不同的看法。比如有的村民认为仲家是一种骂人话,听了令人很不舒服:"解放前汉族骂苗族骂'苗子',骂我们布依族呢就叫'仲家子',是一种骂人的话。汉族就故意把'种家'写作'狆家',就像把'仡佬'写作'犵狫',是一种不尊重的称呼。"①

关于族称的确定,村民同样保留着一段历史记忆。"我们解放前都叫'夷族''夷家',汉族叫我们'夷蛮''重家'是对我们民族的一种轻视称呼。重是轻重的重,是旧社会对我们布依族一种歧视的称呼,自然形成的。我们自称'夷族',1952 年土改完了之后 1953 年定族名。有个人叫陈和易(音),参与了定名,他就是我们花溪的布依族。布依族的自称土音叫 bu yun,那个时候夷族对汉族是叫 bu a,苗族是叫 bu you,这就是我们传下来的称呼。去北京研究民族称呼的时候,陈和易就根据布依族自家称 bu yun,后来就定为布依,人都要穿衣服,所以叫布依。我们布依族在 1953 年就定名叫布依族,就在北京开会定下来了。村里好多人都不懂这些,乱讲,寨上的人没看过书,别人说什么就是什么。"②

布依族在定名之前因自称"夷族",甚至有些地区的布依族因此在民族划分时被错误地划分为"彝族"。1953 年 8 月 24 日,贵州省人民政府民族事务委员会在贵阳召开"贵州仲家(布依族)更正民族名称代表会议"。这次会议历时五天,代表们在会议上一致认为应该用接近于本民族语言 Bux Qyaix 音相近的汉字作为族称,根据此原则选出布依、布伊、布越等 27 个词语方案,最后决定采用"布依"作为族称。会后将会议总结报告交往中央民委审批指示,并于 10 月 10 日得到"民-(53)字第 77 号文件"复函同意,至此贵州境内的"仲家"和"夷族"拥有了属于自己的官方名称——布依族。③

二、班李家族的起源

半边山地区有历史记载的第一批当地居民是班李家族,经过朝代更替、

---

①　报道人 SS,2012 年 1 月 18 日,镇山村 SS 家。
②　报道人 LLH,2012 年 4 月 5 日,镇山村 LLH 家。
③　王惠良:《论布依族名称及简称》,载贵州省布依协会:《布依族研究》,1989 年,第 53—55 页。

行政区划的变化、一批批移民的迁入,班李家族始终依靠流淌的花溪水、河边的谷地、中央政权的支持和自己的勤劳维持并扩大家族的势力范围,世代繁衍,安居乐业。因此,镇山村的历史也可以说是班李两姓的家族史。而记录班李家族历史的第一份文本就是班李家族的族谱。

据族谱记载,镇山村的始祖李仁宇是江西吉安府庐陵县人,明万历年间南方发生战乱,时任协镇的李仁宇以军务带兵入黔,屯兵安顺,后战争平息偕妻子到石板哨屯兵。不幸妻子因水土不服病逝,遂与当地布依族老祖太成婚,定居镇山。李仁宇和老祖太婚后生有二子,长子姓李,取名鹤山;次子姓班,取名近山。

> 盖闻物本乎天而人本乎祖,犹木之有本水之有源也。昔我始祖仁宇,居于江西吉安府庐陵县大鱼塘李家村,出身科第,官至协镇。明万历年间,南方扰攘,明朝调北征南,遂以军务入黔,领数千兵于安顺等府驻扎。及黔中平服,乃迁居于石板哨,当时各大宪即命坐镇其地。而我始祖兢兢业业,总以报国抚民为志。不幸迁地不良,我始祖母与水土不宜,又加以前受风霜之困苦,兵燹之惊惶,一病不起,乃已仙逝。而至半边山后,遂入赘班始祖太之门,不数年,生二子,以长房属李,次房属班,始立两姓宗祧,载在族谱,传流至今。余恐代远年湮,子孙失绪,故岁值自己酉孟春之初,约我兄弟及我叔侄共建章程。窃愿世世子孙循规蹈矩,士农工商各得其所,农圃医卜各遂其心。百代衣冠于今为烈矣。①

关于李仁宇的出身,查阅明史未见记载。单从以上族谱中可以看出,班李氏后代强调他们始祖李仁宇的军职,且带兵数千,是军队中的头领。村里保存的另一份族谱中所记述的主要内容和《班李氏族谱》的记录大致相同,但更加明确了李仁宇将军的头衔"四品军功伍德将军",并明确规定班李家族本是一家,禁止通婚。

> 我李公字仁宇,四品军功伍德将军,系江西吉安府庐陵县杨柳大塘李家村人氏。因明间军务入黔,游于贵州,来至我半边山。遂与班氏合为夫妇。厥后有二子,长子名鹤山,次子名近山。二子幼年从诗书而名未登于天府。及其壮岁,习弓矢而身又列乎王侯。世代俱有声名,彰彰可考也。迄今我始祖阴佑子孙繁衍,别户分门。我寨一百有余而出居无论矣,故后世繁昌。因而班姓亦有人顶,李姓亦有人承。故班李本是

---

① 《班李氏族谱》,照古本录,1909 年(清宣统元年)。

一姓,不知者疑而二之。予虽不才,聊立一谱以传于后,不惟有以知先人之世系。而且知班李不疑为两姓,使后世不得开婚与乱乎宗支……①

关于李仁宇之妻的身份,村民有两种不同的说法。一说布依老祖太姓班,一说老祖太是班姓的媳妇郭氏。② 根据多数村民的说法,布依老祖太并不是半边山人,而是从外地嫁到半边山的媳妇。按此说法,郭氏之说似乎更有道理。为了力求准确,本书直接称其为"布依老祖太"。按村民所述,班姓是今镇山村的先民,早在李仁宇来到镇山村之前就在半边山地区生息繁衍。班姓来自于陕西扶风,在族谱和堂屋中都可见"扶风郡"之说,但其他史料中未见记载。

如前所述,明代是贵州的移民高峰期。因明初多自南京发兵,江西一带兵丁甚多。又由于卫所军士逃散,潜入少数民族地区,一部分与少数民族婚配,形成汉父夷母或汉母夷父,故少数民族中亦有祖先来自江西之说。明朝的卫所屯兵制度完全是以军事为目的、以政策引导的一次移民活动,虽然在户籍管理上允许军士的家属随军陪伴,但是因为长期远离家乡、连年战乱、管理松弛等原因,明朝中期以后,屯军逃散现象十分严重。为安抚军心,巩固边疆,明朝每年需要不断调入新的军队,并由四川、湖广、云南三省调进钱粮。

明万历二十七年(1599),播州宣慰使杨应龙举兵反明,四川、贵州、湖广三省震动,大量明军入黔征讨播州,李班家族的始祖李仁宇便是其中一员。万历二十八年(1600),经过一年的攻打,杨应龙最后一个据点"海龙屯"被攻陷,播州平定。听到捷报之时,李仁宇还在去往播州的路上。播州既平,无须再调新的兵力,即命李仁宇等军士在安顺屯保驻扎,后来到石板哨。至于李仁宇为何由安顺前往石板哨,村中老人就无从可知了。

班李家族因李仁宇和布依老祖太的联姻而形成一宗两姓的大家族,"班李一家"是村里人常说的一句话。村民对自己姓氏的选择非常灵活,在镇山村,有时候父亲姓班,儿子却姓李;有时哥哥姓班,妹妹却姓李;有些人在外打工时姓李,回到村里又改姓班,这些独特有趣的现象在村中随处可见。老村长解释说,这种一宗两姓的现象不仅在镇山村存在,周边村寨也存在此情况,如太子桥的姓班又姓罗、花溪的姓班又姓王等。关于班李家族这独特的一宗两姓当地存在着不同的说法:一种是迎娶说,另一种是入赘说。

迎娶说认为,李仁宇是石板哨打了胜仗的将军,奉命驻守石板哨,于是

---

① 《扶风郡、陇西郡百世族谱》,班有信 1978 年抄录,1904 年(清光绪三十年)。

② 关于布依族始祖太的姓氏,有村民说郭姓,也有说葛姓,郭姓和葛姓在黔中布依族地区都较为常见。

定居在石板哨,后来迎娶了布依族老祖太。班家没有后代,李仁宇就选了一个小儿子让他姓班。显然,这种说法与族谱记载相左,镇山村村民也不承认,猜测是班李家族一宗两姓的传说经周围寨子的居民谬传所致,虽不被镇山村村民接受,但这种说法确实也有流传。

> 他们班家是有历史的,他们祖先是个将军,但不姓班,姓李,李将军打仗立功,就去班家招亲,生的娃儿就是现在班李二姓。我听说是班家没后,他们就有一支改姓了,姓班,他们的老祖先姓李的是汉族,好像是蔡充一个寨子里的汉人。具体的我也是不知道。他们班家在这里好多年了,我家原来是外面的汉人,迁过来住的,到现在才迁过来百八十年。①

关于李仁宇的入赘,镇山村的说法也有两种不同的版本。

版本一是"孩子亲生说",提法与族谱上记载相似,即李仁宇与布依族老祖太成婚,婚后生有两个男孩,取名鹤山和近山,这两个孩子是他们婚后所生。支持"孩子亲生说"的村民以族谱为主要证据,其理由是"族谱所载,不容有错"——族谱是后人所修,是否亲生也不必考虑李仁宇的感受,如实记载便是。族谱上记载确是亲生,那就没必要作假。

版本二是"孩子非亲生说",认为李仁宇将军是入赘在班家,只是帮忙"招呼"(照顾)两个小孩。布依老祖太是班家的媳妇,两个儿子是老祖太和之前的班氏老祖公所生。

> 我们村的历史从班公开始算起。班公有两个儿子,班公死后班夫人和李仁宇结婚。他们慢慢把两个儿子抚养成人,为了报答李仁宇的养育之恩,大儿子就改姓李。李仁宇一个都没得生,他来招呼这两个,是入赘。李仁宇实际上是汉族,从江西来,他是武将,调北征南,打了败仗。后来就卖针卖线卖工艺品,挑东西卖就卖到我们这里。当时我们的老祖太有两个娃儿,男的不在了,就来帮忙招呼。实际上他们就一起抚养这两个孩子,都是男娃娃。当时他来抚养,两个孩子还姓班不太好,就把一个儿子改姓李。所以我们村的人又可以姓班,又可以姓李。②

族谱上虽然有李仁宇婚后生子的记载,但是大部分镇山村村民还是赞同版本二的说法,可能因为镇山村大多数布依族姓班,更愿意相信自己是班氏老

祖公所生。镇山村的班姓村民坚信,自己的老祖公可以追溯到汉朝的班固、班超,因为班固惹怒了汉武帝而被迫迁到贵州深山里繁衍班姓子孙。因此,一些村民家的堂屋神榜上写着"扶风堂上历代祖宗",以追溯祖上的历史。

持此种观点的村民以墓碑为证据,他们认为李仁宇的墓碑上写的是"李仁宇将军之墓",而不是"李公仁宇之墓"。而当地的习惯是亲人去世,后代一般都会在墓碑上敬称先祖为"公",李仁宇的墓上没有写公就是后代不承认李仁宇是自己的"老祖公"的意思。

根据《黔记》记载:黔俗称人皆曰"公",老者曰"老祖公",称长随曰"二公"。凡女皆曰"婆",妇曰"奶"曰"太",老者曰"老奶""老太",尤其老者曰"老祖太"。[1] 现在镇山村一般称曾祖以上、年代久远不可追的列祖列宗都叫老祖公,祖宗的妻子配偶都叫老祖太。

虽然镇山村班李家族多数赞同鹤山和近山二子并非李仁宇亲生,但是遵从族谱所载,认为鹤山和近山是李仁宇将军亲生后代的人也有不少。这个问题在镇山村争论不休,至今也还是镇山村村民和学者们一直探索和求证的问题。这个争论并不是镇山村班李氏家族唯一的存疑,关于李仁宇到石板哨之前,班家老祖公的历史和去向也一直是部分村民想要求证的。这些都是镇山村人茶余饭后颇有意味的"谈资"。

> 访谈1:我们的老祖公名字叫作李仁宇,但他是外来的。石板哨嘛,那就是一个哨所,他就镇守在那里。但是在李仁宇来之前呢?根据我们这边的猜测,不好到处乱讲的,我们的班公坟在哪里?班家最老的祖先难道就没有坟?现在怎么都找不到,各处的传说我们就都去找过,都找不到。我们推测班家的老祖先是当地的一个地主,蛮富裕的,姓李的就看他有钱就把他杀了,夺了他的家产。[2]

> 访谈2:我们这边的祖坟,一般都有墓碑,有些年代远的,或是比较贫困的就没有墓碑,但也总是有个土堆堆的。我们这边过节祭祖扫墓的时候,一家老小都要去,一辈传一辈,要告诉后辈说,哪些坟是我们家的,就算有些坟说不清是哪辈的祖坟,但也知道就是我们老祖公的,过节的时候会去看一下。但唯有我们班家老祖公的坟是没有的,就连一个土堆堆也找不到,就连传说埋在什么地方也没有。李仁宇来之前我们半边山就

---

① 〔明〕郭子章:《黔记》卷一,中华书局1985年版。

② 报道人YS,2012年4月8日,镇山村YS家。

是在的了,但总不会只有一个班氏老祖太在吧,老祖公的坟就找不到了。所以我们就推测李仁宇来这之后,班家的老祖坟就没有了。①

尽管李仁宇生前身后多有纷争,但是这并不妨碍镇山村班李家族将李仁宇当作开宗的老祖公,享受后代最崇高的尊敬和怀念。2009年,贵阳市政协花费30万元在寨门前修塑了李仁宇将军雕像,雕像中老祖公李仁宇手牵长子鹤山、布依妻子抱着小儿子近山,一家四口幸福美满。雕像背后的铭文记有镇山村班李家族的来源(见图2-5):

> 始祖李公、讳仁宇,明江西吉安府庐陵县大鱼塘李家村人,明洪武十五年(1382)奉诏在贵州设驿道建立卫所,时先祖屯田"因土俗、定租赋、兴学校、广屯田"建立城堡,练兵防战,开荒种地,自供军需。后移师今花溪石板镇,在其治内期先夫人仙逝,故李公入赘半边山布依族班姓葛氏始祖太之门第,喜结良缘,组建家庭,生二子,长子继李氏门第,仲子祠班氏府宅。从此开创由单一的农垦到办私学、建宗祠神庙,形成了一个独立的自然村寨。聚族而居,繁衍生息。李班二氏至今历经六百一十七年,族人敬业乐群,诚信礼常,成为汉、布依文化血肉融合的布依族大氏族。

图 2-5　李仁宇雕像及雕像背面的铭文

---

① 报道人 BYX,2012 年 4 月 11 日,镇山村 BYX 家。

　　铭文中将李仁宇来到石板哨的时间从族谱中记载的万历年间提前为明洪武十五年,整个班李家族及镇山村的历史向前推进了 200 年左右。同时碑文中再次强调李仁宇的将军身份,用"英雄祖先"标明班李家族在历史上的正统性和彰显村落的文化权力。那么历史上,班李家族如何定义自己的身份,布依族之族群认同是否自古有之呢?

三、族群认同的变迁

　　虽然李仁宇和他之前的历史扑朔迷离,也不见于文字记载,但是李仁宇之后,后世子孙的历史脉络还是很清晰的。从族谱中可以看出他们用"军威"而非他们的布依族身份彰显自己的地位,区别于"他者"的不同。李仁宇掌握兵权的年代正值明末的战乱时期,军事斗争风起云涌,李仁宇的后代多沿袭军中官衔,显赫一方。二世祖鹤山系吏部候选,任游击将军。三世祖应顺等兄弟四人系候选州游击将军。四世祖自仁等兄弟三人任游击将军,自仁坐镇石板哨西路。五世祖国和系千总,统兵攻羊角屯,镇守八庄。[①] 这一时期是镇山村班李家族最为显赫风光的时期。

　　清初,裁除卫所。由于明末清初的大规模战乱使贵州的社会生活遭遇严重破坏,人口锐减、土地荒芜、商业萧条。为了安抚民心,同时扩充国库,清朝采取了战后一系列的"奖励垦荒,与民休息"政策。为解决兵力不足之问题,清初将明朝的镇戍军队招收改编,组成一支有别于八旗的武装力量。由于以绿色旗帜为标识,故称"绿营",完全由汉人充当。其中,"游击"就是汉人镇戍者的一个官职。《大清会典》卷八十六《镇戍》记载:"凡天下要害地方,皆设官兵镇戍。其统驭官兵者,曰提督总兵官。其总镇一方者,曰镇守总兵官。其协守地方者,曰副将,次曰参将,又曰游击,曰都司,曰守备。或同守一城,或分守专城,下及千总、把总亦有分汛备御之责,皆量地形之险易,酌兵数之多寡。"[②]随着政权的稳定,清王朝从最初的保留屯兵,到后来三次"裁卫并县",贵州境内的卫所于康熙二十六年(1687)淘汰一空,军户屯田归入各县州。班李家族的地位因时局之变化也受到一定影响,五世祖班国和之后,李班家族也开始经历弃武从文的过程。

　　从族谱上来看,从班李家族第五代开始,时间进入一个崭新的时代"清朝"。此时只有班国和一人在军中任官职——"五世祖国和(甫安之)系千

---

　　① 《班李氏族谱》,照古本录,1909 年(清宣统元年)。

　　② 〔清〕《大清会典》(影印版)卷八十六,文海出版社 1994 年版。

总,统兵攻羊角屯,镇守八庄。"①自六世祖开始,班李家族从武官逐渐向文官转变。班李家族子孙纷纷进入私塾读书,考取功名,家门之中有为青年纷纷考取贡生、廪生、庠生等,用科举代替军功来维护班李家族在半边山地区的显赫地位。也就是说,由于屯兵制度的消失,为了延续班李家族在石板哨一带的显赫地位,家门中人通过考取功名来稳固自己的势力范围。直到解放初年,镇山村的班李家族在石板哨一带仍是读书人最多的家族之一。

同一时期,清政府为加强对土司的控制,采取了一系列"改土归流"的举措。位高权重的土司基本改流,一些"遵纪守法"的土司仍然承袭,另有一些汉族也成为当地土司。清代伊始,贵州土司土官仅有 170 余家。② 汉人大规模迁入贵州,在贵州开辟荒山并扎根于此。在汉人的挤压下,班李家族的势力范围逐渐缩小。来自石板哨的汉人向半边山北侧区域挤压,何氏汉人进入天鹅,向半边山南侧挤压,班李家族的区域逐步向内收缩。清朝开始,班李家族从军户转为农户,从武官转为文官,并确立了自己的夷人身份,不仅将夷人身份记入族谱之中,史籍上也开始以"仲家"称呼半边山的居民,"半边山,在城南三十里……居民有仲家百余户。"③同时,随着人口的增加和村落的发展,原来居住在花溪河北侧的村民开始逐渐迁往河水南岸居住,搬去的多是李姓子孙,后来逐渐繁衍生息,形成了一定规模的村落。

民国开始,半边山在几次行政区划的重新划分后,管辖范围一次次缩小,但凭着祖辈的威望和遗产,班李家族仍然祖产丰厚、人才辈出。据老人回忆,民国时期班李家族尚有几人为官,如有班氏祖辈在紫荆县任县长,另有一位在安顺任官职。新中国成立之后,土地改革完全改变了半边山地区的格局,地主和富农被打倒,等级观念也在这场运动中消失殆尽。这时的班李子孙更多以耕种为生,依靠花溪河耕种着一片肥沃的农田。1958 年花溪水库修建时,居于河水南岸的李姓子孙迁往地势更高一些的山坡上,行政区划归入花溪区花溪乡天鹅村,成为天鹅村的一个村民小组——李村组。水库建成后,李村因山坡陡峭离河较远,渡河需要渡船,与对面镇山村的联系十分不便。因此,由于一项水利工程,原本居住在河水两侧的一个大家族关系疏落,渐行渐远。20 世纪 90 年代,为方便李村居民前往花溪,李村经花溪大坝到花溪区的

---

① 《班李氏族谱》,照古本录,1909 年(清宣统元年)。

② 《贵州通史》编委会:《贵州通史》第三卷,当代中国出版社 2002 年版,第 52 页。

③ 〔清〕周作楫,贵阳市地方志编纂委员会办公室校注:《贵阳府志》卷二十五,贵州人民出版社 2005 年版。

公路贯通,村民不再经镇山到石板镇再到花溪,两村的交流就更少了。

如今镇山村村民虽然认定李村之李姓村民和镇山之班姓村民是一家,但是平时谈话中又常常加以区分。"我们的老祖公就是近山,葬在班家坟,我们清明就去挂近山的坟。李村他们的老祖公就是鹤山,坟在李村那边,他们就去挂鹤山的坟。"①

目前,镇山村的班李家族子孙几乎没有人再去细究汉族或是布依族的族群身份,以旅游为主要产业的镇山村只有彰显自己的布依身份才能吸引更多的游客。一方面,村落的布依文化和民族传统日渐衰弱,村民的生活逐步现代化;另一方面,村民又尽力保留和恢复过去的传统,发掘可以进行旅游开发的文化项目,吸引更多的游客。如今,布依族的族群认同已经成为旅游的一个卖点,英雄祖先也同样可以看作一种工具,成为镇山村旅游活动的重要元素。"亦汉亦夷"的班李家族本身的特殊性铸就班李家族的身份的左右变化,他们的历史如同一场身份认同的博弈,一个有利于自身发展的身份永远是最好的选择。

"亦汉亦夷"既是镇山村布依族的"历史真实",又是族群的一大特色,然而在旅游开发中,其"半汉"的身份常常被刻意隐藏,仅凸显其布依族身份,这种文化的再生产反而失去了文化的本真性和地方特色。旅游经济需要对文化进行开发,而开发建立在利用之上。所以,旅游开发往往伴随着文化的再生产,再生产过程总会使原生文化产生一定程度的变形甚至变异。故从长远来看,旅游开发应该建立在对真实性的追求上,在客观事实的基础上发扬文化的特点,并对文化的开发加以约制。存续到当代的传统文化是历史文化经历变迁的结果,因此又被历史范畴所制约,传统文化展示的再生产应该在与物质文化、历史事实相契合而不背离的范围。这对于生态博物馆建设具有进一步抽象的理论意义。

第三节 旅游资源

镇山村所在的花溪地区目前是贵阳市著名的旅游风景区,也是贵州省著名的旅游区,它不但拥有"真山真水"的自然风光,还有浓郁的民族文化。明代大旅行家徐霞客于崇祯十一年(1638)四月经花仡佬(今花溪镇)、桐木岭、青岩去广顺州白云山,将其见闻记入《徐霞客游记》中。解放后,花溪以其静谧自然之美得到省内外人士的称赞,被誉为"高原明珠"。陈毅元帅在

---

① 报道人 BYZ,2012 年 4 月 19 日,镇山村 BYZ 家。

花溪曾写下"真山真水到处是,花溪布局更天然。十里河滩明如镜,几步花圃几农田"。花溪南部有 600 多年历史、保留完好的明清古镇青岩,有清代著名诗人周渔璜故居及其年幼时读书处"桐埜书屋";东南部有集峡谷、溶洞、瀑流、峰林、云海等高台地奇特地貌景观,民俗民风淳朴的高坡苗乡旅游区;西部有典型的由薄层碳酸盐溶蚀作用形成的多姿多彩的岩溶奇观天河潭风景区和镇山民族民俗文化保护村;北部景区有清代的"是春谷"摩崖石刻,现代的版纳风情园和金翠湖等。① 除此之外,花溪区境内还有数百处文物古迹。凭借自然风光和历史文化,花溪旅游业自 20 世纪 90 年代快速发展,现在已经成为贵阳市第三产业的龙头。

镇山村不仅是花溪区的重点旅游景点,其影响力还扩大到贵阳市、贵州省,甚至全国。镇山布依族生态博物馆是中国和挪威政府签订的文化合作项目,双方政府都投入了大量的前期建设资金,用于村寨维护、道路建设等。同时,它也是贵州省重点打造的民族文化村之一和省文物保护单位,还是贵阳市"四点一线"旅游线路之一,②每天几乎都有一定数量的游客前往镇山村旅游。

镇山村隐于半边山脚下,村寨三面被河水环绕,只有一条小路通向石板镇。寨内保留了传统的石板建筑、古营盘、古寺庙(武庙)等物质遗产和独具特色的非物质文化遗产——布依族文化。花溪水库以及"冬无严寒,夏无酷暑"的气候也都是镇山村天然的旅游资源。

村民认为,镇山村的地形恰如一条巨龙由西向东直奔入花溪水库,全村所居住的山坳正是龙头之所在,村寨两边各有不高的两座小山丘,对称排开列于村寨左右,村民称这两座小山为"龙眼睛"。两个龙眼之下各有一口水井,水井一年四季满而不溢,甘泉常在。村内未接入自来水之前,两口水井是村民的饮用水源。更加有趣的是,寨前有两棵百年古树,均为自然生长,树木粗大无比,枝繁叶茂,恰似巨龙的双角直插蓝天。寨后的贵昆双轨铁路像两条金色的项链装饰着这个雄伟的龙头。因为这条形象的巨龙之头朝向东南方向,所以全村的房屋多为坐西北、向东南,为吉祥的象征。这一朝向还根据民俗中的八字而定:从镇山村村民八字来看,不少人的八字合此坐向。此外,有一座山耸立于该村之偏东北方向,因处于村寨左方,为地理上所称的"青龙山",并以绝对优势高于天鹅寨的"白虎山",有扶正压邪之势。镇山村村民

---

①　李祖运:《贵阳市花溪区志》,贵州人民出版社 2007 年版,第 2 页。

②　"四点一线"包括花溪公园、花溪湖小三峡、镇山村和天河潭景区。

就取"愿等青龙高万丈,不准壮虎头头望"的习俗而决定房屋的坐向。[①]

花溪水库是贵阳市的饮用水源,故禁止一切污染水源的行为(包括机动船航行、污水随意排放、在水库内洗衣服等)。因此,花溪水库的水质洁净清澈,适宜观赏游玩。然而,花溪水库最初的修建与旅游毫无关系,它在1962年正式竣工验收,主要供应贵阳火电厂冷却水和城镇工业生活用水,兼水力发电。"水库工程由贵州省水利电力勘测设计院于1957年设计,坝址以上集雨面积198平方公里,年均来水量1.99亿立方米,最枯流量0.6秒立方米。"水库的修建还同时避免了沿岸居民遭遇洪涝灾害的危险,"水库按百年一遇洪水设计,千年一遇洪水校核,正常水位1140.5米,死水位1122.4米,总库容2620万立方米"[②]。而目前的花溪水库对于镇山村来说,最大的益处就是能够吸引大量的游客。20世纪90年代开始,每到夏天,贵阳附近的居民就到镇山村游泳避暑。清澈的花溪水无疑是镇山旅游的一大亮点。

石板房是镇山村的另一大旅游资源。镇山村地处黔中高原苗岭山系的中段,地质为三叠系地层,以薄层灰岩为主。贵州的喀斯特地貌是大自然鬼斧神工的结果,喀斯特发育在强烈地质作用之下,在黔中地区形成了层次分明、硬度适中的片状岩层。生活在黔中地区的本土居民因地制宜,以这种天然的片状岩层为原材料,建造自己的居所。石板房以黔中地区为中心,分布在贵阳、清镇、平坝、安顺、镇宁、关岭一带(见图2-6)。石板镇的很多村落都因地制宜,就地取材,选取山上的石板为建材,建造房屋和生活用具。镇山村同样以石板为主要建筑材料,建造成一个"石头的世界"。

镇山的建筑样式属于石木结构的干栏式建筑,具体说是"穿斗式悬山顶一楼一底石木结构建筑"。传统住宅由门楼、厢房、正房组成三合院。因地布局,多不对称,石墙围护,石板盖顶。正房面阔多为三间,通面阔9~18米,进深4~8米。经济条件较好的面阔五间,再富有的则增建左右两厢房和大朝门,[③]形成完整的四合院。住宅的大门一般是双扇对开门,并配有玄门,[④]房间门为单开木门。院坝的各间房屋都有雕花的木窗子,图案多为"三吊格"和"万字格"。镇山村民居依山而建,就地取材,寨门、屯墙、路面都

---

①　张永吉、李登学、李梅:《镇山民族文化保护村调查报告》,花溪区文管所,1994年,第2、9—10页。

②　李祖运:《贵阳市花溪区志》,贵州人民出版社2007年版,第401—402页。

③　"朝门"在镇山村指家中的大门。村寨的大门也称为"朝门"。

④　"玄门"即"腰门",其大小约为大门的一半。

是由青石建造。由于地势不平,村内建造房子都必须先打地基,地基同样是石板垒成,石地基高度大致从一米到四五米不等,院坝同样铺以青石板,青石板铺就的院坝还可以兼作晒谷场。从院子进入堂屋一般都有几级台阶,一般选上好的青石打制而成。村中的道路也是石板铺就,村民家里的水缸、桌子、喂猪的槽子,也都是由石头做成。屋顶可谓是镇山村石板艺术的重要体现,屋顶的石板不规则搭建,一片片石板相互叠压,却体现了精湛的技艺。下雨天雨水顺着石片一层层流下,丝毫不会漏在屋内,如果出现漏雨的现象,只需在漏雨之处两个石板间插入一个小石片即可,这是长久以来布依族适应与利用环境的智慧结晶。

图 2-6　黔中石板房分布情况①

镇山村至今保留着护寨城墙(又称古营盘)。贵州省文化厅文物处的官方资料显示"城墙始建于明万历年间,清代修葺"②,整个城墙由青石砌筑,全长 1800 余米,高 5~10 米,基宽 3~4 米,厚 3 米,设南、北两座石门并建有门楼,门楼为巨石所建,现存古南门及石城墙约 700 米。镇山村村民对城墙修建的具体年代不甚了解,记忆中这段城墙与盗匪"老鹅"相关。

　　我们的城墙,老人传说,不是一代人建成的,是几代人建的。为什么要修这个城墙呢? 这是因为从前寨子里有个人,人称"老鹅",是彩字

---

① 徐新建:《罗吏实录:黔中一个布依族社区的考察》,贵州人民出版社 1997 年版,第 27 页。

② 此说法存在争议,有待进一步考证,具体见下文。

辈的人。[①] 老鹅在家族中是个流氓，无恶不作。后来老鹅在家族中住不下去了，就搬家到了码头寨（音）。这个老鹅很狡猾，到了码头寨他就跟寨子里的村民讲，他要买河。当时的农夫见识短，又贪图老鹅的钱就把寨子里的河卖给了老鹅，老鹅控制了那里的河水之后就不准寨子里的人放水，不准水进田，村民要用水必须要从老鹅的手里买。当地的村民不服就跟老鹅打官司，但是老鹅早就跟官府拉好了关系，官府就判放水收钱是对的，老鹅在那里赚了十多年的钱，后来民愤太大又住不下去了。老鹅就参加了莫大王、莫二王的土匪团伙，无恶不作，他勾结土匪就来半边山烧房子，烧寨子，抢东西。土匪引起了寨子的愤恨，寨子里的人就下定决心开始筑城墙。等城墙筑好以后，老鹅再来，村里人在城墙上就用竹竿把他活活打死了，后来土匪就不来了。[②]

根据老人的记忆，城墙建成于班李家族的彩字辈子孙。彩字辈是家族内的第 11 代，按时间推算其生活年代是清末。而历史上清末的咸丰同治年间，[③]也正是当地匪乱十分猖獗的年代。为了防御土匪的烧杀抢掠，城墙上还安装了两架土炮。城墙在村民看来也是家族势力的象征，据村民回忆：

> 以前修这个城墙全靠人力，人手不够是修不起的。古时候我们镇山就有能力喊到人，有能力喊起人来才能修城墙，想想现在重新修一下就花了三十几万，以前就是全靠人力，那得需要很多人才能修起城墙。从前城墙上还有大土炮。土炮是木头做的，用铁箍绑起，用来打土匪，威力很大。土炮有两个，城墙的南北朝门上一边一个，一九七几年还在上边。要是留到现在也是文物了，后来被他们卖了烂铁，可惜了。[④]

南寨门连接古城墙，将镇山村分为上下两寨：在南寨门和古城墙以北的空间被称为"上寨"，以前称为"屯上"；南寨门和古城墙以南的空间称为"下寨"。"上寨"和"下寨"各有特色：上寨古建筑保存完好，历史悠久，石阶小巷，牛粪糊墙，古意天成；而下寨靠近碧波荡漾的花溪水库，游人更爱在此驻

---

①　班李家族的字辈按族谱记载为"仁山应自国斌于维发光彩炘家有士良朝崇裕后"，彩字辈为第 11 代。

②　报道人 YS，2012 年 4 月 8 日，镇山村 YS 家。

③　城墙建于清末咸丰年间的说法见张永吉、李登学、李梅：《镇山民族文化保护村调查报告》，花溪区文管所，1994 年，第 11 页；汤芸：《以山川为盟：黔中文化接触中的地景、传闻与历史感》，民族出版社 2008 年版，第 62 页。

④　报道人 BYZ，2012 年 4 月 19 日，镇山村 BYZ 家。

足,观赏镇山村山中有寨、水中有村的美景。历史上,下寨因为处于河谷地带,田地肥沃,居住条件优越,生活自然宽裕。土改时的一户地主、七户富农全部来自于下寨和对面河(现在的李村)。在武庙之南,南寨门之北的中间地域有人称为"中寨",原来这一区域是上下寨的过渡地带,旅游开发后越来越多的村民在这一区域建筑新房。

镇山村的上下两寨本来不像现在这样紧紧挨在一起。下寨原本所在的花溪河畔,1958 年修建花溪水库时,因为水位上涨,不得不将在水位以下的房子搬迁到高处,包括花溪河北侧上寨的房屋和花溪河南侧李村的房屋。花溪水库修建时,全村帮助下寨的住户将老房拆下,搬到紧靠上寨的坡上,又重新拼建起来,形成现在的下寨村落格局。现在的下寨主要有四排错落有致、成阶梯形排列的连排房,通常兄弟几家同住一排,现在镇山村村民依然以亲缘为单位聚居在相邻区域。虽然下寨的房屋是解放之后重新搭建而成,距今只有将近 60 年的历史,但是由于房屋构件都是从明清老屋上拆卸而来,又原样拼建,所以虽是新房,古意犹存。

从北大门进入村内 10 米左右,一座武庙坐落在通往上寨和下寨的岔路口处。武庙,据史书记载原名为"镇山寺",建于明崇祯八年(1635),清咸丰、同治年间毁于火,光绪十四年(1888)重建,1997 年重新维修,挂牌"武庙"。武庙坐北向南,原有大门、倒座、两厢、正殿等,占地 600 余平方米,现存正殿,面阔五间,通面阔 20 米,进深三间,通进深 9 米,抬梁穿斗混合结构歇山青瓦顶,隔扇门窗。[①] 老人回忆说,镇山寺内原来供奉一尊实木雕刻的关羽像,"文化大革命"时期被烧毁。旅游开发后,私人公司承包武庙,购置了新关羽像,后因经营不善被勒令停业。

旧时镇山村交通不便,较为闭塞,村民去花溪或是贵阳城,都要靠双脚走路,去一趟城里走山间小路都要大半天时间,也正是因为如此,"原生态"民风民俗得以完整保存。闭塞的交通一直制约着镇山村的发展。镇山村交通的闭塞可以从 1994 年的统计数字上体现出来——那时将近 600 人的镇山村仅有自行车 50 辆,汽车 1 辆,曾经的一台拖拉机也因为长久闲置售卖到别村。水库的修建进一步加剧了镇山村的交通不便,"马拉船运"成为镇山村与外界的主要交流方式。为了取道李村去城里,几乎家家都备有载重600 斤的小船。如今,镇山村通往村外的土路已由政协拨款建成沥青公路,镇山村的交通状况也变得较为便利,现在从贵阳市到镇山村可以开车直达

---

① 资料来源:花溪区文管所。

村口,村民出行和游客进村也可选择乘坐公交车来往于石板镇、花溪和贵阳之间。

镇山村为发展旅游,不但修建了公路,还在村前修了牌坊大门(大朝门),牌坊上写着"镇山村"三个大字,并饰以"牛头"标志,以显示镇山村的民族特色。同时,镇山村斥资翻新了村政府前面的小操场,设置了一些指路的木牌,电网中的明线和电线杆也全部移到暗处。为保持良好的卫生环境,政府还出资对村里的污水进行治理,使得每一户的污水都能流入下水管道,最终进入污水循环利用系统。与此同时,政府相关部门在全村范围内进行卫生整治,维修了码头,修建了停车场以方便游客停车。

小　　结

本章介绍了镇山布依族生态博物馆(即镇山村)自然情况,包括地理位置、地形地貌、人口构成等,描述了文献中及村民口述中的村落历史沿革和行政区划。

同时本章总结了学术界对布依族的族源族称的界定,叙述了村民眼中的族群认同,并结合文献和口述资料阐释了镇山村在历史上族群身份的变换。族群认同在镇山村也同时是家族认同,"亦汉亦夷"的班李家族在身份认同上是非常灵活的,他们总是审时度势地选择有利于自己的身份。其"布依族"身份从清代开始见于史籍,新中国成立初期确立,并在旅游时代逐渐被强化。

镇山村丰富的文化资源是其发展旅游的基础,镇山村的物质文化遗产,包括花溪水库、石屋、古城墙、武庙等。自然气候的"冬暖夏凉"和便利的地理位置也对旅游业的发展有所贡献。镇山村的非物质文化遗产将在以下各章中做详细介绍。

第三章　农业的式微与旅游的兴起

　　20 世纪 80 年代中期罗伯特·钱伯斯(Robert Chambers)较早提出有关生计的理念,后来此理念又被他本人以及戈登·康韦(Gordon Conway)等完善与发展。目前,被大多数学者采纳的生计定义是:"生计是谋生的方式,该谋生方式建立在能力(capabilities)、资产(assets)和活动(activities)的基础之上。"①生计方式是文化变迁的动因,也是人类学的研究重点之一。

　　生计方式并不是稳定不变的,任何一个民族在自己历史的创造中,都在有效地利用其所处的生存环境,并模塑出自己特有的生计方式。生态环境直接影响着当地居民对生计方式的选择,但随着生态环境的改变、时间的推移和文化的交流等因素的影响,当地人自会进行调适和演进,生计方式也一直处在发展和变革之中。正如马克思所说:"人们自己创造自己的历史,但是他们并不是随心所欲地创造,并不是在他们选定的条件下创造,而是在直接碰到的、既定的、从过去继承下来的条件下创造。"②如果将这句话中的"历史"换作"生计方式"也同样适用。

　　生态环境造就了镇山村的生计方式,镇山村也凭借当地生态环境创造、选择和调适着符合家庭、家族及村落发展的生计方式。

---

　　①　Robert Chambers, Gordon Conway. Sustainable Rural Livelihoods: Practical Concepts for the 21st Century. Institute of Development Studies, The University of Sussex, 1992:296.

　　②　[德]卡尔·马克思:《路易·波拿巴的雾月十八日》,载《马克思恩格斯选集》第 1 卷,人民出版社 1972 年版,第 603 页。

镇山村稻作文化历史悠久，是布依族稻作文化的体现。从族谱记载的明朝万历年间开始，班李家族的始祖就以花溪河两侧肥沃的河谷地带为基础，以耕种水田维持生计，繁衍后代。从明代到清代，随着家族子嗣的兴旺和军职的承袭，家族逐渐发展壮大，开辟更加宽阔的田地，形成了土地和人口的良性同步发展。而从民国至今，因为行政区划的变迁、修建水库和旅游业发展等原因，班李家族所耕种和管辖的土地面积大规模减小。特别是20世纪90年代以来，旅游业的发展导致农民和他们所耕种的土地之间的联结越来越少，以农耕为基础的习俗、传统、仪式等也日渐衰微。

由农业到旅游业的转变过程即是镇山村生计方式的现代性表述。这一过程不是突然发生的，而是以不易察觉的速度渐进发展的，于是呈现出与传统社会不同的表征，如传统农业和养殖业的衰落、农业机械化、旅游业的发展，这些都是本章所讨论的现代性的内容。生态博物馆项目将镇山村的耕地划归为"传统农耕文化保护区"，然而从村民的本土视角来看，他们的土地和村寨本身就是一个整体，农耕是他们日常生活的一部分。

本章从有史料记载的历史和村民口耳相传的口述史开始叙述，按照时间顺序梳理镇山村生计方式的发展变化，试图从生计方式在历史上的变迁过程说明现代性的表述是一个缓慢的、渐进的过程，而非某一固定的、量化的状态，并试图用生态人类学理论解释生计方式如何影响了镇山村社会组织和文化体系诸方面。

第一节　生计方式与生态人类学

一、生态人类学概述

生态人类学是20世纪60年代产生的一门人类学的分支学科，它是使用人类学的理论和方法研究人类、生态环境及文化之间关系的学科。[①] "生态人类学"这一名称是由美国学者维达（Andrew Vayda）和拉帕波特（Roy Rappaport）于1968年最早使用的。

生态人类学研究文化与生态环境的互动关系。这种互动首先体现在生

[①] 任国英：《生态人类学的主要理论及其发展》，《黑龙江民族丛刊》2004年第5期，第85—91页。

计这一基本层面,继而衍生出其他层面。所谓生计方式是指以食物获取为目的的集团活动、技术等,又称谋生方式。生计方式对人类社会影响巨大,它影响到人口结构、社会组织、文化体系等方面。尤其是在较容易受到自然生态直接影响的自给自足的简单社会中,生计方式集中了有关食物获取与消费的所有社会文化特征。因此,生计方式在人类生存活动中成为首要问题,也因此成为生态人类学的重要研究议题之一。

生态人类学探讨人类集团对自然或生息环境的适应。这种适应包括身体的适应和文化的适应,是对自然环境的适应和改变,从而提高人类的生存价值和获取能量的效率,而文化的适应是生态人类学研究的重点内容。

生态人类学的渊源最早可追溯到西方的"环境决定论"。环境决定论认为物质环境对人类的生存活动起到了"原动力"的作用。人格、道德、政治、宗教、生物、文化等方面都可以用环境决定论来解释。"医学之父"希波克拉底(Hippocrates)的"体液论"是最典型的环境决定论,他认为人体含有四种体液:黄胆汁、黑胆汁、黏液和血液,分别代表火、土、水和空气。四种体液在身体中相对比例的不同造成个体在体格和人格上的差异。气候决定体液的相对比例,进而决定人的体格和人格。

柏拉图(Plato)和亚里士多德(Aristotle)的环境决定论思想则已涉及社会和文化层面。他们认为,气候通过决定个人的人格与智力进而决定该社会的政治形式——温和的气候产生的民主政体,炎热的气候产生专制政体,寒冷的气候无法产生任何真正的政体形式。18世纪,孟德斯鸠(C. L. Montesquieu)将柏拉图和亚里士多德的思想运用于宗教研究,得出如下结论:炎热的气候产生消极的宗教,例如印度的佛教;寒冷的气候产生压抑个人自由与活力的宗教。到20世纪中期,仍然有人继续研究气候与宗教的关系,例如地理学家亨廷顿(Ellsworth Huntington)通过研究也得出与孟德斯鸠相似的观点:由于温和的气候有助于理智的思想,所以最高级的宗教形式只在气候温和的地区产生。[①]

20世纪二三十年代,博厄斯所开创的历史特殊论学派在文化与环境的关系问题上持环境可能论立场。他认为环境不是积极地模塑人类文化,而只是在文化的发展方向和水平上做一些限制。也就是说,环境可以解释一些文化特征为什么不发生,而不能解释一些文化特征为什么发生。

---

① [美]唐纳德·L.哈迪斯蒂:《生态人类学》,郭凡、邹和译,文物出版社2002年版,第2页。

克鲁伯（Alfred L. Kroeber）关于北美玉米种植业分布的研究是采用环境可能主义理论框架的最有名的例子。他通过研究发现，北美玉米种植业的地理分布受到气候的限制，玉米种植需要至少有长达四个月降雨丰富且无杀伤性霜降的种植季节。环境可能论的主要贡献之一是提出一个重要的概念——文化区（culture area），它实际上可以说是环境决定论和极端传播论进行折中的产物。但是，环境可能论也不是一个更令人满意的解释性框架，因为它仍然无法解释人们的经济策略与政治策略的细节、人们的信仰与意识形态的内容、人们的婚姻优先性及仪式等。

尽管生态人类学作为术语最早由拉帕波特提出，但实际上斯图尔德（Julian H. Steward）是生态人类学的真正开创者。斯图尔德开创的文化生态学复活了人类学家对环境决定论的热情。他认为，文化特征是在逐步适应当地环境的过程中形成的。在任何一种文化中有一部分文化特征受环境因素的直接影响大于另外一些特征所受的影响，他将这种文化中易受环境因素影响的部分称为"文化核心"。按照同样的道理，有些环境因素对文化形式的影响大于另外一些环境因素，越是简单的和早期的人类社会，受环境的影响就越直接。地形、动物群和植物群的不同，会使人们使用不同的技术、构成不同的社会组织。他给文化生态学的研究方法规定了三个程序：第一，分析生产技术与环境的相互关系；第二，生产技术与人的行为方式的关系；第三，行为方式对文化其他方面影响的程度。他以美国内华达州西部肖肖尼人的居住环境和生产生活为例进行了详细说明。斯图尔德关于生态环境决定生产活动、再决定生活方式和组织类型的理论实质就是：文化与自然环境虽然是相互作用的，但是自然环境起着最终的决定作用，它不仅允许或阻碍文化发明的运用，而且往往还会引起具有深远后果的社会适应。

马文·哈里斯（Marvin Harris）的"文化唯物主义"同样关注生态人类学的话题，他的主要观点是：所有的文化特征（包括技术、居住模型、宗教信仰与仪式）都是人类对自然环境适应的结果。他赞同马克思的"物质生活的生产方式制约着整个社会生活、政治生活和精神生活。不是人们的意识决定人们的社会存在，相反，是人们的社会存在决定人们的意识"[①]。这一段话是文化唯物主义的核心。哈里斯的最大贡献是系统地提出了对以后整个人类学界产生深远影响的主位和客位研究方法，前者是指旁观者使用对参与者

---

① ［德］卡尔·马克思：《政治经济学批判》导言，载《马克思恩格斯选集》第2卷，人民出版社1972年版，第82—83页。

富有意义的、适合于参与者的概念和分类,后者是指旁观者使用对旁观者富有意义的、适合于旁观者的概念和分类。他以对印度教禁忌吃牛肉(即印度教圣牛)的研究为例进行具体说明。

20世纪六七十年代,环境决定论、文化生态学和文化唯物论各学派的理论观点相继衰落。拉帕波特的生态系统论方法给生态人类学研究带来了一项重要创新。

生态系统(ecosystem)就是在一定空间中共同栖居着的所有生物(即生物群落)与其环境之间由于不断地进行物质循环和能量流动过程而形成的统一整体。在生态系统中,人类、其他生物及非生物互为环境、相互影响,即人对环境有影响,也受到环境的影响。

为了理解一个生态系统如何运作,就需要弄清楚它的各个组成部分所进行的物质交换如何达到平衡,又是如何通过称作"体内平衡"的过程实现稳定。这要求生态人类学家对不同食物的营养价值、不同耕作方式对土壤肥力的影响、人类不同类型活动的能耗、家畜对环境的影响等进行衡量和比较。过去生态人类学家像其他人类学家一样,趋向于重点研究人类文化(信仰、价值观和制度体系)与人类社会(由具有共同文化特征联系在一起的人的群体),将它们作为主要的分析对象,而生态系统学派则引导他们重点研究人口总体对环境条件施加的影响,以及受环境物质的影响。

用生态系统观点进行生态人类学研究的最著名案例是拉帕波特对巴布亚新几内亚高地马陵人(Maring)的仪式和战争所做的经典研究。生态系统论的研究开辟了与传统人类学不同的研究方法,它看重人类活动的物质后果,将人们自己对周围世界的文化理解置于微不足道的地位,将生态人类学纳入自然科学的生态学领域。在这一领域,正如拉帕波特所述,人不是作为社会和文化的存在物,而是被当作同所在生态系统的其他组成部分进行物质交换的有机体。

另外,民族生态学作为认知人类学的一个亚领域,以结构语言学为手段了解当地人对周围环境的感知,从而得到当地人所具有的世界观,并得出如下结论:环境不是一个实在,而是人类感知与解释外部世界的产物,即环境是文化建构的产物。例如,在西方人看来,动物主要是供人类使用的物质资源;而在非西方社会中,动物可能被当地人看作是祖先神灵的化身。按照"环境是文化建构的产物"的逻辑,民族生态学否定所谓的西方世界观和非西方世界观之间存在着本质差别,因为在本体论意义上,它们都是文化建构的产物。于是,西方与非西方、文明与野蛮在逻辑上的类比关系则显得十分荒谬。"一旦知识本身被看成是社会建构的,那么西方科学所理解的生态学与其他任何环境观点一样,都不过是'民族生态学'。"①

本章主要运用生态人类学的观点分析生态与文化之间的相互作用,特别是以"文化生态适应"理论阐释生态环境与生计方式之间的关系。

二、镇山村的生态环境与生计方式

生态条件和自然资源是发展农业的基础。花溪区地处贵州高原中部,苗岭山系中段,位于长江水系的清水江和珠江水系蒙江的分水岭地带。山脉、水系的分布是在地质构造作用下,形成以低中山丘陵为主的丘原地貌。该区碳酸盐类岩层分布广泛,三叠系地层以灰岩、白云质灰岩及薄层灰岩为主,因此呈现出以岩溶地貌为主的自然景观。② 地形地貌上以丘陵为主,具有山、丘、坝、谷等多种地貌类型。气候上该区地处云贵高原的东斜坡上,是冬、夏季风必经之地,受西伯利亚冷气团和东南亚季风的双重影响,属亚热带季风性湿润气候,具有明显的高原气候特点:冬暖夏凉,春秋气候多变,水热资源丰富,光能资源偏少,无霜期长,光、热、水同季,垂直气候差异明显,利于多种经营。但是雨日多、日照少、湿度大,干旱、冰雹等自然灾害较多,给农业生产带来不利影响。当地热资源丰富,对作物根系的生长发育有积极的影响,有利于作物的早熟和丰产。虽然地表水缺乏、土壤保水力差,但地下水资源丰富、降雨量丰沛,适合农业作物的生长。特别适宜(水)稻、油(菜)连作,苞麦间作,发展多种果树和经济作物。③ 镇山村在花溪区的农业类型属于党武岩溶丘陵亚区,地表水缺乏,除发展粮食作物外,还可以发展经济作物、经济林木和果树等。④

如上所述,生态环境影响生计方式,尤其是种植作物的种类。在镇山村,种植业和养殖业一直是当地布依族的主要生计方式。过去的镇山人虽不懂日照强度、降雨量、霜冻期等专业名词,却世世代代靠实践和经验的积

---

① [美]马文·哈里斯:《文化唯物主义》,张海洋、王曼萍译,华夏出版社1989年版,第13页。

② 《花溪区综合农业区划》编写组:《贵阳市志·花溪区综合农业区划》,贵州人民出版社1989年版,第5—7页。

③ 《花溪区综合农业区划》编写组:《贵阳市志·花溪区综合农业区划》,贵州人民出版社1989年版,第17—25页。

④ 《花溪区综合农业区划》编写组:《贵阳市志·花溪区综合农业区划》,贵州人民出版社1989年版,第15页。

累选择适合的土壤去耕作适合的作物。镇山村耕种的主食有水稻、小麦、玉米（当地人称苞谷）、红薯、小米、高粱等，副食品包括油菜、豆类、瓜类、辣椒和葱蒜等。主食和副食品的搭配种植满足了人们日常所需的基本营养。庄稼耕种的时间分大季和小季，大季种植水稻，包括糯稻和普通水稻，收获所得解决全家上下的吃饭问题；小季种玉米、小麦、高粱、小米、红薯作为辅助食品，部分玉米用来喂猪，高粱还可以做扫帚。

过去镇山村养殖的主要家畜家禽有马、牛、猪、鸡等，马在交通不便的时候主要用来做运输，牛主要用来进行农业生产，因此马和牛在村里基本没有人当作食物。猪肉是镇山村村民最主要的动物蛋白摄取来源之一，每年春节前都要杀猪制作腊肠、腊肉等传统食物供一年所需；同时，猪还是婚丧嫁娶等重大仪式活动中常用的祭品。鸡既可以食用，又是谢土、安神等仪式中的必备品。

"生计模式是人们在不同的生态环境中创造出来的，并在独特的历史发展和功能过程中积累、传递和演变，它们是一个族群心理与价值建构的基础，它们本身又构成各种独特的社会结构和制度形式，体现了一个族群生存策略的个性。"①镇山人充分利用自然环境从事农业生产和动物养殖，这些农产品经过当地布依族的筛选、利用、传递就不再是简单的物，而具有独特的民族特征和地方性。我们可以看到这些物在仪式中出现、在节庆中出现、在日常生活中出现，物的"在场"就是文化意义的体现。因此我们说，环境和文化是相互作用的。

第二节　传统的生计方式

布依族是稻耕民族，也是我国稻耕民族中历史最为悠久的民族之一。从布依族居住的生态环境来看，红水河南北盘江流域属于亚热带气候，气候温热，土地肥沃，水源充足，适合水稻的种植和生长。史籍上记录，秦汉时期包括布依族先民在内的夜郎国已经"能耕田，有邑聚"。清乾隆《贵州通志》

---

① 徐杰舜、罗树杰：《靠山吃山、靠水吃水：船家与高山汉比较研究》，《广西民族学院学报》（哲学社会科学版）2003 年第 3 期，第 7—13 页。

载："仲家善耕,专种水稻,兼种果木。"①《黔南识略·贵阳府》记载："仲家
……其种有三:一曰补龙、一曰卡尤、一曰青仲……贵阳则青仲也。善治
田。"②布依族传统的古歌和传说里,也都能找到稻耕文化的痕迹。

镇山村先民自明朝万历年间开始,依靠花溪河河谷地带发展稻作文化,
耕种水田,繁衍生息,是布依族稻作文化的典型代表。随着人口的增加,开
垦出的耕地面积扩大,满足更多人口的粮食需求,形成了土地和人口的同步
增长。镇山村以农业立村,养殖业围绕农业展开,种植业和养殖业是镇山村
最为传统的生计方式。

一、镇山村农业发展史

(一)明清时期

明代贵州的屯田制度为贵州的发展带来了巨大的影响。随着军屯的形
成,汉人移民增加了当地劳动力,大批荒山被开发成良田,农业生产水平提
高。汉人带来了先进的生产技术和生产工具,农业逐步由原始农业向传统
农业转化。此时班李家族的历史刚刚开始,靠着肥沃的水田和在军中的官
职,班李家族逐渐在半边山地区扎根繁衍。清朝,屯田制度瓦解以后,班李
家族的后代弃武从文,对土地的依赖进一步加强。同时,通过"以坟管山"的
方式,③进一步扩大家族的空间范围和势力范围。

据镇山村村民回忆,过去班李家族在半边山地区的田土非常多,从三岔
河西侧到螃蟹井两侧的河谷地带都属于班李家族管辖。④ 虽然当地人承认
苗族是贵州最早的原住民,但半边山地区的苗族只拥有土地的使用权,并没
有土地的所有权,因为"大多数苗族都是帮我们做活路的"。

清朝时期,中央王朝废除军屯制度,加强了对贵州地区的直接统治和管

---

① 〔清〕鄂尔泰等修:《贵州通志》卷七,载《中国地方志集成·贵州府县志辑》第4—5
册,巴蜀书社2006年版。

② 〔清〕爱必达、罗绕典:《黔南识略·黔南职方纪略》,杜文铎等点校,贵州人民出版社
1992年版。

③ "以坟管山"的意思是通过修坟占据村寨周围风水较好的山坡,以划定势力范围。
参见汤芸:《以山川为盟:黔中文化接触中的地景、传闻与历史感》,民族出版社2008年版,第
102页。

④ "三岔河"位于镇山村西南侧约2.5公里,南明河自西南向东北从天河潭流过,在三
岔河处遇公鸡山而转向,生出两条支流,一条转入西面,另一条向东南流向镇山村方向,一直
流入贵阳市。"螃蟹井"位于镇山村东南约3.8公里。族谱中记载,螃蟹井是班李家族主要
墓地之一。

理,在行政区划上更为具体和细化,此时的半边山地区被划分为三个行政体系,"半边山寨(包括竹拢和老犁地)属贵阳府亲辖地之蔡关里,石板哨属贵筑县,天鹅、大树脚、花街则都属于广顺州从仁里"①。半边山地区基本形成汉、苗、布依"三足鼎立"之势:布依族作为明朝以来半边山地区最早的定居者,依然维持着显赫的主人地位;苗族"依附"于班李家族,在清代逐渐形成自己的聚居区,并在行政区划时被确立为独立的行政村,但大部分苗族只拥有耕种土地的使用权,"地骨"(土地所有权)仍然属于班李家族;住在石板哨街上的汉人移民依靠经商积攒了早期资本,从布依族和苗族手中购置土地,势力逐渐扩张。

鸦片战争以后,贵州乃至整个中国的经济都受到了巨大的冲击和改变。清道光初年,英国商人一步步加强对中国的鸦片输入,贵州也开始出现鸦片流入现象。特别是第二次鸦片战争以后,鸦片进口合法化,贵州的罂粟种植逐渐泛滥,从鸦片输入地转变为鸦片输出地。此时的半边山地区也受到周围地区的影响开始种植罂粟,但是罂粟种植活动在清代还仅限于汉族地区,布依族依然保持着种植水稻的传统。

(二)民国到解放初期

民国时期,半边山地区农业发展相对缓慢,生产力相对低下。抗日战争开始后,沿海工商业和科技人员内迁,对当时农业生产的发展起到一定的促进作用。解放前夕,花溪区范围内产稻谷 2680 万公斤、小麦 54.13 万公斤、苞谷 205.69 万公斤、黄豆 65.72 万公斤、其他粮食 139.97 万公斤,共计粮食总产量 3118.87 万公斤,按当年总耕地面积 195891 亩计,每亩平均产量 159.21 公斤。产油菜籽 12.60 万公斤、烟叶(包括土烟、烤烟)9.5 万公斤、茶叶 4.55 万公斤、水果 1.69 万公斤、油桐籽 0.45 万公斤、油菜籽 1.16 万公斤;畜禽有水牛 5309 头、黄牛 5625 头、马 1868 匹、猪 33154 头、羊 336 只、禽 81466 只,平均每户养大牲畜 0.57 头、猪 1.74 头、羊 0.02 只、禽 4.29 只,副业产值 231.1 万元。②

镇山村班李家族的土地在民国时期大规模减少。首先,汉人在明清时期大量移民至半边山地区,特别是石板哨商业的发展和天鹅寨等村移民后

---

① 汤芸:《以山川为盟:黔中文化接触中的地景、传闻与历史感》,民族出版社 2008 年版,第 64—65 页。

② 《花溪区综合农业区划》编写组:《贵阳市志·花溪区综合农业区划》,贵州人民出版社 1989 年版,第 157—158 页。

代的繁衍生息,田土的需求增加,导致汉人逐渐向班李家族管辖地区扩张和挤压。其次,行政区划的几次变更导致半边山地区管理的复杂化。民国十九年(1930)3月,国民政府为了加强对贵州的控制,对贵阳县行政建置做出调整,规范地名。今石板镇和镇山村被归为第七区,设石板哨镇。"镇山乡"首次出现,归属于石板哨镇,下辖桥上、天鹅寨、摆克寨、铁厂(现属天鹅村)、老妈井(清朝时属广顺州从仁里)、半边山、老力地(今老犁地)、马洞(马硐)、竹陇(竹拢)、小石厂。乡公所位于镇山寺(今镇山村武庙)。①

国民政府成立后屡次实行禁毒措施,但是黔中等地种植吸食鸦片人数依然居高不下。半边山地区的天鹅、石板哨、花街等地的汉人多种植罂粟,吸食鸦片者男女皆有。种植鸦片比起种植水稻和苞谷等粮食作物,经济效益相对较高。依靠种植罂粟,半边山地区汉人的经济进一步提高,购置更多的田产和房产,势力范围向班李家族挤压。班李家族几乎未曾沾染鸦片种植,依然靠种植水稻为生。自给自足的小农经济一方面使得班李家族没有沾染到吸食鸦片的恶习,另一方面也在某种程度上阻碍了其他经济形式的发展。

1949年11月15日贵阳解放,1950年6月,石板哨成立人民政府,隶属贵筑县第四区。以班李家族为中心的地域从"半边山"改为"镇山村",为隆昌乡(今石板镇隆昌乡)管辖。1951年5月,土地改革在镇山村轰轰烈烈地展开,土改工作小组进入镇山村调查情况、宣传政策和指导工作。土改政策彻底改变了半边山地区原有的社会阶层和土地分布格局,原来给班李家族做活路的苗族拥有了自己的土地,不再依附于班李家族,之后因为苗族"出身好",成为村里的政治核心,参与到村落管理和领导阶层。

二、种植业

在布依族村落,农业一直是重要的传统生计方式,因此布依族具有悠久的农耕文化历史。贵阳附近的布依族,都将自己安身立命的寨子选在依山傍水的地方,他们根据自己的环境特点在生产生活中总结出了很多农业知识,并拥有自己的农业耕种时间表。总的来讲,布依族的耕作时间是根据二十四节气进行的,但是又因地制宜,有自己的地方特色。镇山村在旅游开发之前,村民过着"半年辛苦半年闲"的农业生活,农事大都集中在春夏两季,秋收之后就是村民休养生息、走亲访友的时间。

---

① 李祖运:《贵阳市花溪区志》,贵州人民出版社2007年版,第51页。

春节是镇山布依族一年当中最重要的节日之一,同时对于他们来说,春节也是天赐的最佳休息时间。在春节期间,全村不管男女老幼都暂时放下忙碌了一年的活路,也为来年的春耕养精蓄锐,因此形成一条不成文的规定,正月间禁止一切农业活动。农历二月天气开始好转,万物更新,是农耕时节忙碌的开端。三月开始,村民就陆续扛着锄头等农具到地里干活去了。

镇山村的土地分为水田和旱地两种,当地分别称作"田"和"土"。水田主要集中在村子西侧的入口附近,而旱地则广泛分布在村子四周。在花溪水库修建之前,村子里的水田占田土总面积的绝大部分,水田不仅面积大、分布集中,而且产量高,质量上乘。据村民介绍,水库修建以前整个石板大队半年的白米口粮都靠镇山村的生产供给,吃饭丝毫不成问题。但是水库修建之后,水田面积急剧减少,村里耕种的土地大部分都是山坡上的"望天田",其产量完全依赖自然雨量的多寡。吃饭变成镇山村的大问题,引以为傲的"镇山米"也成为历史。之后的一段时间,因为水源不足、土质恶劣,村子里主要种植的粮食作物改为玉米。这种情况一直持续到20世纪70年代,抽水站建成之后才逐渐改变了镇山村的农业格局。现在的镇山村,大部分土地都是水浇地,靠村里的抽水机浇灌,作物产量大大提高,水田的面积也相应增加,特别是村口地势平坦的土地,大部分都可以抽水灌溉作为水田种植水稻,但是周围的丘陵山坡还多是旱地。水稻、玉米、油菜是镇山村种植面积最大、最普遍、最常见的作物。

(一)水稻

水稻一直以来就是镇山村的骄傲,镇山村的镇山米曾经在贵阳一带远近闻名。即便河谷被淹,镇山布依族对大米的热爱也丝毫未减。即便是在生活最困难的20世纪60年代,每到过年,各家各户都要想方设法置购几十斤大米回家,打粑粑过年。尽管山路崎岖、浇地不便,水稻依然是镇山村目前种植面积最广的农作物。

春节过后,镇山人早早就将种田育秧用的稻种买好。现在的村民虽然还会将稻谷收在家里,等需要时再去脱皮舂米,但是已经没有了保留稻种的习惯,水稻种子几乎全部都是从附近的石板街上购买的。

种水稻要先育苗,当地一般称作"种小秧",当地俗语讲"秧好一半谷",因此镇山村村民对于种小秧一直非常重视。育秧的时间一般在清明之前,选上一块土质最好的旱地,将种子撒下。有些人家为了方便照管小秧,甚至就在自己家的院坝里育秧。俗语说"四川太阳云南风,贵州下雨如过冬",一场春雨能够使得当地的气温骤降好几摄氏度,这时的小秧苗必须得到细心的照顾。村民的做法是用小的塑料棚育秧。在秧苗上方架起竹条,加盖一层塑料布,秧苗即在棚内生长。除了早晚两次给秧苗浇水,其他时间塑料布四周用土压得严严实实,这样既可以保持土壤水分,又可以防止温度急剧变化对秧苗的伤害。一般经过 20～25 天的精心培育,秧苗长到七八厘米高的时候就可以移栽到水田里了。

"宁要田等秧,莫要秧等田",当小秧苗还在生长的时候,镇山村的农民并没有休息,一定要在秧苗长到适合移栽的高度之前,将水田拾整妥当,一旦秧苗生长到合适的高度就要移栽,农时是一刻都耽误不得的。这期间,需要先将稻田的土壤翻过,使田土松软,这个过程分为粗耕、细耕和盖平三个步骤。如果稻田里原来有杂草,拔下的杂草也不能浪费。村民一般将杂草拔掉在田里晒干之后焚烧,做成草木灰,用来积肥。翻田和犁地都是十分繁重的体力劳动,牛在这时就发挥了非常重要的作用。

现在机械化"铁牛"的使用越来越多。然而,对于镇山村一些地势不平或是处于山区的田地,"铁牛"很难到达和发挥效力,在这些地方耕田还是需要水牛才行(见图 3-1)。20 年前的镇山村几乎家家户户都养牛以帮助减轻繁重的体力劳动。现在全村养牛的村民不超过 20 家,使用铁牛的有 30～40 户,其他农户犁地时就临时借用其他人家的铁牛,或者请家里有牛的村民帮忙,付给一定的费用,租用耕牛每天 80～100 元,租用铁牛每天 150 元左右。

图 3-1　耕牛与"铁牛"

田土犁好整平之后,下一步是放水,一般放完水再犁一遍就可以插秧了。插秧也是非常辛苦的体力劳动。清晨天刚亮,村民在温度还不太高的时候就早早下到水田里开始插秧。插秧前后是镇山村农耕最忙碌的时节,此时正对应二十四节气中的谷雨。等这段时间忙完,就到了农历的四月初八,在镇山村这个日子既是苗族的四月八,又是传说中牛王的生日,也叫"牛王节",镇山村村民和他们的牛都可以稍稍歇一口气了。

秧苗插好以后还要时时照看,即田间管理,除草、追肥一样也不能少。过去一般都是人力除草和追施农家肥,随着市场经济的发展,镇山村的村民早已开始使用除草剂和化肥了。老支书回忆,国家刚提倡使用化肥时,大家对化肥不了解,他就挨个动员,"那时候想不到现在大家都愿意用化肥"。化肥简便省力、干净卫生,现在农家肥"都扔丢不用了"。虽然村里人都认为施化肥农药的水稻营养不如以前,口感也变差了,但化肥和农药在村里还是使用普遍。

由于贵州高原地势高、气候复杂,镇山村水稻的生长周期都比较长,所以口感相对较好。经过六个多月的精心培育,水稻一般在农历的八、九月份收割。当稻穗垂下,颗粒变得金黄饱满时,村民就用镰刀将稻穗一束束割下、扎起,再用打谷机使稻穗分离。现在虽然有了收割机,但是由于镇山村地块小,山地崎岖,收割机很难进行操作,因此镇山村的水稻收割还是基本保持着人工收割的传统。

收割后的稻谷需要干燥。镇山村的石板院坝就是天然的晒谷场,村民将收割好的稻谷摊放在自家院坝的石板地上,时时翻动,使稻谷干燥。稻谷晾干收起后就到了农历九月。农历九月初九是汉族传统的重阳节,而镇山的布依族一般将这个日子当作尝新节,用新收获的稻米打一点粑粑,慰劳自己的辛苦劳动。

种植水稻是镇山布依族对当地自然生态环境的一种适应,这种生态选择造就了镇山人的稻作文化。亦可以反过来说,镇山布依族的稻作文化使得他们选择了如此适合水稻生长的生态环境居住。收获的水稻除了做米饭,还可以用来酿酒和制作粑粑,这些美食过去只有在个别重大的日子才能享用,现在不但能够在平时食用得到,还在旅游活动中被开发为当地的农家特色饮食产品而被村民大批量生产。另外,我们可以看到,水稻的种植时间与节庆活动的时间表配合完美,往往一个时间段的繁忙劳作之后,便紧跟一个节庆活动,农耕与节庆的交叠规律是人与自然长期调适的结果,村民的日常生活因此张弛有度。

(二)玉米

水稻虽然深受镇山村村民的喜爱,但是村里部分土地不适合种植水稻,这些旱地一般就用来种植玉米。玉米耐旱、高产,是这些山坡旱地的绝好选择。镇山村的河谷地带被水库淹没之后,玉米一度成为镇山村村民的主食。但是玉米粗糙干硬,口感远远不及大米,村里人对以玉米为主食的日子都觉得不堪回首。目前玉米在村里几乎没有人食用,而主要是用来喂鸡、喂猪,或者拿去镇上的烧酒作坊换酒。也有少量村民栽种糯玉米做成炸玉米花——糯玉米放盐煮熟后晾干,再用油炸,这样做成的炸玉米花是一种当地特色的小吃,可以当作平时的零食,也是游客喜爱的农家下酒菜。

在种植玉米之前也要先对土地进行整理,但与水田相比更加粗放,镇山村村民将其称为"刨土"。刨土主要有三个目的:一是用锄头将田里的石头、麦秆等杂物清理出去,以免影响玉米种子的生长;二是疏松土壤,为撒灰撒种做准备;三是翻过的土,土质比较蓬松,水分容易渗透进土壤。

镇山村的土质在没有雨水的时候就会又干又硬,耕牛、铁牛操作起来都非常费力,因此旱地一般要等下过一场大雨、地被浇透以后,村民才去地里刨土。过去因此有"不打雷不下田"的传统,也就是说,在一年的第一场雷雨之前人们是不去地里做活的,一般要等雨水浇透土层,人们才开始去田里刨土种玉米。镇山村的玉米种植广泛而分散,一般的山地、坡地、洼地等条件不太好的土地都用于种植玉米。

"有收无收在于水,收多收少在于肥。"水是农业的基础,现在由于有了抽水机,镇山村邻近水库却没水浇地的历史已经过去。过去的"望天田"只能眼巴巴地等老天下雨滋润,靠天吃饭,现在都是水浇地,因此干旱绝收的情况已经不复存在。如今地里收成的好坏主要靠肥料和管理。

现在种植玉米一般施以尿素。施肥两次,一般第一次是在玉米苗长到20厘米左右,第二次是玉米长到1米左右的时候。施肥的同时要薅草,有俗语说"早春薅得嫩,抵得泼道粪",现在除草一般用除草剂。尿素的使用是近几十年的事情,村民以前种稻、种玉米都是施农家肥。

"过去种地要到厕所掏大粪积肥,和草皮灰拌在一起。但是牛粪是不舍得给玉米的,牛粪给稻田。牛粪打底种秧苗,稻子长得好。""现在种的是卫生田,不用农家肥,化肥手拎十几斤就够了。以前种庄稼,别人家牛多还要问牛粪要不要,不要给我;现在家里有肥料,都要从城门倒掉,叫惜啊。""以前养猪、养牛是为了提供肥料,没有肥料就没办法施肥。现在村里人自己都不一定亲自施肥,把肥料都备好了,雇人去撒肥。雇人撒肥有两种,一种是肥料撒下去,又把土培起来;有些是只施肥就行了,不用培土。"但是村里的老人有些还是怀念以前施农家肥种的庄稼,"施尿素庄稼长得快,但营养价值没有施农家肥的营养价值高,现在人生病多了就跟用这些东西有关"①。

除草也是田间管理非常重要的工作之一,过去村民一整个夏天都要在地里除草,现在有了除草剂,人们只需要在秧苗种下一个星期左右撒一次除草剂就可以解决杂草问题了。老人称除草剂为"高科技",这种"高科技"大大减小了农民耕作的劳动量。除了"高科技"农药,"高科技"种子也深受镇山村村民的欢迎,"现在有了高科技种子,一斤半种子就可以收差不多两千斤谷子",人们再也不用担心粮食产量了。

玉米成熟的季节也是在农历八、九月份,收获的玉米就直接挂在自家的屋梁上风干,吃的时候随取随用即可。有些农户还会种植不常见的紫玉米,因颗粒形似珍珠,有"黑珍珠"之称。虽然紫玉米的品质优良,但棒小粒少,亩产只有 50 公斤左右。所以少量的紫玉米一般当作土特产在村口贩售给游客。

玉米饭在镇山村也深受游客喜爱。将玉米打成糁,只用玉米糁做成的饭叫"玉米饭"(苞谷饭),用一些玉米糁和大米一起做的饭叫"两间饭"。其做法是先将大米煮到五六分熟,用竹编的簸箕沥干,然后将准备好的玉米糁和沥好的饭和匀,装到甑子里蒸,蒸好即可食用。簸箕沥的米汤也可食用,游客一般要求村民在做饭时帮他们留好。

在过去,庄稼的长势、地里有没有杂草是评价一户人家是否勤劳能干的重要标志,而现在衡量一户人家主要看经济收入。"过去庄稼长得不好,地里草多,或者家里卫生不好,别人背后都要议论,说这家儿女懒惰。如果是儿子要娶媳妇,人家就会劝他说你去他家干什么,他家又脏又乱。如果是女儿嫁出去,人家就说她在家里都搞不好(庄稼),嫁过去肯定干不好。以前没有别的,就主要看庄稼种得好不好。""种玉米以前除草也要三道,现在都去草里收庄稼,因为草长得高也没事,不影响产量。以前要是这样可不行,现在是只要过得好就行,也没有人议论了。像我姐姐村里有个姑娘,孩子生下来也不管,12 点才起床,吃了饭也不洗碗就出去打麻将。但是他家老人也看得惯,说反正孩子管几年就长大了,现在年轻人都这样。""现在勤劳没有用,都以经济收入为标准。大家现在都想其他渠道赚钱,勤劳不管用了。简单说就是智商问题,或者说信息沟通、社会信息、社会交往这些。"②工业化学产品的使用一方面提高了粮食产量,减轻了农民繁重的劳动;另一方面在改变

① 报道人 YS,2012 年 4 月 9 日,镇山村 YS 家菜园。
② 报道人 BYZ,2012 年 4 月 1 日,镇山村 BYZ 家。

传统生计方式的同时,改变了人们的生活理念和价值观。少数民族社区在全球化、现代化背景下,更容易接受社会上的主流思想,生计方式和价值观的改变都是现代性的一个缩影。

(三)油菜

秋天,水稻和玉米收获之后,直到来年的春天才能栽种新的秧苗,这期间大部分农户都选择栽种油菜。十一、十二月,村民将土地翻过、打理平整、施足底肥,然后就可以播种油菜了。第二年春天,大约在四月份,准备打田种苞谷和水稻时,就收割掉成熟的油菜,不仅菜籽可以拿去榨油,犁地时剩下的油菜根茎还是水田的天然肥料。因此油菜也是当地必不可少的作物。

然而油菜在镇山村大规模种植的历史并不长,说起来也就是最近几十年的事情。过去镇山村的布依族主要食用动物油脂,一般是猪油。"过去呢,吃油就比较困难,吃油基本上就是猪油。那时候还不太种油菜,油菜是最近二十几年才兴种起的。过去卖猪的时候,我们会跟杀猪买猪的人事先声明,猪我要卖,但是猪油我要留着,这就是主要的食用油的来源。"[1]

现在村里食用油的主要来源是菜籽油,所以村里油菜的种植面积很大,现在的油菜不仅是村民主要的油料来源,也是重要的冬春蔬菜之一。冬季的镇山村天气湿冷,一家人围坐在一起吃火锅是村民冬季十分常见的生活场景,而油菜叶是火锅中最为常见的蔬菜之一。镇山人吃油菜不只吃菜叶,带着黄色油菜花的菜尖也为镇山人喜爱。油菜可以一直吃到第二年三、四月份油菜开花的时节。

每年的清明节前后油菜花开得最为旺盛,漫山遍野的油菜花开满镇山村的大小田地,村子里每天都弥漫着淡淡的油菜花香,这吸引了贵阳附近的游客,他们纷纷在油菜田边拍照留念,油菜花开可以算是镇山村春天特别的景致。

油菜花开过后一个月左右就可以采收菜籽了。村民将采收的菜籽晾干收好,储存在家里。菜籽可以随时拿到石板街上榨油,也有走街串户的生意人来村里收购油菜籽换油。过去的镇山村也种植油菜,但规模较小,除了用油菜籽榨油,还可以用茶树果子榨茶油。在老人的记忆中,村里过去还有一个小型的油坊。

我们这个村以前也有种油菜的,也有榨油的油坊,但是现在没有

---

[1] 报道人 SS,2012 年 1 月 29 日,镇山村 SS 家。

了,连油坊里的工具都不知道哪里去了。很早以前,我们小时候吧,村里面有油坊,但是那时候的油坊很简单的,就是一块石板搞一个洞,像是一个磨盘,用棕树的棕皮缝成一个袋子过滤用,因为棕树的树皮是网状的嘛。茶油就是茶树果子榨的油,以前(植物油)就主要吃菜籽油和茶油,现在没有茶油了。茶树果子像板栗一样,一个个等晒干就开口了,种子弄出来就可以拿来榨油。把种子捣碎,蒸熟,然后就用棕皮缝的这个袋子装起来,放在磨盘那样子的石板上的洞里,用木棒榨。榨油的时候不断往木棒上加石块,油就榨出来了。我们这里的茶树没有形成产业,就是山上有,秋天就去山上捡一点,榨一点自己吃而已。还有一种榨油的方法,就是把一棵树中间掏空,把油料放在中间,靠从外边用木槌敲的力量把油挤出来,这种榨油的方法叫"母猪榨",刚才说的那种用石头的压力压油的方法叫"千斤榨"。一九七几年之后,慢慢地随着机械化,这些榨油的方法都消失了,村里面现在连这些工具都没有了。现在就是用菜籽换油,有人直接把油带到村里,用多少菜籽换一斤油大家商量好,就是以物易物了;也可以把菜籽拿到镇上的榨油坊去榨油,然后给他加工费。油枯以前大都用做肥料,现在喂猪也少不了它,以前茶树油的油枯还可以拿来洗衣服。[①]

除了稻谷和玉米外,过去还种植小麦、高粱、小米和红薯,现在这些作物几乎已经没有农户栽种。部分村民自家栽种黄豆、蚕豆(当地人称为胡豆)等豆类植物,更多村民选择到邻近的石板镇集市和花溪市场购买。贵州人喜食辣味,因此辣椒的日常需求量非常大,主要用来炒菜、制作酸辣椒、调制蘸料等,过去村民大量栽种辣椒,现在大部分村民只种植少量辣椒。其他蔬菜包括白菜、生菜、香菜、红萝卜、白萝卜、豌豆等也是镇山村的常见蔬菜。

镇山村村民一般会选择一小片离家较近的自留地作为菜地,种植几种蔬菜日常食用。开展旅游业以来,游客逐年增多,蔬菜产出量不能满足游客的需求,于是村民往往在每周五的石板集市上大量购买餐饮业所需的原材料,放在冰箱里备用。其他时间如果游客量增多,储存的食材不够,家里就会派人开车或乘坐公交车到花溪的市场购买。

当地还有一些可食用的野菜,常见的有狗牙棒、狗地芽、西洋菜、蒲公英、水芹菜、刺刺菜、蕨菜等,这些野菜更是游客们喜爱的原生态、纯天然绿

色食品。这些野菜季节性较强,每到春天,村民都到山上采摘。旅游业的发展使得作物的种植受游客喜好的影响,改变了镇山村的种植业结构。

三、养殖业

除了种植各种作物提供生活必需的粮食之外,养殖业也是镇山村传统而又必需的生计方式。镇山村传统畜养的主要家畜包括牛、猪、马,村民也会在自家的院坝里畜养一些鸡、鸭、鹅等家禽。畜养牲畜的目的主要有三:一是食用,肉制品是蛋白质的主要来源。二是生产,即用作生产的助力。镇山村所处的贵州高原,道路崎岖,山体陡峭,过去都是土路,如果平时生产只靠肩扛手刨,没有畜力作为助力,生活将会异常艰难。即使在机械化发展的今天,迫于地形所限,贵州的很多山地仍然无法实行机械化耕作,只能使用牛耕。三是提供肥料,动物的粪便是农作物最好的肥料。

(一)养牛

牛是镇山村畜养的最重要的牲畜。牛的地位不仅体现在生产上,其在镇山村的文化中也享有至高的地位。

贵州多山,山间土薄。水土稀薄保持肥力不易,且胶泥坚硬令作物不好扎根,因此,不论种植何种作物都需要深翻深耕。水牛役力强非常适合在山间使役,适宜耕作、拉车。而且水牛性情温顺、易管理,养殖起来只要喂食大量草料,饲养较为粗放。在放牧或舍饲情况下,青粗料一般可满足其营养需要,所以水牛成为镇山村养牛的不二选择,而黄牛则很少有人饲养。也正是因为有了水牛的助力,依靠勤劳的镇山人一代又一代的开垦和培育,形成了极具特色的山地耕作景观。

镇山村养牛一直采取传统的饲喂方式,至今未变。一般养牛的家庭会建造一个牛棚,在镇山村,石木建筑的房舍布局中,往往少不了牛圈的位置。一般来说,牛圈位于半地下的房屋一侧,或用石头垒砌,或用木头搭建,和屋子的整体结构一致。每年春节,除了给自家房屋大门贴上喜庆的对联,在牛圈的门旁边也少不了贴上一副大红的对联,对联的内容一般是:"牛如南山虎,马如东海龙"。镇山村对牛的喜爱从对联的内容中也可见一斑。水牛夜间就养在牛棚里,而白天则用最传统的方式放牛吃草,给牛补充青饲料;或者直接将水牛放养到水边,任由水牛在水边饮水和浴水,水牛在河水中滚泥,身上的泥层既可防止日光直射,又能避免蚊虻叮咬。一般放牛的工作都是由家庭里的小孩子或者老人来完成。放牛的目的主要是保持牛的生产力,同时还可以节约部分喂牛所需的饲料。在寒冷的冬天,没有耕作任务的牛也不能整天关在牛圈里,村民说,如果不带牛出去走走,牛长期不活动容易受凉。开春农忙之前镇山村村民也会尽量将牛喂好,保证水牛休息充足。

农忙季节使役水牛时也用传统的犁铧,耕作的时候人用手把着犁铧的柄,用脚踏着刃部,将锋刃刺入土中,向外挑拨,才能掘起一块土。"庄稼活,不用学,人家咋做咱咋做",然而牛耕技术在农活中算是技术含量相对较高的,有一定难度。农忙时期使役水牛比较多,一般会给水牛补充精料,加倍呵护。

正因为牛在布依族的农业生产中意义重大,因此牛受到布依族的特别珍爱,在布依族文化中具有特殊的地位。镇山村村民平日里生产、放牛时,一般不舍得对牛进行打骂,传统的村规对偷牛、伤牛的处罚也特别重。水牛肉质鲜美,蛋白质含量高,但是镇山人在历史上从未有煮食牛肉的传统。可见,牛在他们的分类系统中属于不可食用的范畴。如果耕牛老死或者不慎摔死,牛的主人一般会将牛肉分给其他村民吃,这些村民多是附近的穷苦人家,主人家是不会食用自家牛肉的。食用牛内脏的人更为人所不齿,被认为是不道德的,会受到其他村民的轻视。以杀牛为生的人传说临死前会异常痛苦。

> 像是我们小的时候,牛肉是很少有人吃的,牛的内脏更是没有人去吃。如果有些人去吃的话,我们就给他起外号叫他"杂碎",吃牛内脏的人别人就会特别看不起。牛肉很少直接拿来吃,有时候会把牛肉风干做成肉干。那时候虽然很穷,但是觉得吃牛肉还是不好的。我小的时候,生活是很困难的,但是我们这里一直也没有吃牛肉的习惯。基本上市场上没有牛肉卖,不像现在市场上可以买。过去牛老了,干不动活了,也会请人来杀牛。但是杀牛不像杀猪,在过去认为杀猪是一条正道,是一门正经生意,而杀牛的人就被人看不起。我们这边认为专门杀牛的人等他老了要死的时候,就会特别痛苦。杀牛的人要咽气的时候他要大喊大叫、痛苦挣扎,咽最后一口气的时候很困难很痛苦的。遇到这样的情况非得要用一个盆装上清水,然后在盆边放上一把尖刀,模拟杀牛时候的情况,让他看到这样的情景,他才能死的时候不受这样的痛苦。如果不这样,他死前就要经过很痛苦的折磨。[1]

今天的镇山村,牛肉也成为一种日常可食用的肉制品,在菜市场上很容

---

[1]   报道人 BYX,2012 年 4 月 11 日,镇山村 BYX 家。

易就能买到。原因一方面是水牛在生产中的地位不再如过去那么重要;另一方面,因为镇山村旅游业的发展,城市的饮食观念也在深刻地影响着镇山村。牛肉口感好、蛋白质丰富,有些游客会专门点牛肉做菜,于是镇山村的村民也开始学习烹饪牛肉的方法,并逐渐开始接受食用牛肉。但是牛肉仍然不是镇山村常见的主要肉食,一些老年人仍然无法接受食用牛肉。牛肉作为食物也开始出现在节庆和婚俗活动中。在一次婚礼上,主人家以牛肉为原料,做了一道干锅牛肉,笔者留心观察,发现这道菜并不受欢迎。

耕牛至高的地位还表现在节庆和仪式中。镇山村农历的四月初八是牛王节(又叫乌米节),是牛王的生日(另一种说法是苗族纪念苗王的日子)。在牛王生日这天,牛要受到特别的优待和尊敬。这一天要敬耕牛,不能打牛骂牛,一般也不会安排牛耕田干活。四月初八这天镇山人要用乌米叶(一种植物的叶子)染黑糯米做成乌米饭。乌米饭除了敬供老祖公和自家食用外,还不能忘了辛苦一年的耕牛。不论乌米饭有多少,牛都要象征性地吃一点乌米饭,表示家里对耕牛的尊重。乌米叶做完乌米饭之后一般是不能扔掉的,在四月初八这天下午放牛回来之后、水牛还没进牛圈之前,要用染过乌米饭剩下的乌米叶渣给水牛从头到尾涂抹一遍。从牛角开始,到牛头、牛耳、牛肚皮,一直到牛的四肢、牛尾,全身上下都要涂一遍,然后才能放牛进牛圈。"因为这一天是牛的生日就是要让牛神气,这个道理就像是人在过五月初五端午节的时候擦雄黄是一个道理,让牛健康不生病。"[①]

镇山村旅游开发后,旅游业逐渐取代农业成为主要的生计方式。同时,机械化"铁牛"的出现也使得村里的耕牛数量急剧减少。村里的第一批铁牛购买于2006年,一共有4台。2009年笔者第一次在镇山村调查,当时水牛在村里的比例还很高,铁牛刚刚推行,还未受到村民的普遍接纳。但是当2011年笔者调查时,村里的水牛数量已经非常少了,有牛的农户不超过20家。

大部分村民都认为机械化的铁牛从经济上来说更划算——"养牛的人家是思想没有转变"。一位村民算了这样一笔账:养母牛情况相对较好,生下的小牛两岁以后可以卖七八千元一头。但实际上一头牛的钱可以买两台机器,机器实际价格是5000多元,国家补贴30%,买下来就是3000多元。而且平常间要去放牛,一个劳动力算上去就不划算了。一个人随便在外面打工一年也可以赚2万元。而且铁牛犁地快,用牛要耕五六天的活,用铁牛

---

① 报道人 DGM,2012 年 4 月 11 日,镇山村 DGM 家。

一天就做完了。如果没有机器又没有牛,请人来做一天就要150元钱,请人用耕牛犁地一天是80元。但是铁牛一天可以犁地十多亩,耕牛的效率低,每天只能犁地两亩。

（二）养猪

猪是镇山村主要的肉制品来源,但猪的作用不仅表现在食用上,而且对于镇山村村民具有文化意义——猪象征着富足,同时在布依族重大的节庆和祭典上也发挥着重要功能。

村民养猪最直接的目的就是食用,摄取肉类蛋白,因此养猪成为镇山村村民的日常工作之一。获得一头肥壮的成猪要从挑选小猪开始,每年一开春,村民们就到市场上或者有猪仔的村民家中挑选猪仔。猪仔的品种一般选择白猪,偶尔也选择黑猪——传统布依族婚礼中需要杀食黑猪。买回的猪仔养在自家的猪圈中,为了喂养方便,猪圈一般就近砌在自家的房舍周围。猪的催肥是一件繁琐而且长期的工作,要想尽可能将猪喂得肥大就要不断满足猪的食量,需要为它们准备足够的食物。玉米粉、豆腐渣、淘米水、米糠、麦麸等都是猪的重要饲料。玉米粉要用热水烫过才好被消化;淘米水喂猪能促进猪的新陈代谢,使猪毛光滑,体壮膘肥;米糠中含有丰富的蛋白质、油脂、维生素等,是镇山村村民用来养猪的主要饲料;豆腐渣和麦麸也都是很好的猪饲料。猪除了要吃主食外,还要配以辅食——猪菜。镇山村村民称一切可以喂猪的菜都为猪菜,它们可以是田间的野菜,可以是卖相不好的菜叶。鸡蛋壳和鱼骨头也是很好的辅食,它们可以为猪补充丰富的钙元素,使猪毛鲜亮顺滑。总之,一切人可以吃的和部分人不可以吃的,在村民的眼中都能变废为宝,成为猪的美食。

一般来说,村民每天需要喂猪两到三次,第一次一般是在吃过早饭以后,第二次是在午饭后的下午时间,第三次是晚饭后睡觉前。虽然猪的饲料非常粗粝,但是为了避免猪生病,这些饲料一般要经过烫煮才可以喂猪。喂猪的工作一般由家中的主妇完成,于是每天煮猪食喂猪几乎成为主妇们日常生活的一部分。家里的妇女往往在前一天晚上就煮好猪食,这样既不影响第二天的劳动,又能使猪及时吃到食物。

镇山村的村民偏爱肥猪,原因更多是文化上的——肥猪寓意富足,同时也是家庭财富的象征。按照现在的科学方式计算,育猪超过90公斤后,猪的日增重速度明显减慢,且以脂肪沉积为主。因此喂养时间过长,投入产出的比例并不合算,而且肥肉增多,不好销售;一般猪育肥到90～120公斤屠宰最佳。但是在镇山村,村民更喜欢 150 公斤以上的肥猪。这样的肥猪一般要从春天开始喂养直到过年才宰杀,花费整整一年的时间,比现在正常养猪的时间多出三倍。成猪膘肥体壮,能出产更多的脂肪,在过去,每年杀猪所得的猪油是镇山布依族一整年的食用油脂来源。

临近春节是镇山村家家户户杀年猪的时候,辛辛苦苦喂养了一整年的大肥猪这时候就要被杀掉。按照镇山村的传统,每家每户只要条件允许,过年的时候都要杀年猪,少则一头,多则几头。杀年猪是一件大事,但村民一般不自己杀猪,而是要找专门的杀猪匠。虽然是杀猪匠操刀,但是村里的亲朋好友都会来帮忙,部分农户还会叫来外村的亲友共享美味。一头三五百斤的肥猪可满足一家人一年所需,新鲜的猪肉切块,加入盐、胡椒和辣椒腌一下,在巧妇的手中变成可以储存的腊肠腊肉,是款待宾客的佳肴。新鲜猪血可以做成具有当地特色的血豆腐——将豆腐磨碎,加入猪血和肥肉,外面包裹大片菜叶,与腊肠腊肉一起用烟熏,熏后的血豆腐容易保存,可食用一整年。杀年猪的场面相当热闹,杀完年猪主人家要烹饪一桌丰盛的杀猪菜,来帮忙的亲朋好友一定要留在主人家吃饭喝酒,内脏等不易储存的部分是这桌杀猪菜的主要食材。

杀年猪蕴含着丰富的文化内涵,偏爱肥猪既因为肥猪象征着主人家的勤劳、富足,又具有炫富的意味。宰杀成猪前,村民往往会借来工具,称称猪的分量,如果是头肥猪,帮忙的亲友就会啧啧赞叹,主人家也觉得脸上有光。同时,杀年猪还是亲友互动的重要方式——猪体格硕大,移动和宰杀成猪需要集体合作,而且大部分村民家中都需要杀年猪,互帮互助成为一种不成文的规矩。

猪的作用不仅为食用,同时还有文化上的象征意义。镇山村的婚丧嫁娶等重大祭典仪式中都需要杀猪,一是杀猪祭祖,祈求祖先保佑;二是猪肉做成美食,款待专程赶来的宾客。当地仪式上偏爱黑猪,因为"白色"在镇山村象征不吉,特别是在婚礼中,杀白猪是一种忌讳,最好宰杀黑猪,但是现在的婚俗中此禁忌越来越淡。镇山村几乎没有人再喂养黑猪,因为黑猪生长慢、个头小,黑猪的种源已经被村里人淘汰。如果主人家比较讲究,非要使用黑猪,就要去周围其他村寨购买。

镇山村的主要猪肉制品有腊肉、腊肠和血豆腐等,过去除了过年和婚丧嫁娶之外是很少杀猪的,这些肉制品是山里人一年到头主要的肉食来源。现在由于旅游业的开展,这些猪肉制品升级为当地特色食品,因受到游客的喜爱,过年时制作的数量大增,以满足游客所需。通常,熏制好但未经烹调的生腊肉、腊肠可以卖到 35～40 元一斤,血豆腐一般在 25～30 元一斤。烹饪好的一般做成拼盘,可以卖到 30～50 元一盘。

旅游业的发展改变了镇山村传统的养猪方式。首先,喂猪的饲料从原来的米糠等变成了现在农家饭馆的残羹剩饭,将剩菜加热以后再掺兑玉米粉,就是猪每天的食物。剩菜里往往含有大量的脂肪,吃了剩菜的猪长得更快更肥。然而这些油量大的剩菜万万不能给小猪吃太多,村民说:"小猪的适应能力差,吃了太多油会拉肚子。"其次,受旅游业的影响,镇山村养猪的人家大规模减少,现在养猪的农户已经不足半数,主要集中在上寨。从村民角度来看,一则比起旅游餐饮,养猪的经济效益不高,还不如到菜市场购买猪肉划算;二则养猪需要耗费大量的人力物力,在旅游旺季家里还不得不分配一定的时间喂养猪,旅游餐饮会受到影响;三则猪圈的卫生条件不好,味道大,猪圈的距离必须不能影响游客的进餐,因此猪圈势必要远离房舍,主妇每天除了完成繁琐的喂猪流程还要再多走一段距离,因而不愿意再养猪。

目前,镇山村还有两个小规模的养猪场,都是由村里的村民开办。养猪场的规模很小,每个养猪场有 10～20 头猪,也没有什么现代化养殖设施,喂猪主要靠人力。这两个养猪场都在村外,离出村公路不远,一个在村寨主路的西侧,灌溉水渠的旁边,另一个在停车场东侧的小山坡上。养猪场肉猪销售的主要对象是本村村民和部分游客,本地村民主要从养猪场购买猪仔回家饲养,如果当年家里没有养猪,过年杀年猪的时候,村民会到养猪场来选购一头年猪;有些城里的游客对养猪场里的土猪肉很感兴趣,希望购买一整只当地的土猪带回去。对这样的游客,一般养猪场会帮游客选一头猪当场宰杀,游客将大部分猪肉带走,一些内脏和猪头等不需要的部分留给养猪场。

(三)养马

过去的镇山村几乎家家养马,马匹承担了大部分的运输工作。村民用马驮着粮食到附近的集市上去卖,再驮回日常所需的其他东西。马匹在镇山村的历史上曾经一度占据重要的地位,能有一匹吃苦耐劳的好马是镇山村村民对富足生活想象里的必要条件之一。马在镇山村的历史和影响可以从村里流传的一段有关神马的传说中隐约可见。

　　这是发生在 400 多年前的事情了。从前在村口那个地方,就是现在住着一户姓陈的苗族那里,当时住着一户姓班的人家,也算是我们班家的老祖公了。古时候那户班姓人家在那个地方盖了一个关牛关马的那种牲口圈,但是呢,那户班姓人家家里穷,从来也没得马喂。忽然有一天,在那个牲口圈里就出现了一匹马。这匹马怎么来的呢?传说是这样的——说是有一天,半夜三更的时候,老班家一家还在睡觉,忽然就听到自家的圈里边有马嘶叫的声音,可是自家从来就没有养马呀,班家主人听到这个声音感到非常奇怪,去关牲口的圈里一看,竟然凭空出现了一匹马。这匹马好呀,长得特别健壮、漂亮,人们都说这个马叫作龙须马,是天生成的。这匹马不仅健壮有力还有神奇的地方,每当这匹马叫的时候,马圈的外边就长出来这么大一蓬绿油油的草,有的人说这是灵芝草,也是天生成的。马每次一饿了就会叫,每次叫就会长出灵芝草来给马吃。传说这匹天生的龙须马不是给普通人骑的,这匹马是要给贵人骑的,龙须马就降生在贵人家的马圈里。班家人得到这匹马以后非常高兴,有一天这个贵人就骑着马去附近的河里洗澡,到了河边,人还有马一起神奇地消失不见了,谁也不知道去了哪里。据说是变成了神仙。[①]

传说中往往有现实的元素,马在镇山村的存在造就了人们对传说中马的想象。在这个关于马的传说里,马不再是运输货物的劳力,而化身为从天而降、具有神力、供贵人骑的“龙须马”,从中可以看出村民对马的向往、尊敬和喜爱。

在解放前,马在镇山村非常普遍,是运输物品的主要工具。解放以后,随着机械化运输工具的出现,马的数量在镇山村开始减少,但是在相当长的一段时间内,马在镇山村运输中占据着重要地位。20世纪50年代末镇山村拥有了第一台农用拖拉机,此时马匹运输依然是村里最主要的运输方式。

在20世纪60年代的人民公社化过程中,马匹成为村里的共有财产。为了响应国家“工业学大庆,农业学大寨”的号召、增加村集体的收入,当时的镇山大队组织了一个马帮,部分村民在集体的马帮里从事运输工作。一位参加过马帮的村民回忆:“我当时赶的是集体的马车,这些马车都属于大队的马车队,跟着马车队去过省里好多地方。那时候我赶车是赚工分的,马帮的主要任务是运输毛石、碎石、沙子这些,反正那时候单位要什么建材我们马帮就拉什么。”[②]除了建材,运输的主要货物还有贵州盛产的煤,“先到石

---

① 报道人 YS,2012 年 4 月 17 日,镇山村 YS 家。

② 报道人 BYD,2012 年 4 月 5 日,镇山村 BYD 家。

板拉上煤,运到三四十公里外的花溪镇卖,早上去晚上才能回来,这么辛辛苦苦地一天还赚不到两元钱。"①

马在镇山的消失比牛要早得多,人民公社化后期,拖拉机等交通工具的出现导致马的作用越来越微弱,20世纪80年代分产到户以后,机械化运输工具大量使用,逐渐取代马的位置。

20世纪90年代旅游开发后,出于发展旅游的需要,镇山村摩托车和汽车的数量日益增多。现在的镇山村以摩托车为主要交通工具,几乎家家都购买至少一辆摩托车;汽车也大量出现,总数大约有20辆,马作为运输工具已经在镇山村完全消失。

(四)养鸡

鸡是镇山村最常见的家禽,过年过节时,村民都少不了要杀一两只鸡改善生活。同时鸡又是布依族仪式中最为常见的祭品——婚礼和葬礼中,鸡都具有非常重要的作用和意义;村中常见的仪式活动如安神、谢土等也都少不了鸡的参与(见第五章相关内容)。养鸡比起养猪要轻松许多,不需要花费太多的精力和劳力。过去村里的家庭主妇一般都是用买来的鸡蛋或者自家的鸡蛋孵化小鸡,后来逐渐变为到集市上买小鸡养殖。小鸡对冷热的敏感度很高,过冷过热都会导致小鸡死亡,所以需要格外地精心照顾。鸡既可以为村民提供鸡肉,增加村民的肉制品摄入,又可以提供鸡蛋,满足日常所需的蛋白质。

鸡的饲养可以分为放养、圈养两种。放养的方法是每天早晨将鸡从笼子里放到自家的院坝或者后院里,使鸡在足够大的空间里自由活动,当然少不了要撒些谷物做食物。到了晚上再将鸡关入笼子里,以免被狗等动物伤害。放养的鸡因为得到了充分的运动,肉质比较紧实,味道鲜美,卖价比较高。圈养的鸡很少到外面活动,吃了食物就在笼内休息,长得自然快一些,但是肉质比较松,不如放养的鸡味道好,因此卖价略低。

现在村里养鸡的农户比较少,只有几家采用放养的方式,其他都是圈养。土鸡是农家乐的招牌菜之一,目前由于旅游业的发展,村里对鸡肉的需求量越来越大,很多人都选择在石板镇上买鸡,其中有些是吃谷物自然长大的土鸡,但更多是吃鸡饲料快速出笼的普通鸡。一些精明的村民还发明了一种"创造"土鸡的方法,使养鸡变得又省钱又省力。他们先在集市上买来

---

① 报道人SS,2012年2月6日,镇山村SS家。

两三只长成的普通鸡,然后在自家的笼子里喂养一段时间(一般一个月左右)。"鸡吃了一段时间的谷子,味道就和自己喂谷子长大的鸡一个味道了。"

村里目前还有土鸡养殖场一个,老板是村里的女婿。两年前,他放弃了在贵阳市当建筑工程师的工作,来到镇山村开展土鸡养殖。按他的话说,镇山村的空气好,可以享受到城里没有的自然环境,这是多少钱也买不了的。养鸡场共有1000多只鸡,品种是广西瑶山土鸡。饲养场在水泥地上铺垫了一层油菜籽,保持它们的野生状态。养鸡场主要经营的产品有土鸡、土鸡蛋和农家土鸡宴。经常有贵阳城市居民专程驱车来这里吃土鸡。

此外,鸡在布依族仪式中具有其象征意义。"鸡在布依族的生命仪式中,从引出孩子、引入成人到引向死亡,均起着非常重要的'引渡'作用。所谓引渡,是指生命成长从一种阶段朝向另一阶段的过程。"[①]布依族妇女生第一个小孩时,丈夫要到岳父岳母家去报喜,生男孩怀抱公鸡去,生女孩怀抱母鸡去。岳父岳母知悉后,则以性别相反的鸡回赠女婿。[②]布依族男女结为夫妻的过程中,"杀鸡"仪式是至为重要的一环,是决定两家是否联姻的关键。葬礼中站棺、跳井、立碑、谢土等过程都需要鸡"在场"。

第三节　生计方式的变迁

自明代以来,镇山村所管辖的土地经过了数次变迁。从明代到清代,随着班李家族地位的提升,土地面积呈现出增长的趋势。而从民国至今,因为行政区划的变迁、修建水库和旅游业发展等原因,班李家族所属的土地面积大规模减小。特别是20世纪90年代以来,旅游业的发展导致农民和他们所耕种的土地之间的联结越来越少,以农耕为基础的习俗、传统、仪式等也日渐衰微。

一、新中国成立以来田土的减少

1949年11月15日贵阳解放,1950年6月,石板哨成立人民政府,隶属

---

①　罗正副:《调适与演进:无文字民族文化传承——以布依族为个案的研究》,2009年厦门大学博士学位论文,第142页。

②　张永吉、李登学、李梅:《镇山民族文化保护村调查报告》,花溪区文管所,1994年,第25—26页。

贵筑县第四区。以班李家族为中心的地域从之前的半边山改称为"镇山村",为隆昌乡(今石板镇隆昌乡)管辖。过去的"半边山"开始经历前所未有的政治和文化的冲击,生态环境、历史文化都在发生着剧烈的变革。与此相应,镇山村的生计方式也不得不随之改变。

1951年5月,土地改革在镇山村轰轰烈烈地展开,土改工作小组进入镇山村调查情况、宣传政策和指导工作。土改政策彻底改变了半边山地区原有的社会阶层和土地分布格局,半边山原来属于班李家族的广博土地,要么被就近划入石板镇的其他村寨,要么直接分给了租种土地的佃农和雇来的帮佣。从前帮班李家族"做活路"的苗族拥有了自己的土地,不再依附于班李家族,之后因为"出身好"又成为村里的政治核心,参与到村落管理和领导阶层。

1958年"大跃进"时期,花溪水库被看作一项利国利民的工程而进行重点施行,花溪区境内的花溪水库、阿哈水库等都是在这一时期建设而成。然而,水库搬迁给镇山村的农业带来了巨大的打击。水库几次放水,淹没了大片沿河的良田,只剩下靠自然雨水浇灌的"望天田"。老人惋惜地回忆道:"水库淹水一共淹了很多好田,当时周边有花溪、孟关、石板、青岩四个大公社,一个公社相当于现在的四个乡镇。那时候一个大公社人很多的,整个石板公社半年的粮食单靠镇山村就能供给。你想淹掉了多少田,有好几百亩地,至少三四百亩吧。"[1]

从1958年修建水库后的三五年是镇山村最困难的时期,"一九六几年的时候我们贫穷,名声也不好,我们那时候种地要爬山,年轻人谈恋爱都很困难,提到镇山,大家都不愿意去。那时候只要田多出大米就是好地方,我们的田被淹了以后,田少大米少,花溪那边的人都看不起我们。当时他们笑话我们,说我们从镇山过来,还没到花溪街上就闻到我们身上的苞谷味了"[2]。

1963年,为补偿镇山村被淹的土地,镇山村成为贵州省最早用电的村寨之一,并且安装了抽水机用于灌溉农田,村里的老人对这段历史至今记忆深刻。"当时刚刚解放十一二年,大家都不相信水会从下往上走,修大沟(灌溉的沟渠)时大家都没有信心,觉得这是不可能的事。抽水机第一天抽水,全村都去看,好多别的村的人也来看。我们看到水被抽到坡坡上都觉得很震

---

[1] 报道人 BYX,2012 年 4 月 11 日,镇山村 BYX 家。

[2] 报道人 SS,2012 年 2 月 26 日,镇山村 SS 家。

惊,后来才加紧修。你说好笑不好笑,那时候大家都不懂科学技术。"①水库建好以后,镇山大队将荒地逐渐开垦出来耕种粮食,镇山村的农业生产也如火如荼地展开,在1968年达到鼎盛,成为贵州省学习的典型,提出了"全国学山西大寨,贵州学石板镇山"的口号。尽管如此,"生产队那时候出工不出力,每天去混工分,广种薄收,粮食产量不高"。1980年分产到户,村民生产的积极性提高,边边角角的荒山荒地都被村民开垦出来进行农业生产,生活水平有所提高。

20世纪90年代开始,镇山村的生态环境和民族文化逐渐受到关注,贵阳市政府将其开发为旅游景点。随着镇山村旅游业的发展,旅游业逐步取代农业成为村民主要的生计方式。因为旅游业的收益远大于农业,越来越多的村民选择将土地转租或者干脆荒废抛丢。从镇山村村委会的档案资料中我们可以看到,旅游业发展以来,本地村民和外来开发商转租镇山村荒山和耕地的情况逐渐增多。

2000年9月,镇山村二组村民WZZ因养殖实验种鹅的规模扩大,向镇山村村委会提出申请,承包镇山半坡后半山作为养殖场地。

2000年,南方种草养畜花溪区推广示范基地(以下称"示范基地")转租下镇山村村民LWG在1990年承包的一块荒山。此荒山位于镇山村三组,小地名为"场地"。具体位置在场地顺岩口,大坡至尖山背后一片。东邻老刘地抽水机房,南抵花溪水库河边,西抵关口寨机房,北与赶花溪场小路接壤。示范基地一次性给付转让金8.5万元,租期50年。其中租金的10%归镇山村村委会所有,作为提成归村委管理。在镇山村村委会和示范基地签订的条约中规定,示范基地拥有此块荒山的非耕地使用权及地面上的松树等生物资源的所有权,禁止镇山村村民在此范围放牧、砍柴、挖沙、开石、开荒、坟葬、烧火土、割草砍树。

2007年,镇山村村委会引进一家私营企业,建造草药大棚育苗基地,租用"赶场路—天神坡"田地,租赁费用为"土"每年350元一亩,"田"每年550元一亩,期限30年,一次性付清租金。同时在租期内如果出现粮食涨价,对方按当时价补给村民涨价后的50%的差价。在这次土地租赁中,共有31户村民的土地部分被租用。

2010年,贵州源丰资源开发有限公司和镇山村村委会签订了一份土地征用补偿合同。在这份合同中,镇山村村委会同意将镇山村栗木山一带部

---

① 报道人SS,2012年2月26日,镇山村SS家。

分土地转让,作为补偿,贵州源丰资源开发有限公司需要为村寨建设提供一系列的服务,包括投资修建从关口寨到寨后山灌溉水泥管为止的道路,并修建两条灌溉排水沟连接原水沟等。

同年,贵州公路集团园艺生态休闲度假开发公司"为保护花溪水库的生态环境,加快农村产业结构调整步伐和为贵阳金石工业园做好后勤保障,迎接省委、市委和市政府进行'南部新城'开发的战略,并能增加和带动农民创收及扩大就业途径,促进土地有计划地合理租用,发展'镇山名片'的地方特色经济",与镇山村村委会签订了为期30年的土地租用合同,进行生态休闲旅游度假村项目的开发。土地租用费用为耕田每年每亩1300元,耕地每年每亩1000元,荒山前三年每年每亩500元人民币,从第四年起每年每亩土地租用费在此基础上按5%递增,直到递增至合同期满为止。合同中规定,在土地租用范围内,如果涉及房屋拆迁、坟地的迁移和树木损坏等,贵州公路集团园艺生态休闲度假开发公司也会给予相应的补偿,其中补偿的10%归村集体所有。

由于花溪水库的修建,镇山村位于河水两岸的河谷良田几乎全部被淹没。随后,国家为镇山村建设抽水站,部分"望天田"被开发为水田,这一时期镇山人仍然以农业为主要生计方式。旅游的发展削弱了农民与土地的联结,土地的流转、租赁和征用现象愈演愈烈,进一步减少了村民所耕种的田土面积。新中国成立以来,镇山村这两次田土的大规模减少都是政府层面(国家和镇山村村委会)的征用,而受到土地减少的影响最直接的群体是镇山村村民。每次田土的大规模减少都会在村民中产生较大的影响,涉及镇山布依族的生计方式和与其紧密相连的文化等其他方面,但是村民却能在变革中迅速地进行调适,以最快的速度适应变迁后的生活。

二、生计方式的变迁

生态环境的变化是生计方式变迁的动因,然而,其并不是唯一动因,人口的流动也是原因之一。人口的流动改变了原有的人口结构和社会形态,或创造了新的生计方式,或调整了原有的生计方式。镇山村附近商业网的产生和近几年来村民的外出打工都是很好的例证。

(一)商业

镇山村附近的集市从明清开始形成,明代的屯兵和军事哨所的建立是集市的雏形。解放前镇山村附近的市集按十二生肖(十二地支)命名和推算时间,石板镇(原为石板哨)是距离镇山村最近的一个集市,每逢兔日(卯日)

和猴日（申日）赶场，主要交易农副产品。随着汉人在清朝时大量移民，石板哨逐渐形成一条商业街，交易的商品包括布匹、农具、香油、针线等。在镇山村西北6公里的麦坪乡（原名刘士廉堡）是虎日（寅日）和羊日（未日）赶场，麦坪乡的康寨是一个布依族聚落，是与镇山村婚姻往来密切的村寨之一，因此到麦坪乡赶场也是走亲访友的好时机。金竹镇的烂泥沟在镇山村东北方向，赶场日为猪日（亥日）和蛇日（巳日）；镇山村西侧的湖潮乡赶场日为龙日（辰日）和狗日（戌日），现在每逢星期六有场；东南方向的孟关乡每逢鼠日（子日）和鸡日（酉日）有场。花溪场以前在花溪大桥附近，现在搬到青岩，每逢牛日（丑日）和马日（午日）赶场。

十二生肖场在我国西南很多地区都十分盛行，镇山村的布依族对推算十二生肖场的日子信手拈来："赶场就是按照十二生肖，我推给你嘛，马羊猴鸡狗猪鼠牛虎兔龙蛇。比如初一是牛，就慢慢推转，下个月的初一就不一定是牛啦。比如烂泥沟，猪鼠牛虎兔龙蛇，就是六天。蛇马羊猴鸡狗猪又是六天。"陈国钧在《贵州苗夷社会概况》中亦有记述："在村寨附近均设有场坝，为苗夷民商业买卖中心地，通常为六日一场，逢场也有人来赶热闹，欲谓'赶闲场'，逗留场中东望西顾，内心充满喜悦与狂欢，也可调剂平日辛劳。"[①]

镇山村附近的集市有着共同的特点：首先，这些基层市场过去都是军事哨所或驿道上的屯堡——石板镇明代称"石板哨"，麦坪乡原名是"刘士廉堡"；烂泥沟原名"滥泥沟"，明末曾设立哨所；湖潮乡和孟关乡原来也都是滇黔通道上的屯堡。哨所和屯堡过去是屯兵的地点，因为军队生活的需要逐步发展成生活区域，最终演变为现在的乡镇和市集。其次，这几个镇山村村民熟知并常去的市场都是布依族分布的区域——湖潮和孟关现在是苗族布依族乡，花溪乡是布依族苗族乡，麦坪乡的康寨、金竹镇的烂泥沟也都是布依族聚居的地方。赶集对镇山的布依族来说不仅是交易农副产品的场所，更有缔结婚姻、走亲访友等深层含义。过去不同民族间的通婚非常罕见，布依族的通婚圈往往也都是在布依族村落中，通过集市上的对歌、攀谈等，布依族姑娘和小伙有了彼此接触的机会，父母们则唱亲家歌，介绍自家的儿女给对方认识。镇山老人对过去赶场的经历仍然记忆犹新："过去我们赶的花溪场是牛马场，六天一次，每一场我们都要去，可以在那里唱歌，有姑娘对歌，女孩子喜欢你就送你围腰。过去赶场最热闹，我们小伙都要自己打新草

---

① 陈国钧：《贵州苗夷族社会概况》，载贵阳市布依学会：《贵阳布依族文化实录》，贵阳市布依学会内部发行，2006年，第8页。

鞋穿去,有钱人才穿得起布鞋。"①

镇山村过去很少有专门经商的村民,在以农耕为主要生计方式的布依村落,做生意被认为是不够体面的行当,但是村民从来不缺少做生意的头脑。20世纪60年代,镇山村村民生活困难,一些头脑灵活的村民通过卖菜等方式赚钱贴补家用。报道人BYX回忆说:

> 那时候(20世纪60年代)我上头有90多岁老父亲,家里还有6个子女,都是我一个人养。我读过书,爱动脑筋,我想到把村里的菜挑到花溪去卖。花溪那时候有好多国有的工厂,还有大学,他们工作忙没有时间去菜市场买菜,我直接挑到矿厂和贵州大学里边卖,生意非常好。为什么我生意好呢?因为我爱动脑筋,我就动脑筋想他们喜欢什么,他们喜欢什么我就卖什么。比如矿厂那边北方人很多,他们喜欢芹菜、大葱这些蔬菜,我就挑去卖这些蔬菜,大家都欢迎我。

过去因为生活所迫,不得已"弃农从商"的历史,老人现在讲起来却满是自豪,这与现在商业的兴盛和观念的转变有关。

现在,经商不再是传统中被人轻视的行业,反而一跃成为镇山村的主要生计方式。村里的大多数家庭都或多或少参与了旅游经营,其中包括农家餐饮、游船、烧烤、经营小卖店等。在市场经济的驱使下,镇山村村民的思想观念也在转变,过去以农业为重的农耕社会正向以旅游为重的现代社会转变。评价家庭不再以田土管理的优劣为主要标准,而是看每年家庭收入的多少。

旅游业受到季节的影响,有旅游旺季和旅游淡季之分。贵阳的冬天阴冷潮湿,不见太阳,因此冬天的游客量非常少。冬天里个别天气较好的周末,游客也会从贵阳驱车而至。旺季一般是从"五一"劳动节到"十一"国庆节这一段时间,也是镇山村气候最好的一段时间,夏季的贵阳气候凉爽,镇山村依山临水,是避暑的好地方。旅游业的时间表和农业的时间表实际上并不十分矛盾,"五一"旺季期间,水稻和玉米都已经栽种完毕,小长假正好可以集中精力应对增多的游客。即便如此,仍然有很多村民选择专门从事旅游餐饮业,不愿意到田地里劳作,一些耕地就这样荒废了。他们认为旅游业"来钱来得快",准备一桌饭菜最多几个小时,当天这笔收入就可以直接拿到。农业耗时费力,而且酬劳要等到秋天谷粒收割以后才能拿到手,"辛苦

---

① 报道人BYZ,2012年4月1日,镇山村BYZ家。

一年也赚不到好多钱"。现在村里的部分年轻男性一面经营自己的农家乐，一面结伴到贵阳或周边村落赚钱，他们一般经营贵州土特产等小生意。

（二）打工

旅游，一则存在明显的淡季和旺季，旺季生意红火，但是到了淡季镇山村游客稀少，谋生不易。二则并不是寨子里每家每户都有条件开展农家乐，有些农户因为离水较远或居住面积小，不适合经营农家乐；有些村民因为家里人丁稀少或资金不足等，生活条件不允许开展餐饮业。因此，部分镇山村村民选择打工谋生，这里的打工广义来说既包括长期和短期的外出打工，又包括在村里和寨子附近打工，如农忙时节有偿帮助其他村民耕种田土，有村民盖房需要请一些帮手，旅游旺季客人太多时，人手不足的家庭也会请人搭手。在村里和村寨周围打工一般是临时性的，收入平均每天 80～120 元不等。

与我国农村近几年出现的"空巢"现象相比，镇山村外出打工的人数一直不多，镇山村村委会提供的一份"镇山村 2005 年外出打工人数名单"显示，2005 年全村外出打工人数有 34 人，其中 1 组 6 人，2 组 7 人，3 组 17 人，4 组 4 人。镇山村外出打工的村民有显著的特点：

第一，外出打工者多居住在距离花溪水库较远的上寨。其原因主要是上下寨的经济发展不均衡，村民的生活水平存在差距。下寨紧邻花溪水库，游客喜欢临水就餐，因此下寨的绝大多数村民都经营农家乐。上寨也有几户村民经营农家乐，但游客数量远不及下寨。下寨村民只好靠烧烤、游船、销售游泳衣等维持生计，一部分选择外出打工。如报道人 XW 是入赘上寨的女婿，他除了每年过年和农忙的时间，其他时间都在贵阳市金阳开发区做焊工，每月收入 2000～3000 元。他和妻子在外打工时相识并结婚，婚后就搬来镇山村定居。报道人 MN 通过中介在贵阳市找到一份家政工作，吃住都在主人家，主要负责做饭和打扫卫生，每月工资 2000 元左右。她还介绍村里一位女性朋友同去贵阳市做家政工作。他们都觉得在外打工没有压力，每月有固定的工资，工作也不累，打算以后几年继续外出打工。

第二，外出打工者中苗族人口比例大。镇山村的苗族主要居住在村中两个位置：一是上寨和下寨之间的过渡地带；二是栗木山坳的关口寨。虽然土改后苗族分得土地，改变了从前的附属地位，但在以布依族为主的村落里,他们仍是边缘人群。比起居住在"大寨"①的苗族,关口寨的苗族更为边缘,他们隶属于镇山村的第五村民小组,与大寨的往来需要渡船,因此村民一般除了必须要参加的活动和会议外,其他时间与大寨往来不多。

第三,村里很大一部分年轻人在初中、高中毕业后会选择就读职高、中专或者大专,学习一门专业技术。毕业后,他们有时被分配到省内工作,有时通过省外招工到外地打工。通常毕业以后到结婚之前这段时间,他们会在外打工赚钱。这时的男女正处于待娶待嫁之年,常常在打工时认识异性,谈婚论嫁。因此,有些女子嫁在外地,男子娶外地的女子为妻。结婚后,男子一般会在村里安定下来,经营旅游餐饮或做些小生意。

在村内打工的村民除了盖房、农耕和旅游繁忙时短期有偿提供劳务外,最近还出现了小型手工业劳动。事情的始末还要从"生态博物馆"项目开始说起。

1999 年,在中挪文化合作项目的支持下,中挪政府共同出资 300 万元,开始筹划在镇山村建立以"镇山布依族生态博物馆"命名的"资料信息中心"。2002 年 7 月 15 日,当年农历的六月初六,这栋建筑正式启用。但由于管理上的一些问题,"镇山布依族生态博物馆"中的各种设施和展品大量损坏,游客罕至。2011 年,为实现"以馆养馆",将馆内闲置的空间重新利用起来,贵阳市政协将博物馆的部分区域转租给"福润德玉器园",该公司可以使用博物馆一层展厅以外的区域展示、生产和销售玉石工艺品、根雕和奇石,同时该公司需要整修博物馆内外年久失修的设施,如管道、水电等。

"福润德玉器园"主要将博物馆一层作为展示区,另外又在"镇山布依族生态博物馆"附近建了一间加工厂,用来制作工艺品。制作工艺品的过程繁琐,首先要找玉器设计师根据玉石的天然纹路设计成品,敲凿出工艺品的大体形状,然后需要工匠打磨玉石。这是一项费时费力又枯燥的工作,一件艺术品最终完成要经过粗砂纸和细砂纸等工具的层层打磨,需要 3～6 个月才能完成一件成品。这项艰巨的工作"福润德玉器园"就招募镇山村村民来完成。目前在玉器园工作的村民共 6 人,全部是下寨村民,1 名男性村民负责开车,1 名年轻女性担任秘书,剩下的 4 名妇女打磨玉石。公司老总认为他的公司为村民解决了就业问题,但村民似乎并不"领情"。一位妇女抱怨说:"在博物馆打磨这个玉石特别累,磨得手又酸,磨坏了又要赔,一个月赚不了

---

① 大寨是镇山村民为区分关口寨和镇山村主体村落,对除关口寨以外的主村落的称呼。

几个钱。现在工作还要计件,这个东西磨得时间长着呢,喝西北风去啊。在贵阳给人做饭要赚 2000 块钱一个月,还包吃包住,比磨石头好多了。在村里做生意和出去打工都差不多,但是做生意要看客人的状况,夏天人多比较好赚。我去做家政呢,对我好我就做,不好我就直接走,不会受气的。"①

养鸡场的工人也有一部分是镇山村村民,这些人中绝大多数土地被征用,又不想到外地打工,于是就到养鸡场帮忙。

经商和打工在镇山村虽然不是刚刚出现的生计方式,但在旅游开发后的几年才逐渐增多。这些非传统的生计方式为镇山人提供了更多的经济来源渠道,选择更自由,收入更有保障。但是,这些来自于现代工业社会的生计方式进一步割裂了人和土地的联结,促使镇山村的农业社会向商业社会转变,目前这种转变的速度尚处于可控制可接受的范围内。其原因一方面由于旅游业的发展将大部分村民留在自己生活的村寨,避免了大批农民向城市的移动;另一方面,镇山村是国际合作"生态博物馆"项目之一,同时花溪水库是贵阳市的饮用水源,工业不允许进入村寨,这在一定程度上减缓了工业化、现代化的速度。

第四节　旅游业的出现与发展

镇山村的旅游业真正作为一种村民赖以为生的产业和生计方式仅有不到二十年的历史,但在这十几年间,旅游业发展迅速,已经替代农业成为镇山村最主要的生计方式。镇山村在 20 世纪 80 年代末 90 年代初就因其丰富的自然遗产和文化遗产被发现,开发为"民族文化保护村";从 1994 年的露天民俗博物馆项目到 2000 年"生态博物馆"项目(见图 3-2),镇山村的旅游业在政府的宣传和资助下初具规模;2000 年的生态博物馆项目的初衷是改变镇山村以经济发展为主要目的的旅游模式,更侧重文化和生态的保护,但由于各级政府部门和村民理解上的偏差,生态博物馆项目遭遇发展瓶颈。

镇山村旅游发展的历史就是现代化的历史,也是现代性的表述特征之一,且颇有政治意味,因为各种旅游项目都是在政府引导之下进行规划和实施的。村民是无可争议的实践者和参与者,他们的行为并非是完全自主自愿的。在旅游开发之前,镇山村赖以生存的自然和文化遗产对村民来说原

---

① 报道人 XMD,2012 年 1 月 25 日,镇山村 XMD 家。

本再自然不过，然而在旅游活动中这些资源不再是自然之物，而变为一种商品被消费、被展演。

　　本节主要按照时间顺序叙述镇山村旅游发展的脉络，通过梳理镇山村与旅游相关的重要历史事件，揭示镇山村被发现、被展演、被遗忘的历程，展现旅游作为一项政策、一个工程、一种运动，如何影响镇山村传统的生计方式和思想观念，以及现代性如何在这一过程中表述。

图 3-2　镇山布依族生态博物馆平面规划①

　　① 贵州省建筑设计院：《中国·贵州镇山布依族生态博物馆保护规划》，2000 年。

一、开端：20 世纪 80 年代末到 1993 年民族文化保护村建立

镇山村旅游资源早在 20 世纪 80 年代旅游业没有大规模开展之前就被发现，并迎接了一批来自日本的游客。这些游客非常青睐镇山村的自然环境，当时还希望出高价购买村中的古树。贵州大学的学生也经常到镇山村的花溪水库游泳和写生。20 世纪 90 年代，镇山村因其布依民族文化、区位优势和自然环境成为贵州省首批实施旅游开发的村寨之一。

1992 年开始，贵州省文化厅组织专家学者到花溪区镇山村考察。1992 年 10 月，时任花溪区文馆所所长的张永吉向上级部门提交了一份报告，申请将镇山村建立为少数民族村寨博物馆，并列举其地理位置得天独厚、民族风情和民族习俗浓郁、少数民族建筑独特而完整等十个有利条件。1993 年贵州省文化厅与花溪区文体广电局组织调查组，对镇山的文化和自然遗产进行调查。

1993 年 7 月 10 日，花溪区人民政府在区文化广播电视局会议室主持召开了专门会议，研究解决贵州省文化厅文物处在镇山村建立贵州省民俗博物馆的有关问题。来自贵州省文化厅、花溪区相关部门、石板镇人民政府等部门的 22 人参加会议。会议首先听取了文物保护管理所张永吉关于建立贵州省民俗博物馆选点及前期准备工作的汇报，接着省文化厅和花溪区政府主要负责人潘廷映（原贵州省文化厅副厅长）、胡朝相（原贵州省文化厅文物处副处长）及其他与会人员一致认为建立贵州省民俗博物馆对于保护民族历史文化遗产、弘扬民族文化具有重大的意义，同意并支持在镇山建立民俗博物馆。省文化厅计划投资 300 万元，按"大分散、小集中"的布局建设民族民居式的建筑群落。

该项目拟选址在镇山村西南临水的自然台地上，以自然陈列为主，复原陈列为辅，展示贵州各民族建筑及民俗生产、生活习俗的原有风貌。项目在保持镇山村原貌的基础上对全村的寨容寨貌进行修复，将不协调的现代建筑加以改建，达到协调一致。在进行村寨维修的基础上再将苗族的吊脚楼、布依族的石板房、侗族的古楼和风雨桥、水族的干栏式木楼、彝族的庄园和生土建筑、瑶族的禾仓以及汉族的四合院等代表性建筑精品原样搬迁和科学复制，巧妙地布置在镇山村周围。[①] 即采用"馆村结合"的方式将村落和博

---

① 张永吉：《建立贵州省民俗博物馆之我见》，1993 年贵州省民族文化学会第五届年会论文，贵阳市花溪区文物保护管理所提供。

物馆形成一个景观区,以村落为中心进行整体布局。

会后贵州省第一测绘院测绘四队受贵州省文化厅文物处委托,开始了对镇山村的地形测量。1993 年 8 月 23 日黔府办函〔1993〕178 号文件"关于在花溪镇山村建立贵州民族文化保护村的复函",同意在花溪镇山村建立贵州民族文化保护村,然而复函中却没有使用"民俗博物馆"一词,而是用"民族文化保护村"代替,同时首次下拨花溪镇山民族村文物保护专项经费 5 万元(后增补到 10 万余元),主要对镇山村寨容寨貌进行维修,其中包括铺设道路,修复屯墙、城门,修建码头等。

"民族文化保护村"是镇山村旅游发展进程的第一个里程碑,最初的规划中使用的名称是"(露天)民俗博物馆",其本意是在镇山村石板房的基础上,增加苗族、侗族、水族、彝族、瑶族、汉族的典型建筑,形成"多民族民居式的建筑群落",其设想更接近现在主题公园的理念。完成寨容寨貌维修后,镇山村开始以"民族文化保护村"为名接待游客,并仍然按照"(露天)民俗博物馆"项目开展随后的工作。

二、转变:1994 年露天民俗博物馆到 1999 年生态博物馆

为了满足镇山村日益扩大的旅游接待任务,1994 年 5 月花溪区文管所组织镇山村 15～45 岁村民进行了为期 20 天的培训,内容包括音乐基础知识、民族舞蹈、民族乐器、基础英语对话、普通话和布依土歌等,培训后选拔部分村民组成迎宾表演队。表演队在培训期间就接待了来自国家文物局的干部及国家文化报社的记者们。同时花溪区文管所还赴雷山、清镇、镇宁等地定制和征集了表演所用的唢呐、大号、芦笙等乐器以及布依族女青年的节日盛装等。

1994 年 7 月贵州省人民政府批准建立贵州镇山露天民俗博物馆,并对镇山村的石板建筑布局进行整改。1995 年 3 月花溪区人民政府下达通告,对镇山村的自然环境和原始风貌进行保护:第一,镇山村范围内的大小林木严禁乱砍滥伐;第二,为保护好镇山村的原始风貌,现有房屋禁止乱拆乱毁;第三,村民急需改建或新建住房者必须报请当地相关部门、花溪区建设局和区文物部门审查,经花溪区政府批准才能建造,否则根据相关法律追究责任。

1995 年 6 月,镇山村正式被列为省级文物保护单位,随后几年内石板镇政府先后多次对镇山村的房屋进行检查和整治,禁止村内乱搭、乱建、乱挖、乱掘、乱砍,禁止破坏村内原始风貌,将对民居建筑、屯墙、武庙等遗产的保护纳入法制化轨道,然而严格的法规同时也为以后镇山村的村落发展埋下了隐患——人口发展与建房限制之间的矛盾。

1996 年石板镇政府对镇山村影响景观的违法建筑进行治理——对严重影响景观和有碍交通的建筑物进行无条件拆除;对影响不大的违法建筑物罚款保留,并采取补救措施,包括在外墙贴石板,屋面设坡屋面或贴石板,外墙立框石板或框木板,屋檐设假坡屋顶,走道栏杆改作木栏杆。结合为旅游服务的功能,规划镇山村新农房。在这次整治违章建筑中,有 8 户居民的违法建筑被全部或部分拆除,21 户居民的房屋可以罚款保留和采取补救措施,并首次对部分建筑进行强行拆除,村民颇为抱怨。

这期间中挪生态博物馆项目开始孕育萌芽。1994 年 4 月,苏东海陪同挪威生态博物馆之父约翰·杰斯特龙考察贵州省部分地区的自然村寨,[①] 为生态博物馆项目挑选合适的地点。西部选择花溪镇山村、关岭滑石哨、六枝梭嘎三处,东部选择黎平兰寨、榕江八开两处。镇山村被列入生态博物馆候选名单。1995 年 4 月,中挪文博专家在贵州省文化厅的邀请下来到镇山进行考察,通过此次考察,中挪文博专家意向性地将镇山村列入生态博物馆群的建设计划中。

1998 年 4 月,挪威驻华大使白山到镇山考察。1998 年 10 月初,国家文物局、中国博物馆学会与挪威文博专家再次到镇山考察。此次考察后,正式将镇山确定为中挪文化合作的国际项目,贵州生态博物群之一。1999 年 3 月 16 日,挪威环境大臣古露·弗耶兰格率挪威国家文物局官员到镇山考察;同年 4 月 23 日,挪威前首相、工党主席托尔比扬·雅格朗及夫人在挪威驻华大使白山的陪同下到镇山考察;同年 9 月青年博物馆学家安来顺先生受国家文物局和中国博物馆学会的推荐赴挪威起草中国贵州生态博物馆群项目文件;同年 12 月 9 日,贵州省人民政府发布黔府函〔1999〕286 号文件,批准镇山村建立生态博物馆,同时批准的还有锦屏县隆里镇和黎平县堂安寨。

"露天民俗博物馆"和"生态博物馆"的筹划时间几乎重叠,但它们所提倡的理念不同:"露天民俗博物馆"更强调发展,计划将镇山村打造为一个"原生态"的主题公园;时间略晚的"生态博物馆"项目更强调保护,尽量完整地保存镇山村的生态环境和文化遗产。随着中挪合作"生态博物馆"项目的

---

① 苏东海,中国博物馆学会常务理事,贵州省文物保护顾问。约翰·杰斯特龙,国际博物馆协会博物馆专家,《挪威博物馆学》杂志主编。

推进和深入,由于理念上的差异,建立露天民俗博物馆的申请搁浅。这段时间内,这两个项目同时进行,完成的主要工程是武庙维修。

1995 年 12 月,根据当时贵州省省长陈士能 2 月份视察镇山的指示,武庙维修工程开始预算和实施,工程由镇远县建筑公司驻贵阳古建队承担,27 日举行开工仪式。经过半年的建设工作,武庙于 1996 年 5 月 17 日通过验收正式启用。翻新后的武庙举办了"镇山历史文化"图片展,展出了镇山的自然风光、文物资源和接待活动等。

镇山村旅游业在政府的扶持下稳步向前发展。1996 年,镇山民族文化保护村被纳入花溪区"四点一线"①旅游线路中,成为花溪区重点景区之一。1997 年 4 月,中央电视台心连心艺术团到镇山村进行慰问演出,大大提升了镇山的知名度,游客蜂拥而至。

镇山布依族生态博物馆项目批准后,截至 2000 年现代设施建设和人均收入情况统计为:水通户 128 户,电话通户 38 户,危房改造户 1 户,厕所改造户 89 户,卫生室 1 个,计生室 1 个,村小学学生 30 名,人均收入从 1991 年的 500 元增长到 2680 元。②

三、发展:2000—2005 年生态博物馆实践

2000 年 1 月,贵州生态博物馆实施小组制定《镇山布依族生态博物馆的建设方案》(以下称《方案》),表明在镇山村建设生态博物馆的初衷,"使镇山布依族文化生态和自然环境得以长期的保护,在城市现代化进程中依然较好地保持文化的独特风貌,为地处城市郊区的民族村寨的自然和文化整体保护提供有益的经验。"同时,"为研究文化人类学、民族学、社会学以及生态博物馆的研究建立基地"、"配合花溪区以旅游为龙头的经济发展战略,以生态博物馆的形式,让观众能体验活态的布依族文化"。③ 由此可见,生态博物项目在中国贵州的实践从一开始就担负着文化保护和旅游发展的双重责任,同时生态博物馆还是一个研究机构、一座实验室。

镇山村生态博物馆按照"自然和文化遗产整体保护"、"整旧如旧"和"可持续发展"的原则进行整体规划,其中包括环境规划、文化遗产保护区规划、村民新区规划和传统农业耕作区规划。环境规划主要保护花溪水库的饮用

---

① "四点一线"包括花溪公园、花溪湖小三峡、镇山民族文化保护村(镇山布依族生态博物馆)以及天河潭景区。

② 数据由镇山村村委会提供。

③ 胡朝相:《贵州生态博物馆纪实》,中央民族大学出版社 2011 年版,第 82 页。

水资源,治理生活用水的排污,设置排污管道。文化遗产保护区指上寨和下寨的村民生活区,主要保护对象包括古民居、古城墙和古巷道,提出清除影响村落景观的电线电网,将其埋于地面之下。在村寨西北方向规划"居民新区"的计划也提上日程,以便解决旅游发展以来,因经营场所的扩大和人口的增长,造成的房屋紧缺现象(后被搁置)。传统农业耕作区不仅保护镇山村的农田,还同时将农业耕作技术纳为保护对象。规划经通过后,镇山村的生态博物馆改造随之开始。

首先开始实施的是资料信息中心的选址、设计和建设,根据挪威方面"选址不能破坏村落整体风貌"的要求,最终选择镇山村西北约 200 米的一座小山为工程实施点,既不占用农田,又视野开阔。资料信息中心建筑面积790 平方米,外部建筑形式保持布依族民居的风格,内部划分为公共活动区、文化记忆区、办公区、专家活动室和游客服务区五个部分。花溪区政府拨款8 万元用于征地,2001 年 4 月举行奠基仪式,2002 年 7 月 15 日开馆,挂牌为"镇山布依族生态博物馆"。

2002 年资料信息中心建设的同时,镇山村实行了一系列卫生新建、改建、扩建项目,内容包括:出资 500 元修建关口组的卫生池,解决垃圾乱堆、乱倒、乱放的问题;出资 1700 元修建、平整关口街道,解决村民行路难问题;出资 1200 元扩建镇山的大寨水井,人畜饮水分开;配合有关部门修建停车场公厕等。镇山村村委会和旅游接待管理小组[①]出台了镇山村卫生责任制度,禁止乱倒脏水和粪便、禁止在河里洗衣洗菜、禁止随地乱扔垃圾等;同时明确了对违反者的惩罚办法,其中包括通报批评、停业整顿等,规定开展餐饮(农家乐)的村民需要办理卫生许可证和健康证。同时制定的还有镇山村旅游餐饮接待制度,规定了管理人员接待游客时的行为准则,包括行为礼貌、持证上岗、禁止喊客等。

对镇山村的卫生整治还包括镇山村的厕所改造工程。2001 年大面积改厕 130 座,占全村总数的 85.5%,由于当时村里还没有排污系统,厕所均为卫生厕所。[②] 2005 年排污系统修建完成,因游客的不断增加,为"预防疾病的发生,减少蚊蝇密度",实行了第二次厕所改造,花溪区爱卫办和石板镇政

---

① 镇山村旅游管理所成立于 1999 年 9 月,由村民自发组建,受镇山村两委直接管理,并制定了管理所工作人员考核规定。之后镇山村旅游管理所被上级政府部门接管,2006 年经村里申请,又将管理所交还镇山。

② "卫生厕所"即"沼气池厕所"。

府在镇山村主要旅游干道两边将 30 处简易卫生厕所改为无害化两格式水冲式厕所,总经费 3 万元。

除了卫生治理和旅游接待外,游船安全性和无序接客等问题也提到日程上。2005 年前,镇山村使用木质的生活用船进行旅游营运,存在严重的安全隐患。村委会将木船统一废除,换为专门定制的铁船。同时规定所有船户必须统一管理,统一分配和按排队顺序发船,禁止游船拉客。游船经营权属于村民委员会所有,财产权归船户所有,经营权实行股份制。

2005 年 6 月 1—4 日,"贵州生态博物馆国际论坛"在贵阳举行,来自国内外的 100 多名专家学者出席了此次会议,其中有来自挪威、南非、英国、法国、日本等 15 个国家的 43 位国外学者。法国生态博物馆的创始人之一雨果·戴瓦兰在会上发表主题演讲。镇山村作为研讨会的考察点之一,接待了与会代表。镇山村村委会认为这是一次对生态博物馆的验收,关系到镇山村的国际形象,因此十分重视,仔细选取上下寨 5 户村民家作为接待点。

从 1999 年获批成立生态博物馆到 2005 年接待国际来宾,镇山村基本完成了生态博物馆的建设,并且进一步发展了旅游业。2005 年镇山村被列为贵州省五个重点小城镇之一,其声名可谓显赫一时。然而,名声在外的镇山村隐约觉察到村落的"车马喧闹"似乎逐渐不如往日。贵阳周边其他村寨陆续被开发为旅游景点,而镇山村只是游客众多选择中的一个。同时,疲于接待的镇山人发现争当典型并不是件轻松的事,村委会每年接待来自各级政府的考察后,可支配的资金已经入不敷出。

四、徘徊:2006 年至 2012 年生态博物馆的发展瓶颈

截至 2005 年年底,投入道路工程、资料信息中心、污水处理系统、村寨道路、改厕、民居维修、城墙维修及停车场建设等项目的资金近 800 万元,私人投入游船和餐饮接待 200 多万元,总额已经超过千万。每年游客接待量平均为 13 万人次,散客和团队游客各一半。

2006 年以后,一方面由于镇山村生态博物馆建设基本完成,各项投入已经到位;另一方面,生态博物馆项目的未来发展在一片质疑和批评声中开始犹豫和徘徊。在这种情况下,政府逐渐退出对镇山村的直接管理和主导角色,将各种事务交归镇山村两委管理。与此同时,贵阳周边二三十公里以内出现了很多新的旅游景点,包括对岸的李村、松柏山水库、高坡、青岩、燕楼夜郎古迹、黔陶、清镇、阳江河、夜郎谷、南蛮部落、天龙屯堡等。镇山村原来游客络绎不绝的景象不复存在。

针对游客量的减少和政府角色的撤出,镇山村村委会多次开会讨论镇山村未来的旅游发展,最后达成的一致观点是招商引资,"通过招商引资把镇山村搞成公司化的运作模式,天龙屯堡就是最好的例子"。

2008 年,镇山村招商引资,联合组建贵阳市镇山布依族生态博物馆旅游公司。甲方贵阳市花溪区石板镇镇山村村委会投资旅游资源;乙方肖某投资额 40 万元,作为基础设施投资。联营期限为 20 年,经营项目为开发整合镇山旅游资源,开拓旅游市场,开发旅游产品及地方特产市场,双方共同管理、共享收益。

通过招商引资,联合组建镇山旅游发展股份有限公司,改变落后的组织结构和经营理念,以旅游经济为产业,以市场为导向,对镇山旅游资源进行有机整合。

有机整合"吃、住、行、游、购、娱"六要素,克服只重视"游"而忽视其他要素的倾向,把分散的要素整合起来。将工艺品、旅游纪念品、特色食品开发等与旅游结合起来,特别是把资源开发和民族历史文化开发与旅游业结合起来,延长产业链,形成依托城市和旅游集散中心的产业格局。特别是对景区内景点进行深度开发,尤其是在文化开发上狠下功夫。建设项目有:

1. 把资料中心至河边山间小道改为步行道(5 万元);

2. 修建污水厂码头,从水下 1.5 米处修出水面与岸边植被平行的河岸步道码头(4 万元);

3. 整修原码头(10 万元);

4. 河边至村内不规范建筑物整治(10 万元);

5. 武庙内外装修(5 万元);

6. 小商品市场建设(1 万元);

7. 景区大门(6 万元);

8. 组织公司人员任用培训(20 万元);

9. 市场开拓、营销费用(20 万元)。[①]

按照原计划,全部投资约 80 万元,将镇山村的旅游业转向公司化管理。然而,项目的实施却远不如设计一个方案般便捷容易。投资人肖某投入第一笔资金 20 余万元后发现未见成效,从此消失不见,公司名存实亡。近年

---

① 资料来源:镇山村村委会。

来,镇山村的名气和资源吸引了不少的投资者,但考虑到各种开发难度,开发商们都望而却步。村民们在如此反复的过程中逐渐对招商引资失去了信心,大家只管"各扫门前雪",经营自己的小家庭。

然而2009年夏天的"镇山现象恳谈会"再次燃起了村民的热情。这次恳谈会在资料信息中心举行,邀请了各级政府领导、周边布依族村寨的领导、媒体代表、企业家、企业策划人员、学者、游客代表等,针对镇山村目前的旅游发展状况,各抒己见地讨论镇山村的发展问题,以及如何"炒作"镇山旅游。会议之后,贵阳市政协将镇山村正月跳花节、六月六歌节和九月九祭祖节定为镇山的三大民族节日,作为宣传镇山村的窗口和契机。

在政府对镇山村的再次关注下,镇山村重新建立起发展旅游的信心,村两委决定,尝试自主经营镇山村旅游,并向村民张贴了一则倡议书。

> 我村自90年代发展旅游已经有十多年了,在这段时间里,全村的确取得了不小的成绩。可是,随着周边景点的增多及我村发展上的停滞不前,旅游收入出现了严重的下滑趋势,而且越滑越烈。村两委针对这种情况做过几次招商引资,想通过旅游资源的整合来挽救我村旅游业不断下滑,但是来的投资者不是舍不得出资,就是嫌我们地盘小。现在村两委经过会议研究,决定由村两委牵头组建镇山旅游服务股份有限公司,具体形式如下:
>
> (一)由村两委组成公司的筹建小组,等公司组建好以后,公司的一切事宜由公司按照章程来处理。
>
> (二)对全村161户进行集资入股,欢迎每家每户积极参加。入股的资金定额为500元一股。
>
> (三)预计需集资30万元,如果在本村的集资达不到30万元,可面向外界继续集资……

同时,筹划人细心考虑了旅游线路和发展规划,"总体而言就是公司化运行,第一站是资料信息中心,从资料信息中心修条路到水库边,接着乘坐游船,上岸后就是拦路酒。然后进寨参观,寨子里整理出四家典型民居,加原来的李老汉一家,共参观五个景点。门票涨到30元,和旅游公司合作,如果他们介绍游客,那么门票对半。经济发展好了,再来保护布依族文化——刺绣、医药、语言等"。可惜,随后的村领导换届又使这一努力成为一纸空文。

第三世界的旅游和旅游产业发展很大程度上仍属于"被扶持的对象"[①]，镇山村的旅游发展大体上也是政府主导的"被扶持"的历程，各种项目、政策、实践串联起这一过程。从最初的"民族文化村"到"(露天)民俗博物馆"，再到"生态博物馆"，可以说都是国家"规训"的工具，充满"权力化特征"。其间，相关部门实行了培训旅游接待技能、教授烹饪技术、整修损坏的房屋道路、安装自来水、建造无公害厕所等举措，告诉村民应该如何从事旅游业。

小　结

现代旅游存在着一个大的背景依托，这就是现代工业社会，而旅游以其独有的方式已经成为世界上最大的一种工业。旅游的发展趋势和现代工业社会的变化与转型有着密切的关系。或者也可以说，大众旅游本身就是工业化的产物，因为工业化提供了旅游工具上的变革。[②] 一方面，现代工业社会产生的旅游业、商业等新的生计方式逐渐挤压并取代传统的种植业和养殖业；另一方面，"怀旧"作为旅游中最具召唤力的一种资源，[③]驱使现代社会中的人们努力寻找失落的过去。"生态博物馆"就是这种现代性矛盾之下的产物，它不阻止村落的发展步伐，不反对"生态博物馆"项目下的旅游开发，同时又提出保留传统农耕区、保护文化遗产区等举措。在怀旧的现代性背景下，"生态博物馆"势必一面发展旅游、获取经济收入、从传统迈向现代，另一面尽力保留传统、再造传统、满足游客的怀旧需求。

从镇山村的旅游发展历程可以看出，镇山村民被动地参与到旅游业中，而真正起作用的是一项项政府文件、工程和项目。在此过程中，镇山村被冠以不同的名号，村民们一面积极参与村寨维修、现代设施的建设和旅游培训课程等，另一面积极地按照政府和专家的要求展现丰富多彩的布依文化、制作布依美食、保留淳朴的民风民俗。在旅游情境下，他们学会如何既现代又传统。

---

① 彭兆荣：《旅游人类学》，民族出版社 2004 年版，第 314 页。

② 彭兆荣：《旅游人类学》，民族出版社 2004 年版，第 2—3 页。

③ [美]纳尔逊·格雷本：《旅游、现代性与怀旧》，载[美]纳尔逊·格雷本：《人类学与旅游时代》，赵红梅等译，广西师范大学出版社 2009 年版，第 340 页。

第四章　家族的分化与整合

　　"依靠群体而生存是人类的一个基本特点"[1],婚姻、家庭和家族的建立之源都是为满足人类养育子女和经济合作的目的,因此血缘关系不只具有自然属性,还兼具社会属性。亲属结构就是以自然的血缘关系为基础所建立的社会基本关系网络,婚姻、家庭、家族都是这个网络的联结点和组成部分。由它们出发,才构成了一系列由简单到复杂的社会规范制度体系。

　　功能学派的拉德克利夫-布朗(Alfred Radcliffe-Brown)将亲属关系归结为男女二人婚姻关系,对此列维-斯特劳斯(Claude Lévi-Strauss)持反对态度。他认为亲属关系实际上包含着互相联结的社会性和生物性,自然和文化的相互渗透构成了复杂的关系网,他将其称为"亲属结构"。因此从婚姻着手,可以理解人类整个社会关系。他扩展了拉德克利夫-布朗亲属结构的二元对立关系,总结了四个亲属关系的基本结构——夫妻、舅甥、父子、兄弟姐妹,进而根据亲属关系的这四个基本结构来分析乱伦禁忌和外婚制,提出乱伦禁忌和外婚制加强了群体间的联盟,实现了文化间的交流和共享。他还同时将婚姻看作是两个群体间的互惠性交换,女性作为社会的稀缺资源成为婚姻中的交换符号,通过交换女人,群体间互相依附而保持稳定的关系。[2]

---

　　① [美]威廉·A.哈维兰:《文化人类学》,瞿铁鹏、张钰译,上海社会科学出版社 2006年版,第 249 页。

　　② [法]克洛德·莱维-斯特劳斯:《结构人类学》第二卷,俞宣孟等译,上海译文出版社 1999 年版,第 91—124 页。

许烺光(Francis L. K. Hsu)从中国和美国亲属体系的不同来分析中美文化的差异。他认为中国亲属体系的主轴是父子,有世代延续、认祖归宗的延续性,有为延续香火领养和过继的包容性,有父亲作为绝对权威的父权性。而美国则以夫妻为亲属体系的主轴,有非延续性、排他性和平等性。①

默多克(George P. Murdock)的《社会结构》收集了 250 个地方群体关于婚姻、家庭、亲属称谓以及性禁忌方面的资料,系统地考察了亲属制度及其观念体系,是人类学者和社会学者研究家庭的经典代表作之一。他首次提出"核心家庭"(nuclear family)的概念,用来指由父母和子女组成的家庭。与其相对的家庭形式是扩大家庭(expanded family),指由主干家庭加上一分支家庭组成的家庭形式。② 这些人类学理论都是本章中阐述镇山村亲属关系的基础。

镇山村历史的开端就是从婚姻和家庭开始的——始祖李仁宇和布依夫人缔结婚姻,养育二子,男耕女织,经过明清两代直至今天,发展成为以班李家族为主的布依族村落。镇山布依族的婚姻是家族外婚制——族谱中记载班李二姓为同宗,规定不得通婚。家族是由一个个家庭组成的,同一"族"里的成员在经济上互相帮忙,在婚礼和葬礼等仪式活动中召集成员,共同祭祀祖先等。家族主要是由单边父系继嗣产生的群体,家族内的男性继承父辈的遗产(主要是土地和房屋),通过婚姻关系组建新的家庭,生育新的继承人。通过这种横向的婚姻关系和纵向的继嗣关系,产生了不同层次的家族。

家族是镇山村用来区分村寨内与自己亲疏远近的社会单元,在镇山人的观念中,有着与其亲疏有别的家族:从班李家族的源头来算,目前村里所有班姓和李姓成员,以及居住在花溪水库对面李村的班姓和李姓成员,都属于一个大家族;从第 11 代"彩"字辈祖先分下来的几个兄弟,各自延续的后代为中家族,同一中家族成员共同参与村内的礼俗和祭祖活动;小家族由祖父母、父母、兄弟姐妹组成,相当于人类学的"扩大家庭"(expanded family);③而家庭即核心家庭(nuclear family),指夫妻二人或夫妻和子女共同组建的家庭。

---

①　［美］Francis L. K. Hsu. Americans and Chinese. London：The Cresset Press，1955.

②　夏建中:《文化人类学理论学派——文化研究的历史》,中国人民大学出版社 1996 年版,第 213 页。

③　费孝通在《乡土中国》的家族一节中也写到此观点,中国乡土的基本社群应该称为"小家族"更为合适,对应于西方的扩大家庭。详见费孝通:《乡土中国》,人民出版社 2008 年版,"家族"一章。

生态博物馆以人为主体,那么人与人之间的亲属关系也同样值得关注。本章主要考量镇山村的婚姻、家庭、家族等亲属关系,以及它们在旅游背景下的现代性表述,其主要表现有村中汉族人口的增加、婚姻圈扩大、家族的分化等。同时,本章将从清明祭祖活动来分析不同层次的家族在镇山村的功能及差异性,论述历史上家族的分化与整合以及几种家族观在镇山村的并存现状。

第一节　婚姻与家庭

婚姻是镇山村亲属关系的基础,它是连接家庭、家族和村落的桥梁。在镇山村,"外家"是一个使用频繁的词汇,指家庭中女方的家族,即我们常说的"娘家人"的意思。如果家庭是扩大家庭(小家族),那么外家又可以分为大外家和小外家:大外家指家庭中男方母亲的娘家,小外家指家庭中儿媳妇的娘家。婚丧嫁娶和节日庆典中,外家都会带着本村的亲友一同前来庆贺,帮忙招待。过去镇山村的婚姻圈仅限于离村子较近的布依族村寨,儿子娶亲和女儿外嫁都是如此,因为村寨的临近不仅方便儿女回娘家和照看老人,而且方便两家在重大日子时互相拜访、建立稳定的社会关系。现在由于外出打工和求学的人数增多,婚姻圈一步步向外扩大。过去布依族男女双方一般通过"浪哨"(对歌布依语称为"浪哨",又称"赶表",是布依族青年男女的一种社交、娱乐、择偶的活动)相识,婚姻需要父母决定,婚礼形式也相当繁琐,其中对歌是婚礼的重要组成部分,从进门、敬酒到散席,歌声不断,直唱到天亮。现在,男女相识方式、婚礼形式、仪式过程都相应有所改变,本节试图从以上方面,介绍镇山村在婚俗上的现代性表述。

一、镇山村布依族婚姻概况

镇山布依族实行外婚制,即班李家族内部同辈的青年男女禁止通婚;不同辈的本家族成员更是绝不允许通婚,因为不同辈之间的通婚不仅破坏了族外通婚的规矩,更是乱了常理,亲属称谓也无法按照正常的辈分称呼。班李家族的外婚制在村内也同样适用,受到严格限制的婚姻禁忌甚至扩大到整个村落——本村的苗族之间在历史上也没有通婚的案例,本村的苗族和布依族之间也从未有过婚姻关系。现在隶属于天鹅寨的李村虽然在行政区划上和镇山村分离,但仍认同为一个家族,因此李村和镇山村之间也存在族内婚的禁忌。花溪水库建成以后两村因交通不畅，交往逐渐减少，但在节庆或红白喜事时还会互通有无。

镇山村为父系家族，婚后妻子从夫居。过去限于交通不便，布依族的婚姻圈都在方圆二三十里以内，太远了娘家人会觉得不方便照应；如果住得近，男女双方家庭有大事小情可以互相照顾，老人也可以经常探望儿女。镇山村的布依族并没有固定的婚姻圈，全村的媳妇至少来自五十多个不同的村子，但是姑娘们常常携伴而来——嫁过来的姑娘如果觉得村里有不错的小伙，往往会介绍自己村里的姑娘嫁过来，因此有四五个姑娘来自同一个村子的现象。与镇山村通婚较多的村寨有麦坪乡的康寨村、平坝的狮子山、乌当的马头新寨等布依族村落。

上门女婿在过去也是不允许的，据村民解释是担心家族中某一支势力变大，而其他支系势力衰弱。虽然解放前不同民族间的通婚情况较少，但也有汉族和布依族通婚的先例。老年女性村民 LAY 提起她的大嫂和大哥就是在青岩读中学的时候认识的，当时家里觉得她是汉族很不喜欢，又帮着大哥介绍过几个布依族女孩，但都被大哥拒绝，家里无奈之下只好安排他们结婚。婚后他们夫妻感情一直很好，可惜后来大哥因病早逝。嫂子之后一直没有改嫁，一个人养育孩子，现在每年清明还来给大哥上坟，村里有大事小情也经常过来。

离婚在镇山村并不常见，解放前出现过因悔婚造成的悲剧，男方母亲因为女方无休止地哭闹和索财悲愤而死；又有女方悔婚后再次介入男方和另一名女子的婚姻中而惨遭杀害。现在的镇山村离婚率仍然非常低，虽然村民声称村里是没有人离婚的，但笔者还是旁敲侧击地听闻两个离婚的案例，一家因为妻子"不守妇道"而离婚，另一家因为妻子的坏脾气和意见不合而离婚。

二、相识和定亲

20 世纪 70 年代以前，镇山村布依族的恋爱方式主要有对歌和做媒两种。通过在各种场合对唱情歌，男女双方互相表达爱慕之情，诉说相思之苦，最终走入婚姻并组建家庭。《黔记》中有对浪哨的记载："年过后，男女们自由结伴唱歌于山上，其间多有自择配者，其父母兄弟亦听之，迄今此风犹存。"《贵州通志·土民志》有:"未字之女群往从之,任自由择配。"①布依族的浪哨通常是和外村的男女对歌,每逢三月三、四月八、六月六等民族节日,年轻男女去玩场,看到心仪的对象就邀约着对歌,唱初交歌、盘歌、赞美歌等。如果唱得合意,男方就向女方索要信物,如果女方中意男方,就将信物交予男方,如果没有谈婚论嫁的意思也可以成为朋友,情投意合的可以继续邀约下次见面的时间再次对歌。因此浪哨不但能结识潜在结婚对象,也能建立布依族之间互动交往的朋友圈和维持长期稳定的社交关系。浪哨的地点多在田间地头或是路边等明处,男女一般距离一米左右,侧面而坐或者背对背站立在田埂上均可。浪哨人数没有限制,可以一男一女对唱,也可几男几女对唱。

另一种恋爱方式就是做媒,即通过亲戚或者同乡人的介绍而相识。如嫁到别村的妇女经常给娘家和婆家的青年男女做媒;或者父母去问亲,看哪家有合适的男孩女孩。女孩生下长到四五岁就开始有人上门定亲,俗称"娃娃亲",等女孩长到十七八岁再正式娶过门。因为结亲的时候孩子都小,到了结婚年龄有些不愿意的就取消婚姻关系。如果女方通情达理,退婚以后不需要赔偿;如果女方家不好说话,哪怕没有接触过,也要给女方家一定的"青春损失费"。

经过介绍后,女方父母要亲自到男方家里去看看男方的家庭是否殷实,田地和房屋是否宽敞。为了娶亲,有时候男方也会要一些小伎俩,报道人LAY给笔者讲述了这样一个故事:那时候某男方的家里很困难,但是为了娶亲谎称自己家的房子有多宽敞,田地有很多亩。女方来男方家里的时候,他们就带她去看别人家的房子,女方看到有八九间房很满意;然后又带着去看别人家的地,女方看了也很满意。虽然男方长得丑,女方也将就同意了。过去布依族结婚以后要"长住娘家",有些新娘结婚当天就跟着娘家的客人回去了,有些新娘子第二三天返回娘家。每年插秧的时候过来婆家住几天,六月六和腊月过春节前也住几天。每次回婆家去的时候新媳妇还要带着娘家的粑粑到寨子里挨家挨户去分,每次要带几百个。婚礼三年以后或者有了小孩新媳妇才长期住在婆家。而且新媳妇每次来婆家都要起早贪黑地做家务活,等到老人都睡了才能去睡。第二天新媳妇又要第一个起来去担水,不但要把自家的水缸担满水,还要给家族里的其他家庭担水,之后还要扫院

---

① 杨昌儒:《论布依族"浪哨"文化的演进》,《贵州民族学院学报》(哲学社会科学版) 1997 年第 S1 期,第 4—8 页。

子。这个新媳妇这样起早贪黑地忙活,结婚以后一两年都没发现婆家的谎言,等有了小孩住在婆家时才发现,可是已经晚了。[①]

对于这种"不落夫家"习俗的成因,吴泽霖认为是由于"初民社会看重子嗣"。在初民社会"男女可以公开发生肉体关系,但非得生育子女后才正式结婚,盖女子未生育前无法保证其必能生育,故能生育者才有人与之结婚。多数苗夷族和黑苗、花青苗、仲家等女子于结婚后长住娘家,一直要生育子女后才正式在男家居住。这种风俗或许根据同一种出发点。结婚仪式仅仅确定了女子的所有权,仅可说是半婚状态,到了生育以后才是永久的夫妇"[②]。镇山村在条件艰苦的时期,还曾经有女孩被骗到外地卖掉,被迫嫁在外乡,生儿育女得到男方相信以后才能回家看看;也有些被拐卖到外地的女孩至今下落不明。

无论恋爱的方式是通过浪哨、经人介绍或者父母问亲,之后都要请媒人到姑娘的家里去提亲。提亲的多为女性,分三次进行。第一次媒人空手到女方家开门见山说明来意,女方父母不论同意与否均不表态,只是说一些不失身份的自谦之词。第二次提亲时媒人需要带一些点心、一些糖果、一瓶酒到女方家中。若女方父母不收礼品,不做饭招待客,则表示不同意这桩婚事,男方也无须再请人提亲;如果女方父母热情地招待客人,则证明了这桩亲事的可能性。第三次提亲时,媒人带着同样的礼品以及男方生辰八字与男方一道前来认亲,这次女方父母才明确表态同意。回过八字以后,女方父母领着男方到家族中认亲戚,将糖果等分与家族成员,布依族称为"欢喜钱",当天杀鸡论亲和定亲。[③]

三、婚礼[④]

结婚是布依族男女一生中最重要的过渡仪式之一,因此婚礼从择日到参加仪式的人员、婚礼的过程都要谨慎选择、妥当安排,容不得一丝懈怠。先生择日必须根据男女双方的生辰八字选择吉日吉时,往往要参考很多黄

---

① 报道人 LAY,2012 年 1 月 30 日,镇山村 LAY 家。

② 吴泽霖:《贵州苗夷族婚姻的概述》,载吴泽霖、陈国钧等:《贵州苗夷社会研究》,民族出版社 2004 年版,第 225 页。

③ 张永吉、李登学、李梅:《镇山民族文化保护村调查报告》,花溪区文管所,1994 年,第 23—24 页。

④ 此部分结合田野调查和张永吉、李登学、李梅:《镇山民族文化保护村调查报告》,花溪区文管所,1994 年,"婚礼"部分。

历书,排除那些不适合任何一方的日子。根据男女双方的生肖,婚礼当天与新郎新娘生肖不合的亲友都要尽量回避,不能参与到一些重要的仪式中。

婚礼的第一步是迎亲,新郎、媒人和两名未婚男女(当地人称为"皇帝客",一般是未婚的青少年男孩),提着猪肉、灯笼、红伞、酒和糖果到女方家迎娶新娘。新娘家有意将大门紧闭,前来迎亲的队伍必须在外面叩门说好话才能进门。媒人念开门词:"先有天,后有地;先有父母,才有儿女;有路我们才来,有亲我们才到;媒公引路走沟沟,媒婆指点朝路走;天上的星星密密麻麻,地上的凡人成双成对;挑水才趴井边,做媒才到你家;请主人家开门,新郎来给老人磕头。"①之后大门打开,新郎的迎亲队伍进入新娘家的堂屋,新郎先给新娘父母和祖宗牌位磕头,然后宾主分两侧就座,开始敬神。

次日凌晨新娘家开始送亲,送亲一般是天还没有亮就启程,时间根据新人的生辰八字计算。按照布依族习俗,一路上新娘不能被其他人看到她的脸,所以要趁黑走路,也可以拿一把雨伞把脸遮住。送亲传统上来说父亲不能去,母亲可以去。送亲的亲属还有 35 岁以下的男性、已婚和未婚的女性,最多的时候能达到 200 多人。娘家人都要穿上家里最好的衣服,戴好银项圈和银手镯等银饰品。新娘由两名未婚女子陪伴,"皇帝客"在路上要给新娘撑伞。走到男方寨子口,男方还要给女方送亲的人"草鞋钱",弥补他们因走远路而磨坏的鞋子。

接下来就是在男方家房门口进行的进亲仪式。如果送亲队伍到达男方家的时间没有到先生指定的吉时,女方需要在男方家门外等候,用伞把脸遮住,一直到时间才能进男方家门。八点多天亮以后,新娘父亲等其他娘家人才去新郎家里。不过"现在这些规矩很多都发生了改变,比如父亲也可以去送亲"。进亲时,男方在大门外放一只马鞍代表桥梁,新娘从马鞍上走过表示已经过了"桥"。送亲的客人遂入大门,在进入新郎家朝门时,要唱赞美主人家的歌,直到堂屋结束,新郎家则要谦虚礼貌地回复,歌名是《十进门》。进堂屋后新郎新娘要给祖宗牌位磕头跪拜,这时需要找一位家里"有儿有女有福气"的老人主持仪式,口念"一跪天地宗亲,二跪父母养育恩,三跪堂公伯叔恩,四跪三亲六戚恩,五跪五子登科,六跪六位高升,七跪妻子团圆,八跪八方财宝,九跪久长久远,十跪儿孙满堂"。进亲的当晚邀请先生做"交魂魄"仪式,由先生念《交魂魄经》,新郎新娘及家庭成员均得参加。

---

① 张永吉、李登学、李梅:《镇山民族文化保护村调查报告》,花溪区文管所,1994 年,第 24 页。

　　新郎家里在迎亲队伍出发的同时,家里面也需要同时做好接亲的准备工作。首先需要请帮忙的人。买菜和炒菜都是家中男性掌管,一则婚礼上来宾众多,需要大量的原料,采购原料自然是一件体力活;二则菜量大,炒菜的大锅和铲子对女性来说也是很费力的事情。而女性的工作主要有唱拦路歌、敬酒歌等接待工作,以及洗碗和收拾桌子等家务活。请的人有老有少,但其实干活的多为年轻人,年纪大的就帮着"搭把手"。为婚礼帮忙的家庭原则上可以"随份子"也可不随,但现在来帮忙的家庭一般也需要随礼。请人帮忙的目的其实不只是请村上亲近的人在婚礼上帮忙,也有告知村里亲戚婚礼时间的目的。一般来说,新郎家不会村里每户人家都走到,走到的人家按照规矩一定要在婚礼上出现并随礼,其他村民获悉之后可去可不去。请人帮忙的事情安排妥当后,前一天这些亲戚就相约着来帮忙准备,买菜、摘菜、洗菜,安排桌椅板凳。晚上女人们经常要练习一番婚礼上需要唱的布依歌才离开回家。

　　第二天婚礼的正席就开始了,这天是接待亲友的主要宴席,有上下午两餐,又以下午的一餐为主。宴席开始前,桌椅、碗筷、酒壶等都是封住的,亲友入席前必须立在桌边唱《安桌歌》《解壶歌》和《筷子歌》,主人这时候才将桌子、板凳放好,斟上米酒,摆好筷子请客人就餐。在吃酒的过程中,男方还要派人挨桌敬酒,敬酒时要唱敬酒歌,客人要回唱。对歌几个来回后,主人方才离去,客人继续聊天饮酒。晚饭后对歌从餐桌转为屋内,主人首先唱《做客歌》:"表姐们送新人来到寨上,表示了姊妹间情意深长;按规矩我们要对酒当歌,才不枉亲戚伙伴热闹一场……"之后你来我往,互相夸赞,往往客人要在主人家对歌直到天亮。在三天酒宴中,新娘由送亲的两位年轻女孩陪伴,不能与新郎同房。三天后新郎送新娘回家,俗称"回门"。这就是布依族历史上的"不落夫家"习俗。

　　新娘回到娘家后,新郎再择吉日接女方圆房,此后往来相对自由。一般来说,结婚后的两三年内,女方每年在春天插秧、六月六、春节之前来男方家,每次小住几天,直到怀孕为止。布依族非常忌讳女儿在家里生小孩,因此女方在生小孩之前,男方都要将女方接到自己家中,这就是布依族常说的"住家"。孩子生下三天以后,男方要到女方家里去报喜,如果生男孩就抱一只公鸡,如果是女孩就抱一只母鸡,这样外家就可以根据小孩的性别准备礼物。在小孩生下一个月的时候,外家就要带着礼物到男方家里去喝"月米酒"。月米酒以后女方才正式成为男方家庭中的一员,承担起作为妻子、母亲和儿媳的责任,参与到各种琐碎的家庭事务之中。生育后的妻子是不应该经常回娘家的,一方面男方的家庭需要长期照顾;另一方面如果经常回家也不会被娘家人重视。村里有句俗话说:"三天一到狗爬到,十天一到官来到",意思就是:"回娘家次数多人家就不好好招待你了,回去少就很客气地招待你,像大官来了一样。"

四、婚姻的现代性表述

(一)婚俗的现代性表述

由于婚姻圈的扩大、布依族和汉族的通婚、经济条件的提高等原因,镇山村布依族婚礼更为现代化、简单化,在"涵化"的过程中呈现出传统婚礼中所没有的现代性。笔者在镇山村参与的三个婚礼中,两个婚礼是本村新郎迎娶汉族妻子,另一个是外村汉族男性"嫁"入镇山村。从传统的布依族婚姻圈来看,这三个婚礼都是汉族和布依族之间的通婚。不同少数民族间、少数民族和汉族间的通婚也是受现代民族平等观念的影响所致。通婚造成了布依族婚礼仪式的弱化,因为"汉族不会唱我们布依族的歌,没办法对歌",既无法强迫汉族的另一半去接受本文化中没有的传统和习俗,又因为距离等客观条件使得来自外乡的媳妇不可能完全遵从传统习俗,这些"不实用"的仪式就趋于形式化了。

具体来说,首先要提到的是迎亲的变化。婚姻圈扩大后,外地姑娘嫁入镇山村越来越多,因外家距离遥远使得迎亲无法按照传统的时间安排进行。如果外家在一天内可以驱车来回的距离内,那么男方会在婚礼的前一天前去迎亲;如果外家在外省,一般会在附近安排一家宾馆暂时住上一晚,第二天象征性地接到男方家。同时,迎亲时除了传统的红伞、蜡烛、猪肉、酒等,还有被子等日常生活用品,新郎还会手捧一束红玫瑰。媒人和新郎叩门时一般直接省略布依族的对歌环节,采用更为现代的方式:新郎和其他青年男性先在门口叫门,女方家亲友用力堵住大门,不许男方的迎亲队伍进门。女方家往往需要刁难新郎一阵,才在男方的恳求下打开大门。新郎进到新娘卧室后,拿着事先准备好的玫瑰花单膝跪地,当场向新娘求婚,仿佛电视剧里的求婚场景。

进亲时,为了在算好的吉时进亲,即使女方不是从家里接出,新郎的迎亲车队往往也会象征性地在进亲前在路上绕上几圈,路线都是不固定的。如果车子绕了一圈以后还没有到吉时,新郎新娘就在车里等候。进亲时在传统婚礼中需要跨过马鞍,现在由于马在村中的消失,此段亦被省略,改为村里有福气的老人拿着鸡绕新郎新娘两圈,然后杀鸡点鸡血,点燃鞭炮,新郎新娘踩着鸡血进屋。进入朝门时的赞美歌环节也一并省略。

其次,婚礼的时间由三天改为一天。正席当天迎接宾客时要唱拦路歌,远方来的亲戚必须要在朝门口对歌才能进入新郎家吃酒宴。但是汉族女子的外家并不懂如何唱布依族山歌,只有男方母亲的外家,即大外家上前对歌,其他不会对歌的亲戚只好由着他们从竹竿旁边偷偷溜过。宴席开始前的《安桌歌》、《解壶歌》、《筷子歌》全部省略,只留下男方亲戚唱敬酒歌的环节。在过去,唱敬酒歌时,来宾和主人家交替唱歌,一来一去可以唱上几十分钟,现在对歌的情况全凭来宾,如果某一桌上的客人都不会布依歌,主人家只唱一段便作罢。

宵夜酒宴或称夜宴是布依族传统婚礼中的重头戏,一般在正席的晚上进行,主要程序有开财门、贺主人、请就座、催品、初行酒令、斗元宝、栽花等。[①]“晚间十二点后,主人家在堂屋里或院坝内,摆上八仙桌,桌上酒菜丰富,请送亲客来吃宵夜酒。客人到桌前时要先说四句或唱歌,发烛、合桌,然后宾主同席。”[②]婚礼改为一天后,夜宴也被取消,老年妇女常常为此感到惋惜。因为过去婚礼上的宵夜酒对歌是她们最开心的时刻,一般久未见面的亲友会通过宵夜酒对歌了解对方的近况,抒发思念之情,陌生的布依人也能由对歌很快熟识,建立长期的社会交往。

(二)婚姻关系的现代性表述

1. 婚姻结构的现代性表述

20 世纪 90 年代以后,镇山村的婚姻结构发生了很大的变化。首先汉、苗和布依族之间的通婚人数剧增,目前汉族人数占到整个村民总人数的 10%;通婚范围扩大到整个贵阳市、贵州省,甚至其他省份。现代教育体系的“规训”使得年轻人的整个青少年时期都在学校度过,毕业后升入职高、大中专或大学,传统的交往方式变为自由恋爱,一部分结婚后留在城市发展,一部分年轻人回到村里从事旅游业。外地打工的经历为年轻男女们提供了结识各地青年的机会,以至于镇山村的姑娘有些打工后嫁到四川、广东等地。镇山的媳妇多来自贵州省内,但也有来自湖南、河南等地的新媳妇。上门女婿的数量也逐渐增多,其中四川的上门女婿最多。笔者在镇山村调查

---

①　陈鹏:《婚礼迎宾仪式》,载贵阳市布依学会:《贵阳布依族文化实录》,贵阳市布依学会内部发行,2006 年,第 29 页。

②　赵焜:《夜宴的来历》,载贵阳市布依学会:《贵阳布依族文化实录》,贵阳市布依学会内部发行,2006 年,第 48 页。

时恰巧是农闲时期,而镇山村的婚礼多在农闲时进行,因此笔者有幸经历了三次婚礼。一次新娘是来自贵州省内的汉族,一次新娘是来自河南的汉族,还有一次是四川的新郎在镇山村迎娶本村姑娘,婚后仍在村里生活。

镇山村近 20 年来旅游发展迅速,与周围村寨相比,镇山村的年轻人结婚后更愿意留在村里经营与旅游相关的产业,有些新婚的女婿自愿选择留在女方家,甚至之前嫁到外村的女儿也和丈夫一起搬回到村里生活。女婿留在女方家与入赘又有不同,入赘之后家庭中的子女必须随母姓,以延续女方家的香火,三代后认祖归宗,新生儿再改姓为入赘男子家的姓氏。而女婿自愿留在女方家,除了女婿和女儿住在本村外,其他都没有很大差别。一般女婿出钱在村里建新房迎娶本村女子,所生的小孩也是随父姓。

2. 婚姻功能的现代性表述

传统的布依族婚姻主要目的是延续父系家族的子嗣。因此男性是家庭的核心,妻子必须服从丈夫、生儿育女,这是妻子的基本责任。妻子还有义务照顾公婆,帮助家族内的生产生活,耕种田地、挑水煮饭等。为了尽早使女性进入家族、了解家中的情况,一般在女孩青少年时期就定下亲事,更有女孩五六岁开始就在男方家生活的童养媳。因此,过去婚姻的功能主要是义务性的。"亲属关系是建立在一种血缘理论之上,且考虑世系、辈分、性别和年龄各因素的体系。父子关系是这一关系的核心,其他所有的关系都是父子关系的延伸或补充,或是从属于父子关系的。整个亲属关系内的各种关系都是为了延续家族的父系。"①

同时,镇山布依族的婚姻从来不仅仅是男女二人的结合,更具有两个家族、两个村寨之间联结和交往的社会意义。镇山布依族过去不与其他民族通婚,亦禁止本家族内婚姻,因此婚姻范围就局限于附近的几个布依族聚居地,如湖潮苗族布依族乡、孟关苗族布依族乡、花溪区布依族苗族乡、麦坪乡的康寨、金竹镇的烂泥沟等。布依族之间的通婚能够较完整地保留本民族的风俗习惯,与附近村寨的联姻能够通过婚姻圈建立与周围村寨的社会关系。家庭的建立是为维持家族的延续和兴旺,是为联结村寨与外界社会关系。现代的婚姻范围已经完全打破了原有的婚姻圈限制,村落之间的联结减少,对本民族传统文化的保持也有一定程度的影响。

---

① [美]许烺光:《祖荫下:中国乡村的亲属、人格与社会流动》,王芃、徐隆德译,南天书局 2001 年版,第 93—94 页。

3. 女性地位的提高

如前所述,历史上的布依族社会是传统的父系社会,男子在家庭当中享有绝对的权威。男女分工非常明确,男人负责耕种庄稼,女人负责家务劳动。直至今日,镇山村的男性还是很少会做家务事,土地的减少和种植业的衰弱导致男人从事农耕的人数也大量减少。在镇山村,从事旅游业的家庭非常多,大概占到80%,但是旅游业中的服务人员又多为女性,在村口等待游客、请游客喝拦路酒、为游客做农家饭等都是家庭中的女性亲力亲为。从外村嫁过来的新媳妇很快就穿上布依族服装,学习用布依族调子唱起布依歌,有客人要求唱拦路酒或者敬酒歌时,她们就为客人们唱上一段。除了旅游的需要,婚礼上这些汉族新娘也加入到布依族的迎宾队伍中,跟着布依族女性一起唱拦路歌和敬酒歌,成为当地"布依族"的一分子。

男性当然也少不了在游客多的旅游旺季帮忙做饭、端菜、划船等,但更多的时候他们或在村外跑自己的小生意,或在村内聚集社交,常见的男性聚集点是中寨的小卖店和村头的停车场,他们常常三五成群地打牌或是聊天。

旅游业成为镇山村主要生计方式以后,由于女性能歌善舞、容易相处、勤劳肯干等特点,她们参与旅游业的程度逐渐加深。女性不仅需要承担几乎全部的旅游服务工作,还要分担部分农活,所以印象中镇山村的女人们总是忙碌的。女性在经济上对家庭的帮助无疑是巨大的,因此,比起传统社会,现在女性在镇山村的地位相对提高,但男性权威依然没有动摇。然而,女性不再附属于男性,一部分女性掌握了家中的财政大权。同时,计划生育规定每户家庭只允许最多生育两个小孩,虽然村里仍然有偏爱男孩的倾向,但"传宗接代"不再是女性的唯一责任。传统的家族观逐渐淡化,核心家庭的独立性慢慢凸显。

第二节　村寨与家族

自明朝汉族移民涌入以来,在镇山村所在的地区,汉族和少数民族交错分布,各民族间的相互关系十分复杂。明代贵州的屯田制度给贵州带来了巨大的影响,伴随着明代政府的军屯政策,不仅驻军,士工农商各种各样的汉族移民开始大规模进入贵州。汉族移民的进入在贵州打破了传统的民族分布格局,形成了汉人移民与少数民族杂居的状态。在这样民族交错的复杂情况下,由最基本的血缘关系形成的家族认同成为社会关系网络的基础,也就是列维-斯特劳斯提出的亲属关系基本结构中的血缘关系(a relation of consanguinity)。这种血缘关系通过祖先认同和家族认同的形式在镇山村内部管理和布依族与外界交往中发挥着重要的作用。

一、家族观的起源和确立

依靠血缘关系形成的团结紧密的家族是在复杂移民环境中加强和维持家族经济地位和社会地位的必要保证。虽然整个半边山地区都承认苗族是贵州最早的居民,但是此地的苗族在明清时期却是既没有经济地位也没有社会地位的,从前半边山地区的苗族只拥有土地的使用权,并没有土地的所有权。布依族村民说"大多数苗族都是帮我们做活路的",其中很重要的一个原因就是早期苗族在半边山地区多是分散居住,没有形成大的家族。

镇山村村民清代以"仲家"见于史籍,今认同为布依族,但是公认汉族李仁宇为始祖,由李仁宇开创了镇山村班李两姓的家族史(详见第二章第二节)。镇山村血缘认同的文本记录——《班李氏族谱》也是以李仁宇为开端:

> 昔我始祖仁宇,居于江西吉安府庐陵县大鱼塘李家村,出身科第,官至协镇。明万历年间,南方扰攘,明朝调北征南,遂以军务入黔,领数千兵于安顺等府驻扎。及黔中平服,乃迁居于石板哨……遂入赘班始祖太之门,不数年,生二子,以长房属李,次房属班……[1]

镇山人相信,班姓是半边山的先民,早在李仁宇入黔以前,班姓始祖就已经定居在半边山大河,并占据一定的势力范围。李仁宇虽名为将军,其实是入赘半边山。镇山村班姓始祖可以追溯到汉朝陕西扶风县的班超和班固,故神榜上有"扶风堂上历代高曾远祖之神位"。虽然村内没有族谱记载,却在田野中无意了解到一段关于班姓"扶风郡"历史的传说:

> 汉朝的班超、班固两兄弟在朝廷里做大官,但是班家是一个大家族,不在朝廷当官的人就在陕西老家过生活。忽然有一天在扶风老家的班家人得到一个消息,说班超、班固在朝廷里得罪了皇帝,要满门抄斩、株连九族。扶风的班氏家人得到这个消息以后就连夜从家里逃了出来,从老家逃出来的这一部分班家族人逃命的路上一直很害怕,不敢往人口密集的地方去,也不敢找人打听消息,就这么一路向南,一直跑到了贵州这个地方。他们到了贵州,觉得这里偏僻,朝廷的人不会追过

---

[1]　《班李氏族谱》,照古本录,1909 年(清宣统元年)。

来,就在贵州定居下来。定居下来之后再去打听班家的消息才知道,班超、班固兄弟得罪皇帝的事情已经结束了,朝廷也不再追究,但是已经逃到了万里之遥,拖家带口很多人,就不便回去了,后来这一支就一直在贵州定居。这就是我们镇山村班姓的老祖先了。①

　　班姓的来源虽然只是传说,但是镇山村班姓村民还是对寻找自身的源头表现出孜孜不倦的热情。镇山村班姓一直对全国班姓联合修谱的活动非常关心,国内的班姓举办宗亲聚会,镇山村也会派人到场。2012 年 2 月,"贵阳班氏开阳支系"修订家谱,包括镇山村在内的贵阳班姓 70 余人前去祝贺。2012 年 4 月,陕西西安发表联合编修《中华班姓大族谱》的倡议,并召集全国各地的班姓到西安商定修谱事宜。部分班姓村民热血沸腾,相约一同前往,"可惜我们没有拿得出手的族谱",最终几位村民还是没有去成。自李仁宇来到镇山村这块土地以后,班姓的来源与演变就变得扑朔迷离,但因时间久远,在出现新的证据之前这段历史已不可考证。班姓的来源或许可以从镇山村的传说中窥知一二,但终归没有确实的证据。镇山村班姓对班氏宗亲的追溯,也可以认为是班李家族对于更古老的家族史和英雄祖先的想象。

　　现在,镇山村家族认同最直观的标志就是家家户户堂屋内的神道。班李家族的子孙后代作为家族中的一员,只要单立为户,必须要在自家堂屋里设神龛、贴神榜,敬奉世代祖先。"男人进门看神道",男人结婚后一般自立门户,作为一家之主对祖先的敬供被认为是家中男人的大事。神道是血缘认同和家族认同的重要标志,神道贴有神榜,神榜之下是神龛,上面放有祖宗牌位和故去亲人的照片,神龛前面是八仙桌,上面摆放供品。班李二姓神榜上供奉的祖先略有不同,班姓通常强调班氏的籍贯陕西扶风县,神榜上写有"扶风堂上历代高曾远祖之神位"或"班氏门中宗祖",而李姓大多强调始祖李仁宇的籍贯江西庐陵县,神榜有"庐陵府中"历代高曾远祖之神位,也有二者皆书的情况(见图 4-1 至图 4-3)。

---

① 报道人 SS,2012 年 1 月 18 日,镇山村 SS 家。

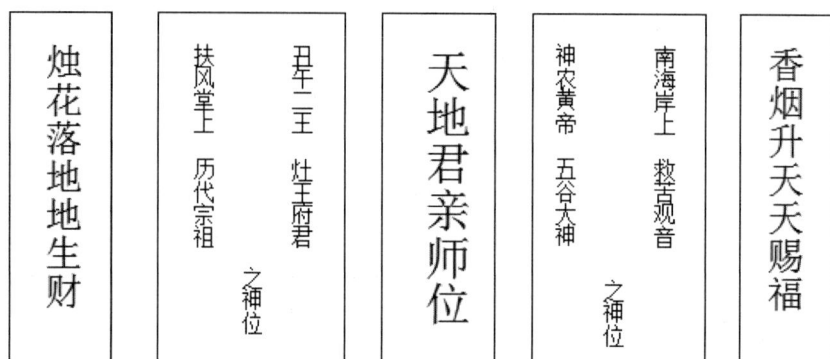

图 4-1　堂屋之班氏神榜

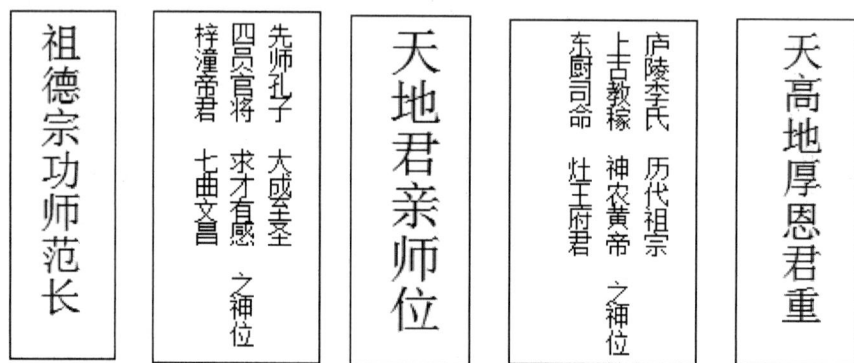

烛花落地地生财

扶风堂上　历代宗祖　　丑年二王　灶王府君　之神位

天地君亲师位

南海岸上　救苦观音　　神农黄帝　五谷大神　之神位

香烟升天天赐福

图 4-2　堂屋之李氏神榜

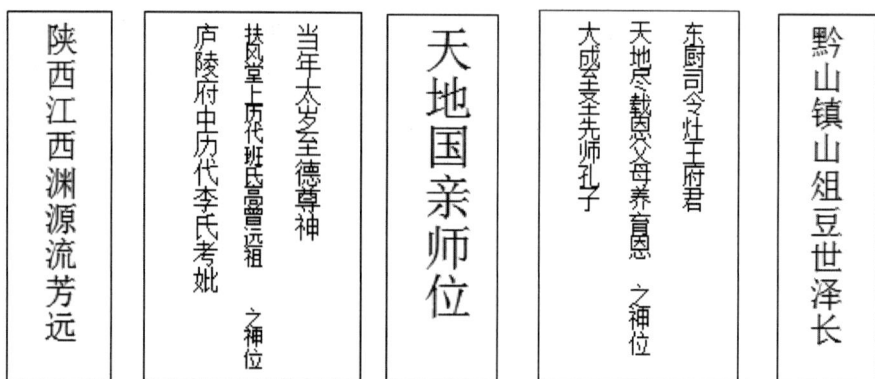

祖德宗功师范长

梓潼帝君　七曲文昌　　四员官将　求才有感　　先师孔子　大成至圣　之神位

天地君亲师位

庐陵李氏　历代祖宗　上古教稼　神农黄帝　东厨司命　灶王府君　之神位

天高地厚恩君重

图 4-3　堂屋之班李二氏神榜

陕西江西渊源流芳远

庐陵府中历代李氏考妣　扶风堂上历代班氏富曾远祖　当年太岁至德尊神　之神位

天地国亲师位

大成至圣先师孔子　天地尽载恩父母养育恩　东厨司令灶王府君　之神位

黔山镇山俎豆世泽长

　　家族认同最根本的象征之物是镇山村班李家族老祖公的坟墓,坟的存在是班李家族历史可考据的凭证。李仁宇的坟墓位于现在李村大树脚牛坡,墓碑共有新旧三块,中间一块墓碑立于光绪四年(1878)六月,正对石碑站立,位于这块碑右侧的石碑稍小,年代最久,因残缺磨损,年代不详;左侧的石碑为道光五年(1825)二月所立。

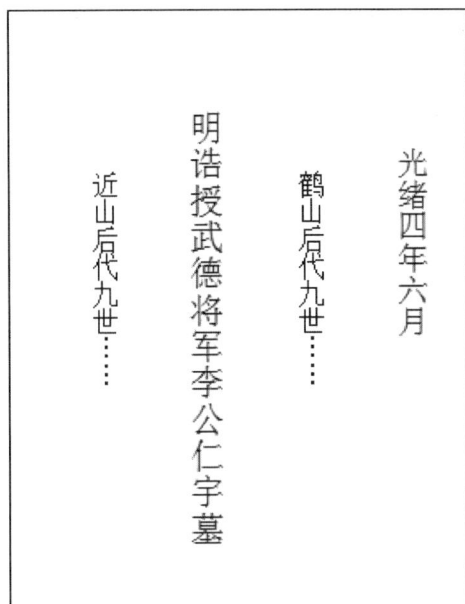

图 4-4　李仁宇墓光绪四年石碑(中)

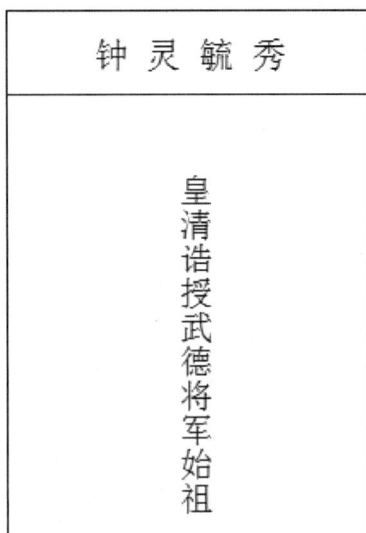

图 4-5　李仁宇墓右侧石碑

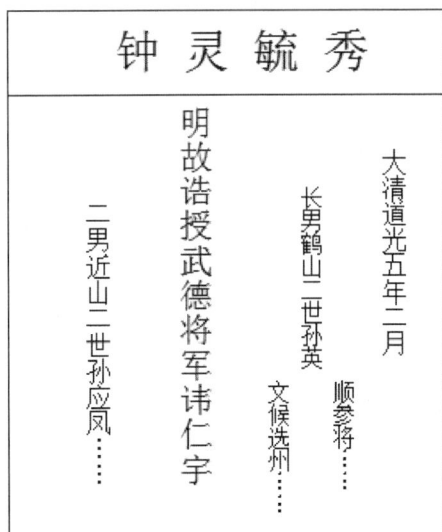

图 4-6　李仁宇墓道光五年石碑(左)

图 4-7　始祖李仁宇之墓

李仁宇之墓不同时期的三块石碑上都强调李仁宇"武德将军"之官职,鹤山及近山的后代都将其尊为始祖(参见图4-4至图4-7)。李仁宇夫人之墓距离李仁宇的坟墓不远,位于李仁宇所葬山坡较低的位置。村里人解释说,过去最讲重男轻女,妻子的坟必须比丈夫的位置低一些,而且墓碑也要修得小一些。李仁宇夫人的新墓碑建于1989年4月,在此墓碑与坟的中间有一个较旧的石碑,大约只有新石碑的一半大小,立于清道光五年(1825),应该是与上面李仁宇道光五年的墓碑一起建成的,但是比较起来此墓碑更为粗陋短小(参见图4-8)。

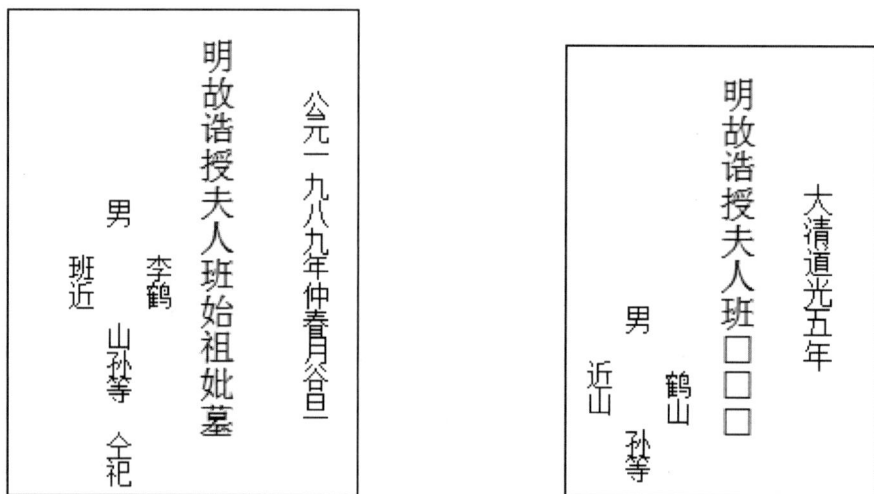

明故诰授夫人班始祖妣墓

公元一九八九年仲春月谷旦

男
班近　李鹤
　　山孙等
　　　　仝祀

明故诰授夫人班□□□

大清道光五年

男
　　鹤山
近山
　　孙等

图4-8　李仁宇夫人之墓碑

坟墓和墓碑的建立是子孙后代对祖先的崇敬和祭拜。在表达对祖先追思和尊敬的同时,后人也希望被敬奉的祖先能够庇护后人,保佑家族的兴旺发达。对后人来说,对祖先的祭拜是心理上的慰藉,更是血脉上的继承。坟墓代表着家族的历史记忆,为家族起源提供可追溯的证据。班李家族在镇山村的历史通过墓碑得到了肯定,确定了其在半边山地区的正统性,成为后世子孙扩展地域和发展家族的资本。同时,坟墓还是一种地标,通过一代代始祖坟墓的建立,半边山地区环境好、灵气足的风水宝地都被逐渐划归在班李家族的势力范围之内,也可以说,坟墓所能到达的范围成为班李家族的领地。因此,坟墓标记了家族管理的地域,是一种权力的象征。

二、"以坟管山"①：家族的权力和扩张

血缘关系是镇山村最主要的亲属关系，按照父系继嗣的原则，家族血脉父子相传，香火不断。镇山村班李家族的族谱设定了家族内的二十个字辈，分别为：仁、山、应、自、国、斌、于、维、发、光、彩、炘、家、有、士、良、朝、崇、裕、后。班李家族在半边山定居后，因子孙不断繁衍和后代在军中的职务，家族权势不断扩张，田土、城墙和坟墓都是班李家族权力的象征之物：对半边山河谷农田的占据划定了家族的生产区域；庞大的古城墙工程用来防御敌人，划定了家族的生活区域；散落在村寨四周的祖先坟墓划定了家族的势力范围，用"以坟管山"的方式彰显家族的权力和兴盛。

（一）田土、城墙与坟墓

明代贵州的汉族移民，不但有朝廷的强大军队作为支撑，还有先进的生产技术和生产工具，汉人移民通过一些途径，获得了贵州的大量土地，势力逐渐扩张。此时的班李家族依靠在军中的官职及班氏曾经的势力占据了半边山大河两侧肥沃的田土，家族逐渐在半边山地区扎根繁衍。清朝屯田制度瓦解以后，班李家族的后代弃武从文，对土地的依赖进一步加强（详见第三章第二节）。

镇山村古城墙也是班李家族兴旺的标志之一，同时是家族认同的象征。战乱年代匪乱猖獗，为防御土匪，保障家族成员的人身安全，班李家族建造了一个坚固的防御工程——镇山石城墙。城墙全长 1800 余米，设南、北两座石门并建有门楼，门楼为巨石所建，城门上原设有土炮两座。城墙巨石以吨计算，采于附近山上，在古代没有机械设备的条件下，修建这样一条城墙全靠人力搬运和搭砌。因此，首先城墙的意义并不只在于保护村寨，更深刻的文化意义在于家族的认同——只有在人数众多和互相协作的情况下才能筑起这样一套防御体系。其次，古城墙是班李家族权力的象征，如此庞大的工程，如果没有朝廷的支持和当地村民的配合也是不可能完成的。同时镇山村的城墙也是家族认同的边界，只要在镇山城墙之内的，都被视作一家人，一个集团，如果有人来犯，关上城门，村内生活可照常进行。

如果说城墙划定的范围是家族的生活区域，田土的划定是家族的生产区域，那么祖坟的范围则可以看作是家族的权力象征区域。同时班李家族

---

① "以坟管山"的说法参见汤芸：《以山川为盟：黔中文化接触中的地景、传闻与历史感》，民族出版社 2008 年版。但从内容上和意义上本书的"以坟管山"都与其有不同使用。

采用"以坟管山"的特殊方式,扩大村落的管辖范围,彰显家族的地位。

　　镇山村的祖坟在历史上基本分布在当时的地理边界上,村子周围的东南西北四角都有班李家族祖坟镇守:东北侧的老犁地是六世祖班瑶之坟;西北侧是村里人称之为"班家坟"的祖地,葬有二世祖班近山和三世祖班应凤;南侧葬有始祖李仁宇和夫人的坟墓,被称作"将军坟";东南方向的螃蟹井有三世始祖班应文之墓。祖坟分布最为集中的区域还是在村寨附近的栗木山(位于关口寨)和大坡(位于镇山村口附近)(见图4-9)。从坟的位置可以看出,班李家族的祖坟分布在村民聚居区域的外围,既不能影响到村民的耕作和生活,同时又不能超过一个最大距离;从功能上来看,选择合适的距离可以方便子孙为祖先上坟。

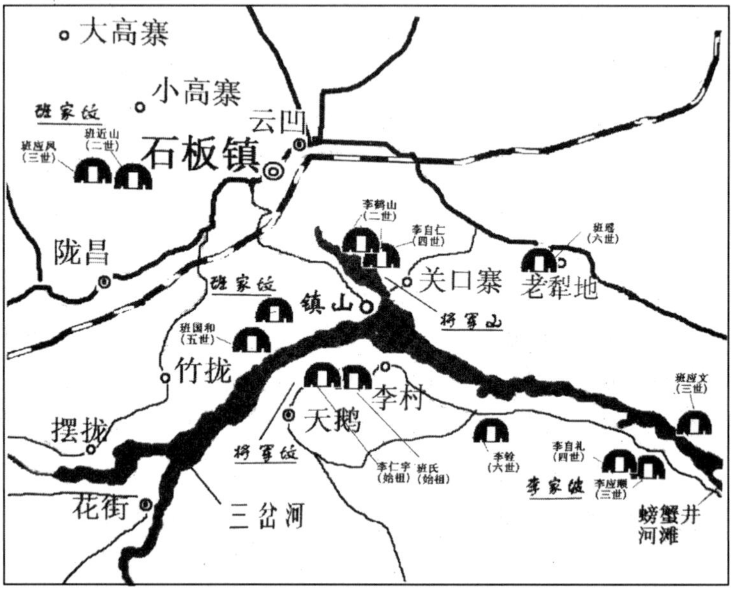

图4-9　班李家族前六世主要坟地分布①

　　(二)传说、选址与祖坟的灵力

　　在班李家族族谱中记载着每一代始祖的坟墓所在,以警示后世子孙勿忘祭拜。然而族谱中的记载只是一个大概的地名,祖坟的具体位置需要亲

---

① 汤芸:《以山川为盟:黔中文化接触中的地景、传闻与历史感》,民族出版社2008年版,第103页。

自实践才可记住,而每年清明祭祖就是这样一个实践的过程。在清明,家家户户都要给自己的祖宗扫墓、挂纸、祭拜,这一天家中男孩必须跟随父辈和祖辈去挂纸,以增强对祖坟位置的记忆,加深儿孙的家族感。

祖坟的地理位置必须经过堪舆先生精心挑选,如果坟墓位置选择得当、风水好,那么坟与自然结合能产生一种神秘的力量,冥冥之中保佑后世子孙平安顺利。从两则神话传说中,我们可以看到祖坟的"神力"。

一天闲聊中,报道人 YS 向我讲了这样一个生动的传说:

> 我现在是第十四辈传人,我说的这位是我们这边喊第三辈的老祖先。那时候他年纪已经很大了,大概有 100 岁。他每天在家里头觉得特别的无聊,就喜欢去河边打鱼,打鱼的位置就在现在的花溪水库下游。有一天,他正在河边撒网打鱼,就看到对面河边的岸上好像是有一个讨口要饭的,穿得非常脏,不讲究卫生。他在对岸喊,请我们老祖公背他过河来。我们老祖公就把这个脏乞丐背过河来了,背过河以后两个人都没什么事情,他们就开始随便聊天。那个讨口要饭的问我们老祖公是哪个地方的,我们老祖公说,我就是这个寨子的。他又问,你家有好多人? 我们老祖公说,我们家人多了。乞丐问,你好大年纪啊? 老祖公就说,101 岁了。他就跟我们老祖公讲,你老人家这样大年纪,有没有为身后事挑个好的地方安葬啊? 老祖公讲,还没得呢! 他就说还没得我就跟你讲,他就指着现在花溪水库的地方,我们的左手边(花溪河下游),说那里是冬夏安逸啊。他就指着一个地方说,那个地方啊会出气,冬天就像我们人呼吸一样会出气,是一个好地方。你跑到那边等起,等几分钟就知道了。老祖公就跑到那里等,跑到那里一站定,回头就找不见这个讨口要饭的叫花子了。后来就觉得那是神仙下凡指点了一块好地方,老祖公就准备葬在那里。跑去那里之前,我们老祖公问何时落土安葬,那个讨口要饭的就说落土安葬的时候必须要同时出现四样东西才行——羊子(即羊)吹唢呐,泥鳅打鼓,马骑人,人戴铁纱帽,只有同时出现了这四样才能落土! 具体解释:羊子吹唢呐,就是羊叫的时候好像在吹唢呐一样。泥鳅打鼓怎么回事呢? 就是一只老鹰本来在河岸边上,看到水里有泥鳅,就从水里捉起,正含着泥鳅飞到半天上,送葬的一打鼓把这老鹰惊着了,泥鳅正好落在了人们抬着的鼓上。泥鳅还没有死,就在鼓上跳,咚咚咚的声音就把这鼓敲响了。马骑人就是母马下一个崽崽,马的主人就拿一个箩筐把这个小马崽放在箩筐里,然后把

小马背在背上,就好像是马在骑人。最后一个人戴铁砂帽就是有人在花溪那边赶场,买了一口铁锅,扛起放在了脑袋上。这四个同时出现才能入土,这就叫"运点"嘛。这里讲的老祖公就是班应顺(按族谱记载应为李应顺,是李仁宇长子李鹤山的长子,笔者注),他安葬的地方我们叫作羊叉山。①

祖坟的位置在这个传说里被神化,并通过故事的形式被村民所记忆。五世祖班国和的安葬之地也有一段离奇的故事,但这个故事里没有神的指点,却是大自然的魔力。老人接着前面的传说讲起:

> 刚刚我讲的是 600 多年前的事,还有个事是 500 多年前的。讲的这个人呢也是我们的老祖公,叫作班国和,是我们的五世祖,原来是个武将(族谱中记载班国和为千总,统兵攻守八庄,笔者注)。他的故事还得从跳场开始讲起。他过去和我们喊的贼子,其实就是土匪,打仗时候被关到监狱里去了。过去石板镇上有个大庄苗,就是大庄的苗族,就把国和公救出来了。救出来以后呢,国和公十分感谢这个大庄的苗族,他想那怎么感谢呢?他就成立了一个场,这个场就是少数民族玩乐的一个场。这个场从正月十一开始,玩三天。意思呢就是感谢他们,让他们玩三天,这三天让他们来跳场,还要杀几头猪,还要煮饭煮菜给他们吃,让苗族专门到田里去跳场,玩乐开心。这些人都是附近的苗族,多的时候能来几千人呢。这个场成立了几年之后,他年纪也大了,就过世了。寨子里的人就抬他去安葬,结果安葬的那天安葬不下去。为什么葬不下去呢?就是要葬的时候天变了,雷公打雷,天公下瓢泼大雨,还没有抬到选好的地方,就不能安葬了,天上的大雨下个不停,没法施工了。来帮忙的人就回家了。第二天,天气好了,帮忙的人就又回来安葬他,发现有好多蚂蚁,蚂蚁在那里拱泥巴,都已经把棺材盖起来了。后来就称这个坟是蚂蚁坟。传说的意思就是国和公心地好,蚂蚁都帮他。蚂蚁坟所在的地方叫莲花台,是单独的一个坡,人们都说那个地方好。那算是蚂蚁帮他选好的地方。②

---

① 报道人 YS,2012 年 4 月 8 日,镇山村 YS 家。

② 另有村民说,蚂蚁坟是班国和之母卢氏之墓,具体内容和此版本中的说法类似。"卢老妇人下葬时,天上风雨大作,就没办法下葬,第二天再来下葬时就发现蚂蚁已经把棺材盖起来了,所以卢老妇人的坟又叫作蚂蚁坟,这是老祖宗一代又一代传下来的传说。具体的细节我们也不知道,这么多年了"。因讲述此段话的人是 YS 的侄儿,怀疑是传承时的误读。

坟墓位置的好坏与风水相关,而风水又包括自然条件、地理地位和山脉结构等。如果坟墓的安置得当,可以和风水相容相应,祖先的灵魂就能够安息享乐,保佑后人福泽安康。在过去镇山布依族的传统中,某家生活得好、出了大官、儿女孝顺等都是祖坟位置得当,祖先保佑的结果。受了祖先庇护的子孙自然也要适时回馈祖先,为亡灵烧纸钱、过节请祖先回家吃饭、隔一定时间到坟上去祭拜等,保持与祖先的通灵。

从以上两个关于班李家族祖坟的传说我们可以看到,首先坟墓位置的选择不仅是自然地理上的一块土地,村民还通过神话传说为祖先坟墓注入灵力,一块土地从而转化为归属于班李家族的文化意义上的地域。因此,荒芜的土地一旦埋葬了某位老祖先,就不再仅仅是一块普通的土地,它还承载了村民对祖先的认同和怀念。坟地还是班李家族成员对于自己家族势力范围的认同,并且这种对祖先和土地的认同还通过一代又一代后世子孙的扫墓传承下去。

"以坟管山"不但象征坟对于土地的归属权,更重要的在于"管",也就是家族威望对外的投射。"风水是分散埋葬的'原因',坟墓的位置决定着生者的兴旺发达。当然,实际上,生者的发达与抱负决定了坟墓的位置,也维护了生者的社会地位。"①从"班家坟"的祖地位置,就可以很明了地看出镇山村以坟管山的作用。村民们自豪地告诉笔者,镇山村老祖公的坟都葬在风水极好的地方。"班家坟的环境很漂亮的,周围几十里都很开阔,坐落的地方就像山字睡起来,平坝青岩的山看起来都很低,只有半边山是竖起来的。"这里所说的班家坟在族谱上称为"水塘高寨",班家坟的名称是由二世祖近山葬在此处而得名,可见历史上由来已久。

坟墓的好位置带来富裕,或者坟墓的好位置能确定富裕,对于命运不好的人们,这通常是一种诱惑。有些人因此通过"侵犯"将坟埋葬或靠近这些风水好的位置。② 班家坟所在的区域原来也属班李家族的管辖范围,现在周围其他村寨的人断不敢把坟葬在此处。"以前班家坟是镇山村的祖坟地,哪怕石板街上人多势众,他们也是不敢在这座山上葬人的。现在不行了,世道不一样了,石板镇上的人看我们老祖公坟地的风水好,就葬的葬、迁的迁,都

---

① ［英］莫里斯·弗里德曼:《中国东南的宗族组织》,刘晓春译,上海人民出版社 2000年版,第 100—101 页。

② ［英］莫里斯·弗里德曼:《中国东南的宗族组织》,刘晓春译,上海人民出版社 2000年版,第 100—101 页。

想葬在这个位置。"行政区划的变革颠覆了传统"以坟管山"的权力话语,但后世子孙依然信奉祖坟的灵力,他们通过挂纸和祭拜等方式保持与祖先的联结,祈求祖先的庇护。

第三节　家族观的现代性表述

镇山布依族的社会网络主要由血亲和姻亲两种关系组成。婚丧嫁娶、逢年过节、修盖房屋、小孩满月等,社会网络中的家族间就互相往来、聚宴对歌、热心帮忙。姻亲是以婚姻关系结成的亲属关系,已经在婚姻一节加以论述;血亲是以血缘关系联结的亲属关系,在镇山村表现为班李家族的世代承袭和两姓同宗的传承。按照目前班李家族成员的亲疏关系和在不同社会交往活动中的参与程度,镇山村的村民展示了四种不同的家族观:大家族、中家族、小家族(扩大家庭)和家庭(核心家庭)。本节以清明上坟为切入点,展现不同层面的家族在历史上和现实中的联结和相互关系,分析家族观的现代性表述。

一、班李家族的家族观

家族在镇山村是以血缘关系的远近划分不同亲疏关系的亲缘组织,大家族从班李家族的结合及第一代传人李鹤山、班近山开始追溯,他们的后代都是一个大家族,即包括整个镇山村的班李家族、对岸李村的班李家族和由于各种原因迁出到其他地方的班李家族;中家族可以追溯到第11代"彩"字辈祖先,这一辈所生的儿子分家后,各自延续下来的后代为中家族;小家族由祖父母、父母、兄弟姐妹组成,相当于人类学的"扩大家庭"(expanded family);①家庭即人类学中的核心家庭(nuclear family),指夫妻二人或夫妻和子女共同组建的家庭。

(一)大家族

大家族指生活在镇山村区域和现在迁到外地居住的整个班李家族成员,他们拥有共同的始祖李仁宇和布依族始祖太作为血缘纽带,同属于一个

---

① 费孝通在《乡土中国》的《家族》一节中也写到此观点,中国乡土的基本社群应该称为"小家族"更为合适,对应于西方的扩大家庭。详见费孝通:《乡土中国》,人民出版社2008年版,"家族"一章。

大家族。笔者在镇山村调查时,常常听村民说起"一个村子是一家"的提法,甚至将苗族也计算在内。如在聊天中,一位苗族村民说:"我们镇山村整个村子都是一家,苗族、汉族、布依族都是一家。"而布依族却悄悄告诉笔者:"他们苗族是以前帮布依族做长工的,和我们不是一个老祖宗。"不同的话语表述方式显示出镇山村苗族和布依族之间微妙的关系。在实行民族平等的当今社会,几乎没有人愿意公开发表民族优越的言论,但私下里布依族仍然认为自己是半边山地区的主人,苗族也"集体遗忘"曾经的附属地位,认为自己是镇山村大家族中的一员。

解放前的镇山村,班李家族的成员虽然已经分化为许多中家族和小家族,但仍然保持一些以大家族为主要单位进行的祭祀、仪式和婚俗活动。大家族的活动一般只在解放前存在,那时候的婚礼、葬礼整个家族都一起帮忙,李村在水库搬迁以前也一同参加村里的节庆活动,主要活动包括婚礼、葬礼、盖房、上坟、扫寨等。

以上坟为例,20 世纪 60 年代的镇山还依然有大家族一起上坟的情况,村里人称之为"上大坟"。报道人 DGM 讲述了"上大坟"的情形:

> 以前一个大队就是一家,都是一个老祖传的,除了苗族。大队的时候我们还一起去上大坟,现在没有了。上大坟的时候要整个家族一起,每家要斗钱、斗米,还要斗好多,买一头猪、一只羊杀来大家一起吃。但不是在家里吃哦,都是要把猪和羊赶到山上去,给老祖公挂了纸就在老祖公的坟前杀猪杀羊,在那里一起吃了饭才回家。现在分成多家,就各吃各花,按人头斗钱,每人八十、五十的,然后买酒、买菜、买香蜡纸烛、买炮仗,也是吃一天。

丧葬活动也是大家族共同参与的,家里有人过世时儿女必须马上点燃鞭炮。村里人告诉我,如果半夜有鞭炮声,多半是家里有人过世了,这时每家都要出门去这家看看,帮忙张罗大事小情。老人因年老而自然死亡在村民看来不是悲,而是喜,因此葬礼称为"白喜事"。葬礼一般要操办三天,第二天为外祭,班李家族的成员都要前来参加。扫寨在过去也是大家族集体参与的一件大事,现在已经停止。总之,解放前的大家族共同参与分支家族中一些特定的祭祀活动(如清明挂纸)、仪式活动(如扫寨)、婚丧活动和节庆活动。

(二)中家族

虽说镇山村村民是由同一个始祖繁衍下来的后代,但是经过十几代三百多年的时间后,大家族逐渐分家而形成更小的中家族,这些中家族是介于大家族和扩大家庭之间的组织单位。中家族指从第 11 代"彩"字辈的儿子,第 12 代"炘"字辈分下来的家族,是现在婚俗活动的主要单位,一般住在村中的邻近区域。"彩"字辈和"炘"字辈生活的时间大概是上寨和下寨分离的时间,是大家族的第一次分化。

分家在镇山历史上自古有之,分家时往往将家族内威望较高的老者请到家里,一旦出现兄弟有所争议或者分配不均现象,则请家族内的老者裁断,并立字据为证,说明家中房产和地产如何分配。班焕彩是家族中的第 11 代,光绪十二年(1886)冬天过世,族谱中记载他是广顺州学武庠生,墓碑上刻有"清待文林郎"之名。以班焕彩为始祖又分出的家族可算作镇山村的中家族。班焕彩的幺子班端的后人至今仍然保存着班焕彩分家时的分关簿,记录当时财产的划分:

> 立分关:父字焕彩,余有五男一女,长子曰炘,次子曰炯,三子曰燎,四子曰煤,五子曰端。奉我譬如如若,五子聚奎,合家实如,五桂连芳。争美张公九世同居,何忍父子一旦分离。然而,饮食醉饱,无有久而不散之筵。儿女长成,焉有大而不分之理。故父子弟兄相商议妥,将祖产遗留,并我续置一切家产五股均分,肥饶互搭,多少相匀,并无厚薄,已极公平。先书字号,凭神拈阉,绝无调换免起猜嫌。各照分关永远管业,恐后无凭,立之为据。其有拈得元字所管,开列于左:
>
> 班端 分关拈得元字所管,左边大房三间,厢房四间,天井一半,左边园子半边,山一幅通顶,左抵李光轩为界。
>
> 大树脚路坎上偏坡一幅,右抵李光轩界,左抵班炳界。
>
> 大树脚路坎下园子一个。
>
> 大沙田一块。
>
> 挑水路边秧田一坵。
>
> 车田凹牛冲田大小四块。东荒土抵李姓,南荒土抵班呈彩。西荒土抵沟坎为界。
>
> 新硗田大小三坵,偏坡一幅在内。
>
> 苗坟坡脚,大新田坎下,三尖角田一坵。
>
> 润色田土,荒熟在内。
>
> 石榴平地土,一坌坡在内。东抵班仲彩,南抵班正彩,西抵路,北抵班炳界。

大树脚,牛坡背后,土一块。

小硚路边秧地,田上乙厢,赶场路,近弯田脚下乙厢。

粮六升,府仓上纳。

总分关　煐执掌

凭中

叔祖:班彩光、班仁光、班旭光、班盛光

叔　：李光铉、班绫彩、班振彩、班丽彩

兄弟:班燫、班炳、班灼、班炽

笔　杰

光绪十二年十月初三日立

　　这一份分家文书记载了分家的理由、过程以及分得的财产的详细情况。班煓财产包括正房、厢房、园子、山、坡、田、土、粮等,可见家族的兴旺和富庶。分家时有长辈兄弟监督,以示公平。因此,班焕彩以下的子孙各成家族,演变为现在的中家族。村中到底有多少中家族村民也数不清楚,初步估计下寨应该有七八个中家族,上寨人口多于下寨,约有十余个,这样算来镇山村的班李家族共有中家族 20 个左右。每个中家族人口数量不尽相同,人丁兴旺的中家族成员目前有 80 人以上,人丁不旺的只有 20 人左右。

　　目前,中家族是镇山村祭祀、仪式、婚丧和节庆等社会活动中的主要集团,家族成员间关系密切,来往较为频繁,特别当家族中有重要社会活动时,家族成员都互相帮助,施以援手,而这些援助都是无偿的、义务性的。以婚礼为例,中家族成员在婚礼中互帮互助是十分明显的。从男方迎亲时皇帝客的选择(或女方出嫁时挑选送亲姑娘),到采购食物、联络亲友、准备宴席、对歌人选等多来自于本家族。以笔者参加过的一场下寨的婚礼为例,两位皇帝客是男方的侄子,准备车队和采购宴席上所需食物的是新郎的堂哥,主持婚礼祭祖仪式的是新郎的伯伯,做菜的主厨们都是新郎的堂哥们,收拾桌子洗盘子的工作由新郎的嫂子们负责,年轻的弟弟妹妹则负责端菜上茶,唱拦路歌和敬酒歌的歌手们也都来自这个中家族。全村老少几乎每家都派人参加婚礼,但婚礼主要的筹划工作和主要劳动都是由本家族的人负责。婚礼宴请宾客的主席之后,在第二天中午,所有来帮忙的家族成员都聚集在新婚的人家吃一顿中饭,以表示主人家对来帮忙的亲友的感谢,同时也是中家族成员的一次集会。

　　春节是镇山村最重要的节日之一,春节前每家每户都需要安排一些过年的食物,如腊肠、腊肉、血豆腐等。因为过年需要准备很多食物,这些工作如果仅靠一个主妇来做需要花费的时间非常长,所以家族间妇女的互助就显得尤为重要。过年前来到村里,笔者到村主任家去拜访,正巧看到妇女们在制作腊肠和血豆腐,不禁盘问起她们的关系。大姐们先是笑而不答,接着告诉我她们都是一个"家族"的,后来的日子和村民混熟以后便慢慢知道她们都是来自同一个中家族,作为妯娌的她们每年都如此互相帮忙做腊肠、血豆腐等春节必需的食物,同时可以边聊天边工作,打发无聊的时间。

(三)小家族(扩大家庭)

扩大家庭指家庭中含有两对以上夫妻的家庭,包括父母和两代或两代以上已婚子女组成的家庭(主干家庭),或是兄弟姐妹婚后不分家的家庭(联合家庭)。这种类型是核心家庭横向或纵向扩展的结果,它的突出表现为人口较多,关系较为复杂。由于每个基本三角形都有自己的核心,互相之间具有较大的离心力,所以这种家庭形式只能在一定条件下发生。在镇山村兄弟不分家的情况很少,往往在儿子们成家以后,父母就将祖产(包括房产、地产以及其他家庭财产等)尽量平均地分给儿子们。兄弟分家后父母通常和小儿子一起居住。

不分家的小家族虽然人口众多,事务繁杂,但是家族中成员间可以分工合作,各尽其职,而且财富相对集中,可以在婚丧嫁娶、家庭发生紧急事件或突有变故等关键时刻发挥出效用。如老支书一家从 20 世纪 90 年代初就开始发展旅游业,一家五口——夫妻和两个儿子及一个女儿(当时还是核心家庭)一起脚踏实地辛苦劳动,赚得的经济报酬再投入农耕、养殖和建房中。目前两个儿子都已成家生子,女儿和女婿一家也在村里经营餐饮,现在小家族在村中已经拥有两栋二层楼房,用于旅游接待和餐饮活动;两辆汽车,既可以运货,又可以接送游客。大儿子开了一家农家乐和一个养猪场,小儿子因为头脑灵活而生意红火,还在离村不远的果蔬批发市场有一个摊位。两个老人一边帮着两个儿子搞旅游,一边耕种自家的田土,目前也是镇山村较为富裕的人家。两个儿子到现在也没有分家,一起抚养两位老人,生意上也互相照应。正是因为一家和睦,在生活上互相照应,经济状况也越来越好。

通过另外一个例子,我们可以看到在发展旅游中过早分家可能造成资金链断裂的现象。

当时(1995—1996 年)通过发展旅游赚了些钱,我的前妻就要分家。我和她的意见不一样,我觉得她脾气不好,不适合搞服务业。而且大家庭一起干活,分工合作,我就可以搞宣传,我哥嫂做饭。但是我前妻就非要分家,三句话说起来就砸锅砸碗,(19)96 年的时候就分家了。那时候小河刚刚在搞发展,我就和她到小河去做生意。当时我还是村长,就放起来不做了,(19)97 年 11 月的时候才有人来接班。我这个人做生意没有天分,顶多也就是持平,没有赚到钱就回来了。当时方方面面都已经很恼火了,她就把小孩带回娘家,我一个人在这里住。后来按照唯心的说法,就是什么事情都不顺利。现在想来就是一念之差,如果旅游赚了一些钱以后再去做生意就不慌了。[1]

小家族成员间的联系更为紧密,他们共享同一个堂屋,共用一个灶台并在一起吃饭,一同经营旅游业、农业、养殖业等经济活动,财产一般共用,由小家族的年长男性掌管公共财产。

(四)家庭(核心家庭)

核心家庭又称基础家庭(primary family),由一对配偶及未婚子女组成。若家庭中夫妻离婚或有一方死亡,以及单亲家庭,也可划入核心家庭的范畴。[2] 核心家庭的成员只有夫妻两人及其未婚的孩子,因此,成员家庭负担相对减轻,从而具有更大的流动性。按默多克的观点来说,核心家庭的作用可以归纳为:(1)性;(2)生育;(3)教育;(4)生活。[3]

虽然扩展家庭在农业生产和旅游业中的分工合作对大家庭整体来说有着很大的优势,但是核心家庭的个体利益仍然驱使更多的小家族被迫分裂,形成一个个独立的核心家庭,单独进行经济活动。现在的镇山村,不论旅游业还是农业都主要是核心家庭单独经营。旅游业获利快、相对轻松,所以有些忙碌的家庭干脆放弃了耕种,主要从事旅游餐饮。有些家里的老人可惜这些被家庭弃之不顾的土地而接手耕种,有些租给村里其他人家或外村人,有些干脆丢荒,几年也没有人耕种,杂草遍地。

核心家庭除了经济上的独立外,在子女教育、修盖房屋等方面也是独立的。镇山村的小孩都要到石板镇上幼儿园、小学和初中,放学后每家都要派人到石板镇上接小孩。修建房屋也是家庭里比较重要的事件,盖房在解放

---

① 报道人 LJM,2012 年 4 月 7 日,镇山村 LJM 家。

② 汪宁生:《文化人类学调查:正确认识社会的方法》,文物出版社 2002 年版,第 125 页。

③ 夏建中:《文化人类学理论学派》,中国人民大学出版社 2003 年版,第 213 页。

前也是属于大家族中的事务,盖房的工钱用米来给付,一天供两顿饭。全村人盖房子互相帮忙,因为"谁家都有个大事小情的",但是"现在亲戚都出钱不出力了,可以借钱给你修房子,但是不来帮忙做事"。

"分家不仅仅是家庭的析分,还是灶和土地的正式分离和划分"①,分家首先是经济上的独立和生活上的自给自足,但因为新分的家户来自于同一个新近去世的祖先,家户之间又有某种特殊的经济合作形式。分家同时是仪式分立,在镇山村,分家最主要的标志就是单独设立一个神龛,表示祭祀的单独性。分家除了经济和仪式上的析分,还同时具有权力的分解,因此通常不分家的家户或较为富裕或掌握着较大的权力,②如上文提到的班焕彩一家。如果家族成员之间有对权力的争夺,那么分家的情况就会发生。虽然说分家有时会伴随着纷争和吵闹,但与其说分家是家族成员关系变淡的激烈转变,还不如说他们的关系早晚会逐渐淡化。③

二、家族的延续和分化:关于清明上坟的思考

2012 年 4 月 4 日清明节,笔者随一个中家族参与了清明挂纸的全过程。结合清明前后对其他家族村民的访谈,笔者了解到历史上清明挂纸的情况,以及家族在清明祭祖中发挥的效用。"清明挂纸"可以作为分析家族分化的切入点,挂纸人群的变化就是班李家族分化和变迁的反映和表现,这种分化是显著的、历时的、渐变的。

(一)清明上坟

在镇山村,上坟又称挂纸,是追思祖先的一种重要形式。按照镇山村村民的说法除了正月,一年的其他任何月份都可以为祖坟挂纸,古话有"新坟不过邪,老坟挂到三十夜"。但是镇山村村民扫墓挂纸多集中在清明节前后,最晚持续到农历的四月初八。扫墓之所以称为挂纸是因为镇山村扫墓除去修整坟墓、铲除杂草、焚烧纸钱、奉上供品和放鞭炮这些仪式之外,还要将白纸条刻上铜钱状的花纹,再将这些纸条绑在树枝上,插到祖先坟头。镇山人挂纸不培土,培土是老坟垮掉需要重新维修时才进行,称"谢山土",是

① 〔英〕莫里斯・弗里德曼:《中国东南的宗族组织》,刘晓春译,上海人民出版社 2000 年版,第 30 页。

② 〔英〕莫里斯・弗里德曼:《中国东南的宗族组织》,刘晓春译,上海人民出版社 2000 年版,第 30—36 页。

③ 〔英〕莫里斯・弗里德曼:《中国东南的宗族组织》,刘晓春译,上海人民出版社 2000 年版,第 30—36 页。

另外一种仪式。挂纸是镇山村扫墓中最重要的仪式,甚至有些老坟或者自己家族的无碑坟,修整墓场、铲除杂草、清刷墓碑这些都不必做,只需要在坟头挂一串纸钱,然后烧些纸钱即可。镇山人称挂纸的纸条为"坟标",一般村里人都自己制作,先将买来的白纸裁成细长条状,然后用一种特殊的铁质模具在纸上打出一个个圆弧,这些圆弧拼成两条锯齿状的线条,将白纸分为只有顶部相连的三部分,然后在顶部打出铜钱花纹。值得注意的是,这些圆弧必须为单数,不能是双数。

　　现在的镇山村,挂纸主要以中家族为主要群体,但由于历代祖坟较多,为能走到每一个坟,家族成员不得不分头行动。清晨,家族中的老人们做好坟标后开始分配工作,挂纸的队伍被分成三组。前往栗木山的有两组,一组步行去大坡。大坡的坟墓较多,提着祭祖用的香蜡纸烛,一行六人立即出发前往大坡。一路上两位老人走在最前面带路,遇到拦路的树枝就用镰刀割掉,使后面的人不致刮伤。在老人的印象中,过去这条路是很好走的,他们小的时候还经常到山上放牛,现在因为农业的机械化,路边的野草大家都不太理会,而且耕牛在农业生产中大量减少,村民不用经常到山上放牛,这条路走的人自然就少了。大坡组负责挂纸的祖坟共分布在五处地方:第一处是村西五公里左右的莲花台,位于三岔河的公鸡岛附近;第二处是大坡,这里共有班李两姓始祖的坟墓共100多座;第三处位于镇山村新寨门的路口处;第四处位于村寨背后,称为后寨;第五处在寨中,距离河水较近。这五处坟墓中大坡组负责挂纸的祖先坟墓共有30余座。

　　每到一处祖坟,老人先就地取材地找几根笔直的树枝,砍去两侧的枝丫,将事先准备好的坟标拴在树枝上,再将树枝插在坟包的最顶上。之后就拿出为老祖公准备的供品摆在坟碑前,菜的数量一般为单数,常见的菜有腊肠、血豆腐、豌豆炒肉等,同时还有茶、酒各一瓶。摆好供品后,将两根蜡烛插在墓碑两侧,烧上纸钱,将酒和茶用小杯倒在地上供老祖公享用。菜和余下的酒茶收好,到下一处再类似摆上。老人告诉我,过去是要点爆竹的,现在政府担心引起火灾,禁止村民在山上燃放烟花爆竹。尽管如此,山上的爆竹声还是不时传入耳中。

　　挂纸结束后,大坡组与从关口寨回来的两队在大坡会合,一起将敬供给祖先的菜吃掉,将酒喝光。按照村里的传统,这些东西是不能再带回家里的,必须要在山上全部吃掉,实在吃不掉就抛在荒野间。之后大家一起返回村内共进晚餐,对于家族来说,清明也是家族成员一年中难得的团聚时刻。

　　挂纸是后代对祖先的敬拜,而无后的祖先难免悲凉。"有人坟上飘白纸,无人坟上草生青",到了清明节,凡是墓头有坟标的,就表示这座坟有子孙来祭扫,如果没有,就是没人祭拜的孤坟了。这也是镇山班李家族以男性为中心的父系标志之一。在镇山村挂纸的意义还在于追忆家族的繁盛,每个挂过纸的坟墓都算作是班李家族的土地,因此每次挂纸都象征着班李家族对家族土地的巡视、认知和记忆。清明是一次家族的重聚,很多搬迁到其他地方的班李姓村民都要携家人回到镇山村;同时挂纸还是文化传承的过程,它要求全家所有男人必须在场,三代、四代同去挂纸,在路上老人走到一处坟墓,就会告诉后辈一些相关的历史和传说。因此,挂纸的过程就是文化濡化的过程,即年轻人通过老人讲述的传说和历史,并通过自身的体验和实践,完成记忆、认知的学习过程。

(二)上坟的历史记忆

清明的上大坟是解放前整个家族的集体活动,村里 60 岁以上的老人都还对上大坟有着较深的记忆。"以前还有大队的时候整个家族一起上坟,可以说过去一个大队就是一家,除了苗族我们都是一个老祖公的。"

上大坟和现在上坟最主要的区别就是整个班李家族成员的参与,每家每户都要派一名村民作为代表参加每年一次的上大坟。同时,每家都需要贡献不同种类的供品,俗称"凑份子",往往由当时的寨老们分配决定。村民还要一起出钱买猪买羊,猪和羊要赶到山上,一则祭拜祖先,二则供全家族的人享用,在上山祭拜祖先后才可煮食。其他的米、茶、酒、香蜡纸烛、爆竹等都由各个家庭一起承担。上大坟主要拜祭的是李仁宇及夫人和两个二世祖的坟墓,上坟的过程比现在繁琐一些,每到一处先摆上酒、肉、饭、茶等敬奉老祖公,然后将事先写好的祭文念给家族成员听,祭文的主要内容是家族的来历和发展,加深家族成员对家族史的集体记忆。念完祭文,家族成员按照辈分向老祖公叩头上香,家里最近的喜事要向老祖公通报,有不顺利的事情也可以祈求老祖公保佑帮忙。祭拜仪式完毕后,整个家族聚在一起杀猪宰羊,做上一顿丰盛的美味,吃完后再下山去。有时,中家族和小家族在上大坟结束后会相约再分别去拜祭各自的老祖公。由于过去的重男轻女思想,女人是不允许上山的。报道人 BYZ 还清楚地记得上大坟的情景:

> 原来我们和李村都是一个家族,现在水库一淹了,有一部分就属于花溪乡,不方便往来了。以前我们小的时候,分为上下寨,对面有一部分也属于下寨,我们经常往来。
> 以前清明挂纸每家每户都去的,都要出钱,买猪、买羊、买小菜这

些。过去就是搞得比较隆重，还专门有块田是为清明准备的，谁种这块田，收获有好几千斤，种出来之后你占一半、村里占一半，这一半要分给大家专门用作清明上坟的费用。猪羊赶上山宰好，还要抬到坡上去敬老祖公，敬好以后才能吃。猪和羊都是当场就做，所以还要抬锅上山去。做好以后全村老少都在坡上蹲一蹲就吃，在平坝坝上这里坐一堆，那里坐一堆，各自带碗筷。上了大坟过去这些老的墓地都要走到，规矩就是这样的。好多坟没有立碑，但是哪个坟是我们的哪个不是，我们都知道。我们都是一辈传一辈，但是偏远的还是搞不清楚哪一个是哪一个了。

20 世纪 60 年代水库的修建淹没了村里几乎全部的河谷水田，"三年困难时期"紧跟而来，家族成员忙着生存和生产，无暇顾及其他活动。同时，"破四旧"对一切旧风俗和旧物件的破坏也不允许村民再从事家族祭祀活动。中家族和小家族上坟在镇山村已经有至少 20 多年的历史，20 世纪七八十年代还有全村一起去挂纸的情况，最后一次上大坟是 1989 年为李仁宇夫人墓重新立碑，当时李村的村民也一起来参加。现在上大坟已经彻底从镇山村消失，取代它的是中家族和小家族同去上坟。

现在挂纸有些是十家八家，有的是三家五家，等清明放假要带上娃娃一起去的，农村讲究一辈传一辈，也能让小孩子记得祖坟在哪里，一直记到二三十岁也就记得祖坟在哪里了。我们家挂纸都是自家挂，团结不起来嘛。我们家族只是一支小的，小的家里也有七八十人，我们这七八十人又分成三支。别说是七八十人了，就是我们这一支的二三十人也聚不齐，现在就是我们一家四口（老夫妻和女儿女婿）去挂纸。

每年都是我们老人帮忙组织，告诉他们要好多钱，有些没得意见，有些就有意见。最起码一个人要 30 块钱嘛，没得 30 块钱不够，现在的物价贵了。现在不许点香点烛点鞭炮，所以也不买了、也不放了、也不烧了。搞两三个菜，摆点苹果之类，带上点酒到那边，把这几样东西摆起，把纸（坟标）插起。现在挂点纸就行了，回来之后点一些香插在那个神道上。现在我们家族每年要走 30 多个坟，我都说不清楚从哪辈了，一辈传一辈就传到现在，大家都知道这些坟是我们家的。①

清明挂纸时间不统一是家族成员不能一同前去挂纸的原因之一。为了

---

① 报道人 BYZ，2012 年 4 月 19 日，镇山村 BYZ 家。

照顾在外上学和上班的家族成员,清明挂纸只能选在节假日进行,通常选在清明前一周的周末,或清明后两周内的周末,现在的清明三天长假是挂纸最集中最频繁的时期。而这又与节假日的旅游业经营相冲突,因为周末和清明小长假是游客来镇山村旅游的高峰期,要去挂纸就必然影响到家里的生意。因此,挂纸时间的选择往往不能照顾到全部的家族成员,这也是上大坟组织不起来的原因。简单起见,如果大家族的几个分支不能组织在同一时间挂纸,那么小家族就各自安排时间单独祭拜自己支系的老祖公。

(三)上坟与家族的分化

现在班李家族祖坟因行政区划的划分、花溪水库的阻隔、家族的分化、传统观念的变化等因素经历着被淡化、被遗忘和被迁移等不同的境遇。班李家族位于村寨四周划定边界的坟墓被拆分为多个单元,分别由不同的家族群体祭拜。

栗木山和大坡因为距离村寨较近成为清明挂纸的主要区域。位于栗木山的祖坟分别葬在不同的朝向和山坡上,如长地大坡、葫芦坡、小竹坡等,共有坟墓26座。在栗木山的祖坟,往往一座坟就占据一座山。大坡是距离镇山村最近的、坟的数量最多、最集中的祖坟地,位于村寨西侧新建的村寨大门附近,具体又有莲花台、鸡公坡等名称以区别不同的位置。此处有大量距今较近的清朝和民国时期的坟墓,是镇山村村民每年必至的挂纸之地。

位于村子西北侧的"班家坟"目前为石板镇管辖区域,葬有二世祖班近山和三世祖班应凤。村民介绍:"近山坟就是一个大石板坟,坟前还有金童玉女雕像,据说还活埋了女童在地下,我们也说不清楚。我们过去都要挂近山的坟,李村现在他们属于天鹅村,他们要来挂纸就挂,不挂也就算了,他们的老祖公呢就是鹤山,坟在李村那边,他们就去挂鹤山的坟。这个村姓李的也去挂纸,我们(姓班的)不常去。"[①]

李村的将军坟和东北侧位于老犁地的祖坟因花溪水库的修建和行政区划的重新划分,现在归属天鹅村管辖。由于河水阻隔,镇山村村民不再去李村拜祭始祖仁宇和班氏老祖太,拜祭的责任由李村承担。

东南方向的螃蟹井有三世始祖班应文之墓,与前文所述的葬于羊叉坡的李应顺之墓隔花溪河相望,旁边是四世祖李自礼之墓。因为安葬之地离村子较远,也少有人专门过去挂纸了。而且班李家族的分化使得"班李一家"的观

---

① 报道人 BYZ,2012 年 4 月 19 日,镇山村 BYZ 家。

念逐渐淡化,村里人说"李家坟是李村的人去挂纸,我们可去可不去"。

从上坟的情况来看,班李家族在延续的线性链条中已经开始分化。如堂屋中的神榜侧重班李祖先的不同籍贯一样,上坟也开始出现班李两家各自祭拜自己祖先的倾向。本是一家人的班李两姓从历史上第一次迁往河对岸开始就逐渐分化;水库的修建人为地制造了班李二姓社会交往的地理阻隔,分化进一步深化;随着时间的推移,这种地理的限制转变为家族认同上的分化,导致班李家族渐行渐远,心理隔阂加深。"坟"的分布既是权力的象征,同时反映出村民家族观的变化,而这种变化也影响着镇山人的观念和信仰。

总结起来,大家族的分化由以下几个因素造成:

第一,地理的阻隔。坟的分布区域广泛,代表历史上班李家族管辖的区域,用"坟"这一不动的"物"来标示势力范围,彰显班李家族的声望。现在的行政区划导致祖坟隶属于不同的行政区域,以前周边村寨的人忌惮班李家族的权势,即使离村很近也不敢将坟乱葬在班家坟,现在家族势力的衰弱和行政干预等造成越来越多的本地人将新坟建在班家坟,或者将旧坟迁往班家坟。而镇山村的人只能保持缄默,嘴上抱怨他们不该如此,行动上却无能为力。班李家族的传统墓地已经不再是家族独有,而为整个区域内的群体共享。花溪水库的建立是导致班李家族中班姓和李姓后代进一步分化的直接原因,水库不仅将同一个家族不同姓氏的两家人阻隔在花溪水库两岸,同时河水也将家族同一始祖的祖坟分隔在两岸,为对岸的家族成员制造了地理上的阻隔。

第二,核心家庭在家族中的独立性是导致大家族分化的又一个原因,而祖坟被淡化被遗忘是班李家族内部分化的外在表现。过去全村一起上大坟,每家都要出人去祭拜,不去的人家自然会受到其他村民的非议。现在中家族或小家族的人数少、难聚集,故去的老祖公之坟又数目众多,往往中家族或小家族分几路挂纸,分到每处坟墓的人数已经非常少了,到达分散、距离远的祖坟的难度就更大。

过去,同一个大家族的成员间关系非常亲近,有婚丧嫁娶或是人来礼往,只要招呼一声,大家族都来帮忙。现在镇山村的家庭结构以核心家庭为主,大家族观念仍然影响较大,但是由于共同利益而产生的合作逐渐增多。比如下寨开展农家乐的人家往来较多,繁忙的时候也互相帮忙。传统的由血缘和地缘编织的社会交往网络开始萎缩,业缘关系网络不断扩展。兄弟分家拆伙的情况增多,同行业之间合作经营的案例也在增加。这种情况下,核心家庭成为经济合作的主要单位。村内居民之间的利益关系变得越来越复杂,随着地方政府对当地的旅游业进行规范化管理,新的人际关系和社会整合方式正在逐渐形成。

第三,生计方式的影响。传统农业社会中的社会关系是互助的、非竞争性的、家族性的,这是由农业劳动的特点决定的。农民在农忙时节因为农活繁重,传统社会中的生产力低下,家族间互助是常有之事。一则全村都是一家人,二则对别人的帮助也同时是帮助自己,如村民所说"谁家没有大事小情的"。农业社会中家庭间的竞争也相对较小,家族间的互助对农业生产是极为有利的。

现在的镇山村旅游业的发展,并不是整合的企业式管理,而是各家各户的竞争关系,哪家哪户能多拉一个游客到他家吃饭直接关系到家庭的经济收入。因此,由生计方式的改变而引发的底层改变直接影响到了镇山村的家族观。现在的镇山村,旅游业已经替代农业成为主要生计方式,传统的大家族互助模式也在向核心家庭转化。

第四,传统观念淡化的镇山人不再一味信奉祖先的庇护。现在的村民受到外来观念的影响,认为只要脑子聪明、会赚钱就是好的。一些人选择到外地打工赚钱,而祖先之灵是辐射不到外地的。村里人更愿意将家庭中的喜事归为自己聪明努力的结果,而非来自祖先的超自然力量。"过去哪家发财了就说是坟葬得好,现在土地一整片都被人征薄(征用),拿到政府拨款的村民家就富裕了。你说还有什么好不好的,都好了。"

第五,现代性元素的介入。在全球化的今天,村落俨然变成了小型的城市,企业、旅游、村民选举、教育、医疗等现代性的标志充斥其中。以教育为例,村民受到的是现代的教育,特别是农村小学合并后,孩子从小学开始的大部分时间都在村外就读,对大家族的传统和习俗不甚了解。现代的传媒科技,如电视和网络的出现更加速了现代性在镇山的传播。社区的教育功能在减弱,社会的教育功能正增强。

如前所述,大家族的分化是多种因素作用的结果——水库修建对班李家族地理上的阻隔、传统农耕的衰落、旅游业的兴起等。这几个因素间相互连接,不可分割。大家族分化为中家族和小家族,原来大家族集体参与的婚礼、葬礼、清明上坟等礼俗活动受到家族分化的影响——参与者由大家族成员缩小到中家族甚至小家族,家族内社会关系范围缩小。

现代性的到来导致原来社区功能的减弱,而社区功能减弱造成的缺位却没有相应地得到补充,因此镇山人目前追求的仍是现代的、城市的生活方式。在这样充斥着现代性符号的村落中村民却对祖先的崇敬和当年聚族而居的生活状态保持着怀念和向往,村民们的理想是既追求居住在现代的小家庭的便利,又向往传统的大家族的团结互助以及安全感,这种矛盾性造成目前大家族、中家族、小家族和核心家庭的并存,不同家族在不同的社会活动中的参与程度不同,在仪式、节庆等活动中,家族成员根据事件的重要程度进行分化和整合,发挥着不同的作用。

小　　结

本章描述了镇山村历史和现存的婚姻家庭形式和亲属结构,呈现了班李家族的亲属关系和家族观的变迁。

镇山村实行家族外婚制,属父系家族,婚后从夫居。血亲和姻亲关系是镇山村亲属关系的两个重要组成部分,血亲关系即父子的代际传承,是父系家族的主要亲属关系;姻亲关系是建立家族和村落间社会交往的主要方式,镇山村将妻子的娘家称为"外家",是婚丧嫁娶和节庆活动中的重要参与者。

镇山布依族的传统婚姻经过相识、定亲、婚礼,直到第一个小孩出生才宣告成立,这是父系家族对子嗣重视的表现,女性在婚姻中处于附属地位。现代社会对婚姻的影响首先表现在婚礼习俗中现代性元素的介入和仪式的简化,同时也影响到亲属关系的方方面面——外出求学和打工、旅游业中女性的重要性凸显,与汉族通婚的普遍性导致婚后男性随妻子居住的新居住形式出现、婚姻对联结社会关系的作用减弱、女性在家庭中地位的提升等。

班李家族自明朝在半边山地区定居以来,逐步确立了家族的地位。李仁宇及夫人作为始祖的来源可见于族谱中、神榜上和墓碑上,同时也通过传说等形式流传在家族后代的记忆中。明清两代班李家族势力不断扩张,田土、城墙和坟墓都是班李家族权力的象征之物:对半边山河谷农田的占据划定了家族的生产区域;庞大的古城墙工程用来防御敌人,划定了家族的生活区域;散落在村寨四周的祖先坟墓划定了家族的权力范围,用"以坟管山"的方式彰显着家族的权力和兴盛。

新中国成立以后,旧体制下以家族为基本单位的地方性组织和以姻亲关系、雇主与佃户关系的网络被互助组、合作社和人民公社取代,农村被更紧密地包容到新的国家秩序的行政机构之内。[①] 班李家族逐渐开始分化,大家族的观念逐渐淡化、中家族和小家族成为镇山村仪式活动的主要群体,核心家庭是村民日常生活的主要形式。坟是家族权力的象征,附近村民对班李家族祖坟地的"侵占"象征了班李家族地位的衰落,而水库的修建、行政区划的限制、大家族观的淡化造成清明挂纸的家族规模逐渐缩小。

镇山村旅游的发展是促使家族分化的另一个重要原因,相对于农业,旅游业的经营方式更适合小家庭的合作,家族间的联结不强,更依赖个人的经营能力。清明上坟是镇山村班李家族历史上每年重大的祭祖活动,从清明上坟的成员变化,可见其家族观的演变。镇山村在现代化的进程中,一方面追忆大家族的辉煌和团结互助,另一方面现代的生计方式、教育、经济形式、观念等又要求家庭间的相对独立。以血缘关系的亲疏为基础,在大家族逐渐分化的同时,大家族、中家族、小家族和核心家庭并存。

生态博物馆在镇山村的实践并未关注镇山村亲属关系对于村落文化的价值和意义,然而实际上,家族与村落中各种社会活动相联结。旅游业中分属于不同中家族的上寨和下寨由于经营范围和利益分配不均等问题,曾经发生过一些矛盾冲突,内部之间也存在着复杂的利益关系。这些微妙的关系由家族分化、旅游发展等因素共同作用,产生了一些原来没有的利益集团,如行业间的合作、各种形式的互助组等。这些力量对村落亲属关系的影响不容小觑。

---

① Sulamith H. Potter, Jack M. Potter. China's Peasants: The Anthropology of a Revolution. Cambridge:Cambridge University Press,1990:39-42.

第五章　神圣与世俗：宗教的现代性表述

"关于一个民族的宗教信仰的论述，必须谨慎对待，因为我们面对的欧洲人或土著人，都是不能以概念、意向和言语直接加以观察、评述的，它需要对有关这些人的语言的全面知识的理解，也需要了解他们的整个思想体系（他们的特定信仰是其组成部分）。因为如果离开了它所附属的那套信仰和实践，它就可能是毫无意义的。"①

人类学的学术史上，宗教是最早讨论的焦点问题之一。斯宾塞（Herbert Spencer）认为宗教源于梦中自我可以脱离开身体，而祖先崇拜是宗教的根源。② 泰勒（Edward Taylor）赞同斯宾塞对宗教起源的观点，并提出万物有灵论（animism）用以描述认为所有物体都具有灵魂的信仰。③ 功能学派的马林诺夫斯基（Bronislaw Malinowski）将文化的方方面面看作一个有机的整体，宗教、经济组织、亲属关系都是这个整体中不可分割的部分，而宗教的功能是减缓人们生活中的焦虑。④ 埃文斯-普理查德（E. E. Evans-Pritchard）反对用西方理性或非理性去分析原始人的仪式和信仰，因为只有站在

① E. E. Evans-Pritchard. Theories of Primitive Religion. Oxford：Oxford University Press，1972：7.

② Herbert Spencer. The Principles of Sociology（3 volumes）. London：Williams & Norgate，1876.

③ ［英］爱德华·泰勒：《原始文化》，连树生译，广西师范大学出版社 2005 年版。

④ ［英］马林诺夫斯基：《巫术科学宗教与神话》，李安宅编译，上海文艺出版社 1987年版。

原始人的立场才能体会宗教或仪式的状态。① 涂尔干（Émile Durkheim）认为宗教的功能不在个体的体验，而是对集体的作用，他认为宗教是集体社会价值的映像。② 英国人类学家拉德克利夫-布朗在对安达曼岛人的田野中发现，安达曼人的超自然存在是与天空、森林和海洋有关的死者精灵和自然精灵，他们的宇宙观可以划分为三个体系——海洋/水，森林/陆地，天空/树木。③ 这种偏向于结构的功能主义影响了著名的结构主义人类学家列维-斯特劳斯。后者坚信人类的思想和社会生活中存在某种普遍的结构，这些结构是一系列的二元对立关系，如生/熟，新鲜/腐烂、干/湿和内/外等。神话抽象出的故事情节可以帮助理解人类解释世界的方式。④ 象征主义者格尔茨（Clifford Geertz）将宗教定义为一套行动的象征制度，其行动的目的是建立人类强有力的、普遍的、恒久的情绪与动机，其建立的方式是拟定关于存在的普遍秩序的观念，给这些观念加上实在性的光彩，使这些情绪和动机仿佛具有独特的真实性。⑤

宗教信仰是镇山村布依族文化的必要组成部分。"仲家不进庙"，这是生活在镇山村的布依族对自己宗教信仰的普遍概括。具体来说，镇山村的村民认为自己是布依族（仲家），只在家中堂屋敬奉祖先，没有进庙的传统，他们也不去祭拜村中的武庙，只有"周围的汉族和游客才会拜庙里的神像"。这种说法容易使人以为镇山村布依族的宗教是单一的祖先崇拜，然而深入社区后，一种错综复杂的宗教信仰逐渐显现出来。镇山村布依族的信仰包罗万象，可谓"儒释道巫兼容并存"，如村民的祖先崇拜是受到儒家的影响，土地神崇拜是受到道教传统的影响，而敬观音是受佛教的影响。同时镇山村保留着布依族传统的摩文化，这可以在葬礼、扫寨、泼水饭等仪式中反映出来。

在现代社会的影响下，一脚迈入现代社会中的镇山布依人，其宗教信仰正经历着现代化的过程，而宗教现代性最主要的表述就是宗教的"世俗化"，

---

① ［英］E. E. 埃文斯-普理查德：《原始宗教理论》，孙尚扬译，商务印书馆 2001 年版。

② ［法］爱弥尔·涂尔干：《宗教生活的基本形式》，渠东、汲喆译，上海人民出版社 1999 年版。

③ ［英］拉德克利夫-布朗：《安达曼岛人》，梁粤译，广西师范大学出版社 2005 年版。

④ ［法］克洛德·列维-斯特劳斯：《神话学》四卷本，周昌忠译，中国人民大学出版社 2007 年版。

⑤ Clifford Geertz. Religion as a Cultural System. In Michael Banton (ed.). Anthropological Approaches to the Study of Religion. London：Tavistock，1966：7.

即马克斯·韦伯所说的"祛魅"。具体来说,本章的宗教世俗化指村民对"神圣"权威的质疑甚至轻视。

"世俗化"这个词汇既是学术概念,又是日常概念,当我们在日常语境中将这个词汇与宗教相联系的时候,它的涵义大多是带有价值倾向的,它通常是指宗教的神圣性和对世俗的超越性特征在宗教或社会生活中被侵蚀。而当"世俗化"作为一个学术概念的时候,它是"中性的",它只是用于描述现代性扩张过程中宗教发展的一种趋势,它原则上是"无价值判断的",指现代化所导致的宗教信仰在社会生活和个人心灵中的不断衰退。

在少数民族社会中,宗教往往是口头的、集体的、承袭的,并与社会生活的方方面面紧密缠绕在一起,是理解社区世界观和宇宙观的核心,认同、环境、仪式都是宗教的重要组成部分,因此,宗教的现代性表述伴随着文化现代性在其他方面的呈现。在镇山村,宗教的世俗化与传统的变迁是同时发生的,并且在生态博物馆这一特殊的社区结构下有着自己的特点。

宗教与旅游的联系在所有文化事项中似乎是最为微弱的,神圣的宗教与展示性的旅游如同一对矛盾对立体,无法同时进行。然而在旅游背景下,也不乏将宗教节日变为旅游节日的例子,如部分苗族地区的祭祖仪式"鼓藏节"就被开发为一项旅游庆典。镇山村效仿其法,也在村内再造了九月九祭祖节,却并未成功(具体将在第六章中论述)。也正因为宗教无法融入在镇山村拥有重要地位的旅游业,宗教世俗化的程度逐渐加深。

第一节　镇山村布依族的宗教信仰

镇山村布依族的宗教信仰可谓包罗万象,囊括了儒、释、道、巫中的种种神明。只要走进村民家中的堂屋,神榜中的儒释道诸神之名自会映入眼中,不言自明。然而,世代生活在镇山村的布依族对自己信奉的神明有时竟叫不出名字;而且他们并不认为自己有什么宗教,只是祭拜祖宗而已。在镇山村上寨入口的空地上,坐落着一座名为"武庙"的小型寺庙,据史书记载,"武庙"原名"镇山寺",建于明朝崇祯年间,距今已经有380余年的历史。然而,镇山村村民却觉得寺庙并不属于他们,因为"仲家不进庙",他们也并不信庙里面的"菩萨"。在新修建的通往关口寨的小路边,有一个传说很灵的"观音洞",洞里常年温度恒定,山泉不断。镇山布依族认为观音洞是汉族信奉的,他们也从不去祭拜。那么,镇山人的信仰究竟是什么呢?从神龛上或许能看到些许端倪。

一、宗教的融合:镇山村宗教信仰概述

镇山村村民虽然不进寺庙,却家家户户都有堂屋(当地人称为"神道"),堂屋中有神龛,神龛上贴有神榜(见图 5-1)。神榜之上写有每家信仰的诸神之名,每逢节日、婚嫁、丧葬等大日子,家中都要祭拜神龛,可以说堂屋中的神龛是镇山村布依族的信仰空间和精神空间。

图 5-1　镇山村村民家中的神龛

笔者在镇山村对各家各户入户访谈的同时,留意记录走访过的家庭中的神榜,归纳起来村民神榜上供奉的神灵主要有:

　　天地君亲师,或天地国亲师

　　南海岸上救苦观音,或观音大士

　　神农黄帝,或神农炎帝,神农始祖

　　五谷大神

　　值年太岁,或当年太岁

　　文昌帝君,或梓潼帝君,或文昌梓潼帝君

　　杜康先师

　　太上老君

　　文武二将

　　至圣先师,或大成至圣,或大成至圣先师孔子

至德尊神

四员官将

关圣帝君

灶王府君

丑午二王

大稷帝君

求财有感神，或文武财神

元始天尊

虚空地姥元君

镇天真武祖师

黔省荣禄大夫

班氏宗祖，或班氏门中历代祖宗

扶风堂上历代祖宗

庐陵府中历代祖宗

以上诸神都是镇山村所崇拜的神灵，这些神灵之名以各种排列组合方式出现在不同的家庭中。从中可以看出，主神是"天地君亲师"，或是"天地国亲师"，这应该是来自中原的儒家思想传播。"天地君亲师"的思想发端于《国语》，形成于《荀子》，在西汉思想界和学术界颇为流行。明朝后期以来，崇奉"天地君亲师"在民间广为流行，将它作为祭祀对象也非常普遍。清雍正初年，第一次以帝王和国家的名义，确定"天地君亲师"的次序，并对其意义进行诠释，特别突出了"师"的地位和作用。民国时期，"天地君亲师"又衍变出"天地国亲师"和"天地圣亲师"两种形式。①

历代祖宗，或是扶风堂上历代祖宗、庐陵府中历代祖宗，也是神榜中必定会出现的神明，这反映了祖先崇拜在镇山村不可动摇的坚定地位。神榜两侧对联的内容则更体现了祖先在镇山村宗教信仰中的地位，如"天高地厚亲恩重，祖德宗功师范长"，"焚香秉烛报祖德，诚心奉祀达宗功"，"江西陕西源远流芳，黔山镇山世泽绵长"。在镇山村最常见的这些神榜对联，无一不是对祖先歌功颂德、尊敬有加，而其他村寨常见的祈求神明保佑平安、发财一类的对联则在镇山村的神榜上很少出现。

---

①　徐梓：《"天地君亲师"源流考》，《北京师范大学学报》（社会科学版）2006年第2期，第99—106页。

　　在镇山村神榜中出现频率最多的神灵包括神农始祖、神农黄(炎)帝、五谷大神、值年太岁(当年太岁)和大稷帝君,这些神灵都是掌管土地或农业生产之神,体现了镇山村布依族对土地和农耕的依赖,是土地崇拜的表现。丑午二神、杜康先师掌管牲畜和造酒,对牲畜的重视是农业社会的表现,而造酒也在镇山布依族的历史上意义非凡。从对这些神明的供奉可以窥见镇山村的农业历史和传统的生计方式。

　　除了祖先和农业之神,镇山村崇拜的神灵大多数则是道教神灵,如文昌帝君、元始天尊、太上老君、关圣帝君、灶王府君、虚空地姥元君、镇天真武祖师等,从这些名目繁多的道家神明中,我们也可以看出道教在镇山村的影响力不容忽视。

　　至圣先师,或大成至圣先师孔子,则是儒家思想在镇山村的体现。孔子是儒家思想的代表人物,文昌帝君虽为道教尊奉,却掌管士人功名,更有本省荣禄大夫的神位,对这些神明的尊奉说明镇山班李家族已经由武转文,希望依靠考取功名振兴家族。

　　佛教也在神榜中有所体现,"南海岸上救苦观音"或"观音大士"的神位是与神农始祖、五谷大神并列出现最多的神。既然镇山村布依族不信佛教,为什么会出现佛教的神明呢? 镇山村村民的说法是:现在观音菩萨处处都要敬,所以我们也要敬观音菩萨。镇山村还有一个受佛教影响的体现则是,镇山村村民对各种神明一律称菩萨,如关公菩萨、土地菩萨、灶王菩萨等。菩萨在佛教中指上求佛法、下化众生的圣者,是梵文"菩提萨埵"(Bodhisatt-va)的省音,意为"觉有情,道众生"①,而镇山村却将此佛教用语转义为一切神明的泛称,这可能与镇山寺曾有僧人修行有关,以至于村民受到佛教文化的影响。

　　从神榜上尊奉的神明来看,镇山村的宗教信仰主要有祖先崇拜、以土地崇拜为代表的自然崇拜,并结合了道教、佛教、儒家思想等,是多种宗教的混合体。祖先崇拜和土地崇拜在布依族社会自古有之,是由万物有灵演变而来的原始宗教的多神信仰。② 同时,镇山村布依族的宗教明显受到汉文化的影响,儒、释、道的神主位都可见汉族文化的影子,同时当地的布依族还保有原生的民间宗教信仰——摩文化(摩教)。

　　布依族的原生宗教是以丧葬习俗为核心的信仰,可以称为"摩文化",也

---

　　①　中国佛教研究所:《俗语佛源》,天津人民出版社 2008 年版,第 183 页。

　　②　《布依族简史》编写组:《布依族简史》,贵州人民出版社 1984 年版,第 168—169 页。

有人称为"摩教"。它是一种以鬼魂观念和冥世观念为信仰思想基础,以解脱疾病痛苦和导引亡灵进入极乐境界为信仰宗旨的宗教。[①] 它认为人死后灵魂不灭,并且能脱离人体继续活着,人的疾病是由鬼魂作祟造成的,而"某些鬼之所以作祟,可能是人触犯了它。比如变哑、变痴、发癫和拉肚子等,可能是因为触犯了鬼魂而引起的报复。这就需要布摩举行一定的仪式,诵经'解邦'(意为驱邪祈福)"[②],即必须要通过驱鬼仪式才能治愈疾病。祭拜仪式由布摩(也称老摩、报摩、白摩)和迷拉(布依语称布押、丫押)掌管,他们能沟通鬼魂,是祭祀活动和节庆活动中的民间祭司。[③] 丧葬习俗是布依族摩文化的核心,人死后要举行仪式对亡灵进行超度,指引亡灵到达极乐世界。经过这个仪式的死者不但安享死后极乐世界中的生活,还可以达到神的高度,从而保佑子孙后代。

镇山村的宗教是典型的多神崇拜,可以看作是祖先崇拜、自然崇拜(以土地崇拜为代表)、鬼魂崇拜及儒、释、道思想杂糅的一种信仰形式,这种杂糅的信仰可能与镇山布依族汉父夷母的族源有很大关系。换而言之,镇山村布依族的宗教既有崇拜鬼魂的摩文化,又有道教和儒家思想,这种复杂的纠缠可以推测为镇山村汉人祖先移民到此的文化印记。

镇山村与周围的布依族村寨相比较具有更为明显的汉文化传统。以对待鬼神的态度来说,镇山村布依族对待鬼神一律使用"敬"字,如敬老祖公、敬鬼、敬土地等,而很少使用常见的"礼"、"拜"、"祭祀"、"祈求"、"供奉"这些词,这与儒家"敬鬼神而远之"的态度相类似,也是历史上儒家思想的反映。镇山村历史上不乏庠生、廪生、秀才、举人等,这既是儒家思想影响的结果,也可以看作儒家思想浓厚的原因。与周边的布依族村寨相比,汉父夷母的镇山村人所受儒家文化和中原文化的熏陶较为浓厚。

二、宗教人士:与神沟通

既然有宗教存在,那么就常常需要与神交流,人与神的沟通需要依靠一些职业化和半职业化的宗教人士参与其中。镇山村因宗教的混合形态相应地拥有不同的宗教人士为之服务,这些宗教神职人员有些至今仍存在,有些已经在镇山村历史中消失。

---

① 参见周国茂:《布依族摩教三题》,《贵州民族研究》1990 年第 4 期,第 55—61 页;周国茂:《摩教与摩文化》,贵州民族出版社 1995 年版,第 1—23 页。

② 周国茂:《布依族摩教三题》,《贵州民族研究》1990 年第 4 期,第 55—61 页。

③ 黄义仁:《布依族宗教信仰与文化》,中央民族大学出版社 2002 年版,第 28—29 页。

（一）摩师与迷拉

1. 摩师

摩教的祭司称作"布摩",也称为"报摩"、"拿摩"等,镇山村一般叫"摩师",是布依族摩文化的实践者、主持者和传承者。摩师均为男性,主要职能是超度亡灵和举行祭典。在各种仪式中,摩师主要以诵读相应的经文和祷词为亡者或鬼魂超度。摩师也会主持寨际间或全寨、全宗族的大型祭祀活动。[①]

摩师通过拜师学艺成为摩师,而非世代承袭。一个人如果希望成为摩师,首先要向村里的师父提出请求,得到准许后,跟随师父参加仪式,在实践中学习仪式的念词和过程。当徒弟可以基本记清并能熟练朗诵摩经时,就可以亲自主持宗教活动。直到熟练主持后,即可通过一定的仪式活动正式出师,自己单独主持活动,这个过程称为"交摩"。布依族摩教的经文一般有《殡亡经》等,其中的《嘱咐经》又是《殡亡经》中最核心的一卷。摩经用汉字记录,但具有另一套特殊的意义。因此摩师一般是布依族中文化程度比较高的人,这里的文化程度是指汉语文化程度。布依族历史上是没有文字的,摩师一般是用汉字记音的方式将经文记录下来,因此想要成为布摩就必须懂得一些汉语。另外,布依族摩师进行仪式的主要方式是通过诵读各种经文来完成的,而这些经文都需要用布依语讲述,因此熟悉布依语也是成为摩师的必要条件。也就是说,摩师必须同时精通汉语和布依语。

镇山村现在已经没有摩师存在,但是摩师在布依族的人生礼仪中却是必不可少的,因此镇山村在需要举行一些仪式,特别是葬礼的时候,就必须要去其他村寨寻找摩师来主持仪式,最经常被邀请去村内操办仪式的摩师来自镇山村附近的小河区。小河的布依摩师 BSH 的父亲早年从镇山村搬到小河居住,他从小就跟着外公和舅舅学习摩经,现在已经成为一名摩师,时常受邀来镇山村主持仪式。他说出了自己对镇山村宗教现状的印象:

> 我们小河那边的布依族更多一点,风俗习惯保存得也更好,所有这些仪式在我们小河那边更隆重,镇山村的布依族风俗习惯都淡化了,比我们小河那边的风俗淡化了很多。镇山村这边的布依族都不讲布依话了,我们的布依族还都在讲布依话,他们这边的寨子很多仪式都已经不会做了,也没有人懂,所以他们的仪式怎么做都是按照我们那边的做法。我们寨子里边各种关于仪式的古书也都还保存着,这边就很少了。

---

① 　周国茂:《布依族摩教三题》,《贵州民族研究》1990 年第 4 期,第 55—61 页。

还有就是，我们小河的布依族人数多，所以各种节日和仪式也都隆重，镇山村的布依风俗太淡了。①

汉父夷母的族源也许是镇山村布依族文化之根不甚深厚的原因，另外，布依语的逐渐消亡也是镇山村摩师传承断裂的重要原因。从小河区和花溪镇的布依族村寨请摩师，一方面说明摩文化在镇山村的传承已经断裂——虽然镇山村还有一名老人可以辅助摩师从事一些宗教仪式，村中老人对丧葬仪式的过程和内容也很熟悉，但村中无人可以独立完成丧葬等仪式；另一方面，请布依族的摩师来主持丧葬等祭典，表现出镇山村布依族仍然在按照当地传统来举行仪式，依然重视本民族文化传统。镇山村到其他村寨请摩师做仪式使得镇山村与外界的布依族环境联系起来，延续了镇山村布依族的传统。但是同时，镇山村布依族不会讲布依语又使得镇山村与周围的布依族村寨的布依族传统存在着某种程度的断裂。

其实，镇山村的布依族并非无人会讲布依语，60 岁以上的老人中很多还是会讲一些布依语。镇山村的布依族女性会说布依语的人数远多于男性，她们一般都是从一些其他布依族村寨嫁到镇山的媳妇，平常间闲聊或对唱山歌时，她们之间有时会使用布依语。但是，性别的限制决定了女人不能当摩师。

布依语失传的原因，一则因为镇山村和周围汉族的交往频繁，从民国时期开始，镇山村年轻人读私塾或读公立小学，都是同汉族伙伴在一起，不存在讲布依语的环境，久而久之就逐渐淡忘了；二则旅游开发后，与游客间的交往更不需要使用布依语，调查中询问镇山人不讲布依语的原因，他们给出的答案多是"说了游客听不懂，村里人就都说汉语了"。

2. 迷拉

布依族民间信仰中还有一种宗教人士被称作"迷纳"或者"押"，镇山村布依族称之为"迷拉"，一般由女性充任，类似于萨满或女巫。她们成为"迷拉"不是通过学习，只要出现迷狂或神经错乱等情况，就认为是"独押"（duezyaz）附身，便设坛祭供，人们知道后就找她算命、占卜和主持驱邪、祈福禳灾等仪式。如果碰巧"治"好了一些人的病，或算命算得"准"，便会被认为"灵验"，因而名声远扬，求者不绝。②

镇山村几年前还有一位迷拉，这位迷拉在镇山村的地位很高，镇山村的

---

① 报道人 BSH，2012 年 4 月 16 日，镇山村。

② 周国茂，《摩教与摩文化》，贵州民族出版社 1995 年版，第 10 页；周国茂，《布依族摩教三题》，《贵州民族研究》1990 年第 4 期，第 55—61 页。

一些宗教仪式和集体活动都由她充当组织者。她原来只是一名普通的妇女,因为观音菩萨托梦而一夜之间变成了迷拉。据村民的介绍,镇山村有个山洞地处偏僻,虽然村里人经常在山洞周围的田地里插秧劳动,但是不为村民所知。"不知怎么的,观音菩萨就发现她了",洞里的观音菩萨托梦给这位妇女,使她成为迷拉。半信半疑的村民根据迷拉说的话找到了那个不为人知的山洞,并且在山洞里发现了观音菩萨的石像。后来村民就将这个山洞称为观音洞,而被托梦的妇女就成了镇山村的迷拉。村民回忆说,迷拉平时的主要工作是给人治病,村民生一些小病就会去找迷拉医治。

> 以前生病了也是去医院,但是医学不发达。石板镇上有些赤脚医生,但是医术也不高明,一般生了小病我们就先泼水饭治病。水饭如果管用,那就治好了,如果水饭也不管用就去找迷拉看病。怎么看这个人是不是得了病呢?比如说如果这个人平时好好的,身体强壮,也没有病,忽然就头疼脑晕,或者是忽然浑身不舒服,就会认为是遇到鬼了,这时候就要去找迷拉。迷拉看病的时候会带一碗大米,迷拉施法以后通过观察那一碗米的样子来确定是什么鬼怪引起的病,然后迷拉会告诉你要怎么医治。有的时候得了病一治就好,有些时候还是要去医院吃药打针。[1]

这位迷拉灵力非凡,而且人品极好,有求必应,其他村寨的迷拉有时会用鸡、牛等不易获得的东西做法事,而这位迷拉可以不通过这些"物"而直接和鬼神沟通,因此,镇山村周围的村民常来请她治病。她不仅可以治疗疾病,还可以占卜,结果常常令村民信服。BYD向我描述了这位迷拉的灵力:

> 村里原来的老迷拉特别准,就住在下寨支书家房子背后,五年前过世了。你有什么事情找她看最灵的,举个例子,那个时候我们这边还没有搞旅游,各家各户还喂有耕牛,那个时候水库的水缩下去,比现在还要深一点,我的牛在我的地里被人偷走了。那时很少有人偷牛,第二天我发现我的牛不在了,我就对我的小幺儿(小儿子)说,牛到哪里去了?他说在田头啊,昨晚喊我去喂还在的。我就知道牛丢了,整个寨子的人都集中起来帮我去找牛。那个迷拉当时还在,我就去问她到哪里找牛,她说你的这个牛啊走不远,最多走出去二十里路,你往西边走(就是现在博物馆那个地方),她说过不了一两天就会有人来报信,但是要花一点钱。那个小偷偷了牛不敢到处乱走,就把牛拴在山上,结果被人发现

---

① 报道人 BYD,2012 年 4 月 5 日,镇山村 BYD 家。

了捡回家。当时我认识一个屠夫，经常来村上杀年猪。这个捡到牛的人前一天借他的刀杀猪，第二天去还刀，就和这个屠夫讲了捡牛的事。这个屠夫跟我们有亲戚关系，我儿子正好出去找牛碰到他，就跟他讲丢了一个水牛。他就跟我儿子说，快回去报信吧，牛被人捡了。我后来花500块钱把我的牛换了回来。那牛本来是值一千多块，我花了500块就把牛换回来了，所以说这个迷拉特别准。①

迷拉除去给人看病之外还会关心整个村寨的命运，如果说这一年村寨中有诸多不顺，或者死亡人数比平常年份多，或者村寨的庄稼收成不好之类的情况出现，迷拉就会认为整个村寨"不干净"了，需要进行全寨集体的扫寨仪式，这时候迷拉既是发起者又是组织者。

镇山村最后一位迷拉去世以后，村寨里类似活动再也没人组织，村民普遍觉得麻烦，扫寨至此中断了。由此可见，迷拉是宗教传承的纽带，迷拉的去世使镇山村本来就已经淡化的摩文化更加薄弱，扫寨仪式的消失即是宗教世俗化的表现之一。

（二）先生

"先生"是镇山村现存仪式的主要组织者和实践者。"先生"类似于堪舆先生或风水先生，他们能独立完成镇山村在春节、盖新房、婚礼等活动中的谢土、安神、谢米魂等仪式；他们一般还通晓阴阳八卦、选定吉日、看墓穴风水等事宜。在镇山村，这样的先生目前有五位，年龄都在70岁左右。他们所主持的仪式，如谢土、安神等都受到道教仪式的影响，但又均带有镇山村的特色。这些仪式的古书（师父传下来的仪式文本）都是本村祖传，因此寨子里的仪式和经文虽然与其他临近村寨大致相同，但也有自身的特点。一般来说，镇山村布依族会就近选择村里的先生主持仪式，但村民有时也会请其他村的先生来家里做仪式，也有村内外几位先生配合完成一个仪式的情况。笔者随村里的一位先生参加了一场安神仪式，仪式结束后村里的先生解释说："我们镇山村整个寨子安神的仪式和经文都是一样的，你看到的安神找的是花溪上水的先生，他做的仪式和念的经文就跟我们不一样了。"

先生在镇山村也面临着失传的境遇，受商业社会、现代科学理念等的影响，镇山村举行仪式的频率降低、时间缩短、仪式从简，每年举行安神、谢土等传统仪式的家庭不足十户。年轻人虽表面上说希望传承这些仪式，但实

---

① 报道人 BYD，2012 年 4 月 5 日，镇山村 BYD 家。

际上并没有人真正在学习,这些仪式在镇山村的传承现在面临着与传统断裂的风险。村里最受欢迎的先生 BSD 向我回忆自己学习仪式的过程、传承情况等,流露出对村里现状的担忧。

我做这个的时间不长,起先我就是跟别的会做仪式的人去玩,后来这些先生老的老、死的死,会做的人越来越少,我就开始慢慢去做。这些东西我都是从书上学的,过去的仪式很复杂,书上写的我也有很多看不懂,就得去找人请教。还有一些仪式在书上只简单地写了,它的过程和中间的计算书上都是没有的。比如说算八字,你要保证不能有相克相冲的情况发生,这些你就要去找会的人请教,如果说都没人会,或者会的人年纪大死了,或者忘了,这些仪式就没人会做全套了,就要去外边请先生。不过现在的仪式较以前也简单了,没有那么复杂。

仪式的传承主要就是有些先生会把仪式的过程整理成书,好学的就把书拿去看一下抄一抄,再跟着先生去做仪式,通过平时的观察就能学会了。这边都是拜师学的,如果你喜欢可以去学,拜师就可以学了。我们这边拜师也没有什么要求,只要你喜欢做这个,然后先生又愿意收你就行了。拜师也不用什么仪式,先生就把做仪式用的书给徒弟看,要是有人家里出了什么事情请先生去做仪式,先生就可以带着徒弟一起去做,在实践中就能学会了。徒弟要在过年的时候给师父买礼物,过年要去师父家拜年。

现在寨子里的年轻人都没人学这个了,我一个徒弟也没收到。过去的先生都是根据自己的兴趣情况去学,现在没人感兴趣,也就没人学了。过去传给儿子的居多,现在如果儿子也不爱好,那也就荒废了。爱好的人也可以去学,但是现在爱好的人没了。过去春节时正月初一到十五是专门教这些仪式的时间,每个寨子都在那个阶段学,如果过年没什么事,就可以去学。就只有这段时间可以在家里边学,其他时间要学就必须在屋外。学做仪式有一些限制的,这就跟苗族的绣花一样,不管天冷、天热都必须在屋子外边绣花。过了正月十五,要学这个也必须在外边。现在过年,年轻人都跑去打麻将、打牌。我年轻的时候,村里会仪式的先生就都死光了,那时候会的就是我爷爷那辈人。虽然人死了,但是书还在,可是"破四旧"的时候搞运动,一下就给烧没了。

现在寨子里出了事一般都要去外边请先生,他们一般一来就是三四个人以上,因为有好多仪式是不能一个人做的,一个人也忙不过来。

现在寨子里学这个的少了，更没人来找我们了。就是有人来找我，有些仪式我自己也做不过来，还要找别人来帮忙。有时候有找我来做仪式的，我就跟我们村的人一起去，一般不能跟别的寨的人一起做仪式，因为别的寨的仪式书跟我们的书不一样，一些仪式虽然大致的流程相同，但是念的经文咒语很多都不一样，仪式上的细节也不同，一起做仪式的几个人必须是一个先生传下来的才好，要不就不好配合。①

"先生"虽然也从事宗教活动，但是他们自己觉得从事的仪式活动与摩师、迷拉的不同，他们做仪式有古书为依据，不是乱来的，看风水、测八字也有书本，是有理论依据的。这些先生一般读过书、文化程度较高，村里人也认为他们"有文化、懂得多"。

（三）尼姑与和尚

尼姑与和尚显然都是佛教人士，并都曾经在镇山现在的武庙中出现和生活，但他们都不是镇山村人，也不属于村寨管辖的范围。

武庙始建于明崇祯八年（1635），由参将班应凤所建，原名"镇山寺"。《贵阳府志》中记载"镇山寺，在半边山寨，崇祯八年参将班应凤所建"②，距今已经有381年的历史。武庙里面最中间供奉的是关公，镇山布依族称其为"关公菩萨"，关公右侧是周仓，左侧是关平。旁边的一间还供奉有观音菩萨。在1931年贵筑时期花溪区佛教寺院人口统计中，镇山寺共有僧人两名，住持名为隆德。③ 然而，在镇山村村民的印象中，解放前只有两名尼姑长期住在寺庙内。当时的镇山寺为四合院，寺庙除了上殿和下殿外，还有东西两个厢房，僧人就住在西侧厢房内。过去寺庙有土地可以耕种，尼姑请村里人帮忙耕种，每年收租，村民收获的粮食一部分要交给寺里供僧人食用。

解放前庙里住着两个尼姑，她们早晚一炷香，香都是很长的。解放以后，她们就都还俗了。听大人们讲，那时候有一个年轻的尼姑，不知怎的，和村上一个小伙谈起恋爱了，当时是不允许的，后来两个人就私奔到贵阳。两个人觉得没有脸面，再也没有回来过。后来又来了一个年纪大的，这个我见过，这个年纪大的没待几年又来了一个年轻的，解

① 报道人BSD，2012年4月11日，镇山村BSD家。
② 〔清〕周作楫，贵阳市地方志编纂委员会办公室校注：《贵阳府志》卷三十六，贵州人民出版社2005年版。
③ 李祖运：《贵阳市花溪区志》，贵州人民出版社2007年版，第177页。

放以后还俗,就嫁给了我的一个叔叔。①

解放后的镇山寺一度成为小学和仓库,几经破坏,左右厢房和下殿都被拆光,只剩下一个主殿。1995 年贵州省文化厅文物处对镇山寺重新翻新,1996 年开始对外开放。2007 年,一名外地商人看中武庙,将其承包下来经营,和尚又重新出现在武庙内。据村民说,这些和尚并不是真正的和尚,他们只是被雇来在庙里工作,为游客解签算命。可是这商人才将佛像重新竖起,就半路跳出来另一商人非要转租武庙的经营权,前面的商人无奈之下,只好将刚刚经营的武庙转出。后来的老板"赚钱太黑心","那些和尚都是高级骗子,有庙的地方就去骗,察言观色说好话。游客进来都要烧香,每人最低 38 元,再往上是 78 元。有一个香港的老板居然被骗了 88888 元"。如此敛财方法实在糟糕,所以后来被某旅游公司告发,武庙被迫停业。武庙从此只在旅游旺季时开放一阵,冬天则大门紧闭。

村民一直强调"仲家不进庙",尼姑住在庙里时村民就不进庙里拜祭,商人承包之后,镇山村村民更觉得那庙已经不再属于村里,几乎很少进庙。有时僧人傍晚收工之后也会与村民交流,村民看到庙里没有游客算命的时候,也会开玩笑地跟和尚们说"帮我来算一个命看看",当然村民是不会给钱的,也不会将和尚算命的结果当真。

第二节　祖先崇拜

祖先崇拜是镇山村布依族的主要宗教信仰之一。"祖先崇拜是鬼魂崇拜的另一种形式,但其崇拜的对象为与自己有血缘关系的人,崇拜者有祭祀的义务,而且将这些鬼魂当作保护本族或自己家庭的神秘力量而崇拜。对一般鬼魂崇拜是不固定的,也是一时的,然而祖先崇拜是固定地、长期性地进行祭祀。"②在镇山村,祖先崇拜在现代化的今天仍然保留得较为完整,除了第四章提到的清明挂纸以外,对祖先的祭拜通常都在家中堂屋进行。春节、四月八、六月六等节日都要在堂屋中祭拜老祖公,为老祖公敬饭敬酒;七月半要为历代的老祖公烧包,即烧纸钱;每隔三五年就要更换堂屋的神榜,

---

①　报道人 SS,2012 年 2 月 6 日,镇山村 SS 家。

②　黄义仁:《布依族宗教信仰与文化》,中央民族大学出版社 2002 年版,第 35 页。

并进行安神，新屋建成或搬迁也需要安神。葬礼上随处可见对过世亲人的尊敬，体现祖先崇拜在村民心中的地位，祖先在葬礼后经过儿女的守孝才可以进入神道，成为神灵，保佑子孙后代。

一、堂屋：祭祖空间

镇山村家庭信仰的中心是自家的堂屋，一般正对大门，堂屋上设有神龛，神龛上贴有神榜，供奉着保佑全家人的各路神明，同时设置祖宗牌位、画像或照片以供奉自家的老祖公。堂屋不但是供奉神灵和招待客人之所在，更是镇山布依族婚丧嫁娶举行仪式的神圣殿堂。

镇山村的房屋居室没有固定的朝向，但有固定的设置。明间以隔扇和隔墙一分为三，大门（隔扇）前为吞口，供热天乘凉和休息所用。中间为堂屋，堂屋隔墙上有神位，供奉诸神和祖宗牌位。神位正对大门，一进门就能看见神榜之所在。后半间称为神道背后，此间只能是最高辈分的男性长者居住，其他人不得享用这间房子。次间同样是以隔墙一分为二，右次间后半间多用作厨房，前半间为一般人的卧室，但已婚的儿子的卧室不能在此间。左次间里间为父母卧室，外间为一般人的卧室，家里人少的则作为冬天烤火的地方，楼上用来储粮储物（见图5-2）。

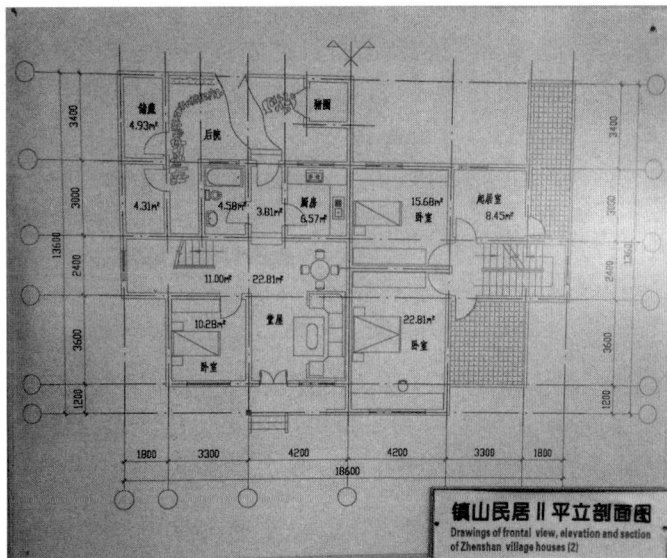

图5-2　镇山村现代民居内部布局①

①　来源：镇山布依族生态博物馆展厅。

　　祖先崇拜在镇山村最为直观的和普遍的表现就是神堂的设置,镇山布依族有人居住的房屋都必须设堂屋。堂屋是一户人家的主要房屋,一般在房子的最中心位置,不能充作卧室。平常为客厅,有事则成为举行仪式的重要场所。堂屋设有八仙桌和太师椅等待客的家具,以八仙桌为界,一般八仙桌之上的墙面上设有诸神和祖先的神榜,神榜中供奉的神祇包罗万象,有神农黄帝、灶王府君、观音菩萨等道教和佛教的神明,也有班氏宗祖、李氏宗祖的神位。八仙桌以下的墙面上贴有土地神的神榜。

　　如前所述,根据堂屋神榜的内容,镇山村布依族信奉的神灵名目繁多,而祖先只是他们供奉神明的一部分。然而,镇山人却认为堂屋最重要的作用就是供奉祖宗,其中包括历代宗祖,自家已故的父母、兄弟或其他亲戚。堂屋是过世之人的理想归宿,是每家每户必不可少的部分。父母过世之后必须要将父母之位供奉到神道上,否则亲朋好友和同村人就会认为子女不孝。每逢布依族重要节庆和家中的重要事件,都要在堂屋烧香点烛,焚烧纸钱,以示对祖先和神明的尊重。

　　因此,堂屋的功能主要是宗教上的,同时也是家庭的精神核心。它还是家中举行各种仪式的场地,特别是家中亲人过世之时,必须要将亲人放到堂屋之中咽下最后一口气,这便是镇山村村民心目中的寿终正寝。

　　　　按照我们的说法,老人过世有寿终正寝和寿终内寝之分。寿终正寝就是说,如果这家的父亲要去世了,一定要抬到堂屋这个地方来落气,感觉他已经不行就一定要抬到这里,就是寿终正寝。寿终内寝就是说,如果是这家母亲去世的话,是可以在她睡觉房间的床上咽气的,当然也可以在堂屋里落气,这就是寿终内寝。亲人去世寿终正寝是最好的,如果后代不能做到这点,我们就要说他没有孝道。①

　　堂屋的布置、卫生情况和神榜的设置也是过去品评一家人道德修养和文化素质高低的重要标准。还有一句俗语表示神道对于一个家庭的重要:“男人进门看神道,女人进门看锅灶。”村里人解释说:

　　　　这句话的意思就是评价一个家庭里的男人好不好、勤快不勤快,要看家里神道做得怎么样。一个家庭里,堂屋必须要有,而且男主人必须要把神道收拾好,这样的男人才是个好男人。你家里有神道,而且布置

---

　　① 报道人 SS,2012 年 2 月 6 日,镇山村 SS 家。

得好,让人一看就知道你是有正统的思想、尊重祖宗的人,收拾好神道就能让人知道你懂得忠孝国家、忠孝祖宗、忠孝父母,这就是过去对家庭的一个判断标准。男人进门看神道,就是说一看神道就知道你是一个受过教育、有思想的人。那些把堂屋堆满杂物,把神榜写得乱七八糟的人,一看就知道这个人的水平不高。女人进门看锅灶,就是说,女人只要把厨房收拾好了,干净、整齐,就说明她是个好女人。①

过去家里来了客人,与主人关系较好的宾客都要到堂屋来吃饭,以前的堂屋中间一定要有一个八仙桌、四条板凳,有条件的人家还一定要雕龙画凤,所以堂屋不但可以判断主人家的经济水平,还能判断一个人家里的文化水平,功能就如同现在家里的客厅一样。"平时在家里吃饭不一定在堂屋,家里的几个人在厨房随便将就一下也可以,如果有客人来了,就一定要正正规规地坐在堂屋招待。"客人的座次也是有讲究的,长辈一定要上座,即离神道最近的座位,次长辈在长辈的对面坐,两边坐的都是小辈,过去说法叫"上坐官,下坐将,两边坐的是槌草棒"。

堂屋不仅是招待宾客的日常空间,而且是村民宗教活动的主要场所,是婚丧嫁娶等重要仪式举行的地点。堂屋一般建得比较宽大、方正,正对大门,主要是为了举行仪式时便利。比如婚礼时需要接待大量的客人,宽大的堂屋可以容纳更多人;葬礼时抬棺进出也比较方便。

堂屋平时一般没有什么禁忌,在堂屋里可以说笑或聊天,但是比较忌讳外人在堂屋里哭,"这样主人会不高兴",有婚礼和葬礼等重大活动的时候规矩就稍多一些。婚礼中新娘进亲的时候,与新娘属相不合的人不能在堂屋里,要尽量回避。葬礼中掩棺时和抬棺上山时,与死者属相不合的也要回避,不能到堂屋。在办红白喜事的时候,只有负责主要任务的人、受人尊敬的客人、最亲近的亲戚、辈分较高的老年人才可以在堂屋吃饭。结婚、出丧、起房等不允许村民不分长幼地随便在堂屋里指手画脚。

旅游兴起后,镇山村除了日常起居所用的房屋,还出现了为接待游客特地建起的做生意所用的房子。这样的房子一般离花溪水库比较近或者视野比较好,屋内设置电视、影碟机和麻将机等娱乐设备,游客可以在设施齐全、卫生宽敞的屋子里用餐和娱乐。在这些新建的房屋里,一般不设神榜。一些家庭认为住在新房比较方便就顺势搬到新房居住,这种情况往往新房内

---

① 报道人 SS,2012 年 2 月 6 日,镇山村 SS 家。

也没有神榜,按村民所说"只要老房里有神榜就可以了"。随着"顾客就是上帝"等观念在村里的普及,堂屋的禁忌如今也不是非常严格了,游客随便进入堂屋、对神榜拍照等行为也都十分常见。堂屋中的神榜更换的频率降低,还出现了有玻璃框包装的新型神榜,这样的神榜可以长期不必更换。

二、葬礼

布依族是崇拜鬼神的民族,布依族的原生宗教摩教尤为关注鬼魂和死亡。镇山村的布依族亦是如此,他们对鬼神的态度是既崇拜又害怕,总的来说是持一种"敬"的态度。对祖先灵魂的崇拜和敬重是鬼神崇拜中最为重要的一种形式,他们对祖先的"敬"从死者即将咽气的时候就开始了,葬礼的过程更体现出子女对死者的尊重及对亡魂的敬畏。葬礼的仪式过程非常繁琐,主要包括送终、择期、入殓、掩棺、放幡、家祭、外祭、点主、砍牛、出丧、发靷、分花树、扶山(复山)、洗孝等程序。

(一)葬礼的仪式过程①

在死亡之前,当地称作"要落气"的时候,儿子要将父亲抬到堂屋里,放在一块堂屋门板上。门板架在两条板凳之上,老人平躺在门板上,长子用单臂扶靠老人,直至老人咽下最后一口气,称为"为老人送终"。老人断气之时要点燃一挂爆竹,告知村里乡亲。

老人一去世就要去请堪舆先生,由堪舆先生根据死者和家属的生辰八字确定哪一天出殡。然后,还要再请一个专门的人去帮忙安排葬礼的具体事宜,村里人称之为"总管",镇山村村民认为人在悲哀的时候是不适宜亲自安排这些事情的。请到这个总管之后还要再去找内外总管,必须要有人管内、有人管外。"过去的时候出殡请客是个很重大的事情,来的人也非常多,招待客人这些事情,就要由他们去安排。"总管一般是自己家里人,特别是管内的一定是和这家比较亲近的人,管外的负责招待客人等事,需要一个能说会道"嘴巴勤"的人。管事的人根据死者的年纪来选,一般选择跟死者年纪相近的人。"管事的不光要会说还要能干,不能只是指手画脚,要把请客这天几十桌客人的事安排得面面俱到。"

镇山村的丧葬仪式一般分为家祭、外祭和上山三部分,分三天进行。其中上山也就是入土,上山日的选择是最为关键的,家祭和外祭都是根据上山

---

① 葬礼过程根据田野调查和村民口述整理,并结合张永吉、李登学、李梅:《镇山民族文化保护村调查报告》,花溪区文管所,1994 年,第 26—30 页。

的日期而定。上山日期的选择非常讲究,请来的风水先生要保证这个日子适宜整个家庭的所有成员,"最重要的就是保证家庭中每个人的安全"。因此,日期的选择必须对每个家庭成员负责,"如果对大儿子有利,对小儿子不利是不行的",这就需要"风水先生看日子的时候把大家的八字都排好",如果风水先生一次没有算好,名声就坏了,人们就不再信任这个风水先生了。村里人将没有算好的情况称为"日子不干净"。报道人 SS 向我讲述了一次因风水先生的失误,选择了"不干净的日子"而酿成的大祸。

> 那次的事故非常严重,我们叫"重丧",这是几十年才发生一次的事情。当时有一家的老母亲过世了,家人按照堪舆先生(风水先生)说的日子上山,结果母亲刚抬上山,儿子在家里就不行了,也跟着母亲去了,所以说是"重丧"。这样的事情不常发生,但是因为日子不干净造成的小事情是经常有的,比如说葬礼上打架、闹事啊,或者东西掉下来砸到人了,都是不吉利的。①

上山日期的选择一般有以下几种情况:第一种是不请风水先生看日子,一般是人死后的三天、五天、七天就抬棺出门,称为"急葬"。第二种是针对过去家庭条件不好的人家,丧葬仪式中的家祭和外祭合为一天,第二天就入土安葬。第三种情况是因为家中人比较多,一时选择不到适合全家人的时间,就只好先宴请亲戚,安葬的那天将棺木抬到地里去,在棺材下面用两根木棒支起来,棺木不能碰到地面,有好日子再将木棒拿下来,表示入土安葬。第四种是偷葬,就是先将棺木悄悄地埋了,等到有好的时间再放鞭炮,表示安葬了。

死者去世之后,死者的儿女们腰系麻绳、脚穿草鞋为老人哭丧。即使是在隆冬腊月,儿女们也必须要穿着草鞋哭丧,以表对父母的孝道。死者的女儿和媳妇哭在死者左右,儿子在脚边烧纸钱。然后用艾草叶煮水替老人擦洗身体,穿上老人衣。穿好衣服后,摩师要向死者交代子女给了死者多少衣服,然后将一块银元放在老人口中,俗称"含口钱",同时祭供一碗糯米饭,俗称"倒头饭"。入殓时布依族将棺材用砖块支撑顺梁置于堂屋正中,用升子将筛子筛过的石灰均匀地撒在棺材内,铺平压紧,再用白纸铺盖,最后用白布兜住死者置入棺材。钱纸作枕,死者周围剩余空间用纸钱塞满,最上面用一块红绸覆盖于死者身上。入殓之后,直系亲属(称本家)每人挂一条红布

---

① 报道人 SS,2012 年 2 月 6 日,镇山村 SS 家。

于死者头部,家中无子的亡人则送一张四方白帕与死者同殓,以祈求死后生子,平安发迹。然后虚掩棺盖,横置棺材,使其头靠神龛,脚朝大门。摩师要口念咒语,交代死者的灵魂留在棺木里不要出来,生魂在外面,死魂在里面。亲人巡视后钉好棺木,不再打开。家人再将一方桌放在棺木尾部,一半压在棺材上,一半悬外,用以搁放贡品,桌子下方有一盏燃烧的菜油灯,叫作"脚灯",是为死者照明所用。棺材封好以后,要装"粮阴罐"。将一筐糯米煮熟,先喊过世的祖先来吃,之后装一罐糯米加酒曲(酒药)。这个"粮阴罐"在棺木入土时放置于棺材旁,永远埋在地下。摩师要交代清楚儿女给的粮食,剩下的糯米所有来的亲戚一起分吃。

当晚请摩师做道场、放幡和挂望山钱。摩师做道场时要念《摩当》,即《嘱咐经》,是葬礼上的核心。村里人告诉笔者:"布依族的摩当和汉族的开路差不多。汉族的开路就是说把路指给你,你就去吧。我们布依族把衣食住行都说得清清楚楚的,耕牛牵一头给你,农具给你,田是哪一块,都要交代清楚,不要动别人的。你以后和家人的关系断了,互不干扰了。(念《嘱咐经》的)时间不是很固定,但是一定要交代清楚。事情必须一件一件地交代,大概需要一天多。鞋子、衣服、袜子多少都要说,而且这些东西都要烧一下,叫'过火',不用都烧掉,只要用香烧一个洞。"除了嘱咐死者的死后事和替死者指路,《摩当》中还有对生者的嘱咐,如布依族的风俗和道德标准等,既是对死者的超度,又是对生者的教育。

放幡时将幡插入房顶,上有幡文,简述死者生平。幡有十三道、十五道、十七道不等,常为单数,没有年龄之分别。放幡时摩师要吟诵百余字的《放幡词》,交代上西天的去路和所要带去的东西。望山钱悬挂于门外,若一老尚在,则只挂一条死者的望山钱;若家中两位老人均已过世,则挂两条望山钱。望山钱由形状类似灯笼的几个圆圈穿起来,一个圆圈为一道,根据年龄的不同望山钱的道数不同,一般十年为一道,如果死者已年满八十,就有八道望山钱。

家祭又称内祭,是三天祭祀中第一天的内容。这一天子女身着孝服,家庭条件一般的就披麻戴孝,条件好些的还要缝孝衣服。孝帽上用不同颜色的圆点来区分不同的辈分,一般子辈点红点,孙辈点绿点。家族里的人将猪羊宰好刮净,尾部及背脊留有部分毛,口含青菜头朝死者放在供桌上,另盛一升或一斗谷子置于桌上以供插灵牌所用。一切就绪后儿子手持一把伞,二人吹唢呐随后,去请村中儿女多、年龄大、福气好的老人(俗称大宾)举行点主。大宾在家中穿好给自己准备的老人衣,由孝子撑伞在唢呐声中迎回丧家。点主由摩师写好灵牌,灵牌字数只能取单数。灵牌写好后用红绒盖着由孝子恭捧,大宾揭开红绒,刺破孝子手指,用毛笔浸血点灵牌,即为"点主"。孝子随后将灵牌插于供桌上的稻谷之中。点主所用之笔被认为是吉利之物而众人争抢,据说夺笔之人家会文笔好,大吉大利,永世享福。

外祭又称正酒,是主人宴请全村宾客的一天,死者的外家(大外家)和媳妇的外家(小外家)都要带一只猪和一只羊前来拜祭。外家进门前由摩师指引需跪拜三次,又叫行"三献礼"。外祭的一天还要有祭文(悼词),可以体现一个家庭的地位。一般情况下,经济条件好、重视传统礼仪的家庭会更看重写悼词,普通人家就只是形式上交代三言两语即可。悼词里主要是歌颂父母亲情,介绍过世之人的一生,好的祭文常使前来的亲戚听得热泪盈眶。

亲朋好友到齐后就到了丧葬仪式的高潮部分——砍牛祭祖。摩师由人撑伞,从堂屋走入院坝或者田坝(砍牛的地点必须高于停放亡人的堂屋),另一人用女婿搓好的草绳系牛拉出牛圈,孝子跪在一旁。摩师口中念念有词,举刀砍牛祭祖,命令牛在阴间给老人犁田种地。砍牛祭祖中使用的牛必须是黄牛,不能为水牛。过去砍杀之后的牛肉一般是不吃的,因为吃牛肉被村民认为是不好的事情。

外祭之后的一天即可抬棺上山。上山的日期必须仔细算好,认真定夺,一般是在天亮之前。抬棺上山前离开家门时要举行"发轫"。发轫时摩师要念《发轫词》:"日吉时良,天地开张;鲁班造屋,不准停丧;日落西山还见面,水流东海不回头;叫你走,你就走,叫你行,你就行;若有半声言不肯,一斧打得碎纷纷。起——!"随着一声"起",小伙子们齐力将棺材抬起,从堂屋出发,在院中系好龙杆,龙杆常为十六抬。抬起时男女老少嚎啕哭丧,男子随行上山,女子则送到寨门口便回。回去的媳妇们争相拿起新扫帚打扫堂屋内的纸灰,据说扫得越多,家里老人越平安越有福气。

上山的一行人中长子手捧灵牌走在棺木前面,其余男子都走在棺材之后,一路抛撒纸钱,来到事先挖好的坟坑边。入土首先要进行跳井仪式,由摩师手拿公鸡吟诵《跳井词》,然后将钱纸的纸灰均匀撒于坑内,孝子脱下孝服铺垫其上,洒雄黄酒。"安五星"是布依族入土仪式中特有的步骤,即将五个酒杯置于棺材底背心部,再将女婿准备好的粮阴罐放在坑内位于棺材右手边的一个小洞内。接下来是撒土,孝子反手牵着后襟,形成一个兜状,摩师口念《撒土词》抛土于兜内,表示孝子"背土葬老人"的孝心。然后孝子捧一把土盖棺木,摩师念"山人入棺木,生人生魂出",意为从现在开始你就是另一个世界的人了,你要保佑你的后代,不要干扰他们,称为"分花",亲人此时需背对棺材。参加葬礼的亲友捧土盖上棺木,垒成坟墓。如果条件好的家庭墓前要立碑。立碑时由石匠掐破一只公鸡鸡冠,将鸡血滴在墓碑上。坟的右前方挖有一个小方坑,用以掩埋焚烧后的供品(女婿敬供的除外),是死者的"金库"。临下山时,孝子取坟上十根草,另有一人抬着装有一只鸡蛋的碗,边走边喊"自家儿女的三魂七魄回家喽",直到回到堂屋。死者的灵牌不能马上进入神道,需将死者的灵牌先挂于堂屋左角(女性灵牌置于堂屋右角),下面有一小方桌,放供品所用。逝去的亲人如何由人转换为神进入神道,将在下一节中做详细介绍。

棺木下葬三天后,死者亲属要到坟前磕头填土,察看新坟的牢固状况,称为"扶山"(复山),同时需要谢山土。先填好买地契约,摩师掐破一只公鸡的鸡冠,将鸡血围绕着坟洒一圈,口中同时叫着"卖地",孝子举锄跟随其后,摩师叫一声"卖地",他叫一声"买地"。鸡血所洒之处,均为死者所属,任何人不得侵占。之后将地契焚烧,表明买地过程结束。回到家中,要进行谢米魂,确保生魂和鬼魂分离。此后三天内,家里的任何东西不能外借,死者生前所用的床铺草、棉被、衣服等要抬到村外的第一个三岔路口焚烧。

这就是一个镇山村布依族葬礼的大概形式和全部过程,葬礼复杂而隆重,村民们认为经历了这样的葬礼,死者就可以在另一个世界带着后代赠予的物品,继续过着男耕女织的幸福生活,并且能保佑子孙。

随着现代思想的进入,镇山人崇拜祖先的思想也在发生着变化,一些村民直接表示对仪式内容的质疑,认为仪式都是"哄鬼""骗鬼"的,一些仪式过程也因此发生变革,葬礼中一些仪式简化、一些仪式象征化。这是宗教权威在镇山村的衰落,也是宗教世俗化的一种表现。

举例来说,死者去世之后,死者的儿女们应该是要披麻戴孝,腰系麻绳、脚穿草鞋以示哀悼。现在,草鞋早已经淡出了镇山村的生活,而今很少有人直接穿草鞋,人们或者将草鞋套在鞋子外面,或者直接穿白球鞋代替,而这在以前都被认为是不孝的。

死者去世要杀牛祭祖,以示崇敬,同时牛在阴间继续为亡人劳作。镇山村布依族去世宰杀黄牛是历来的传统,而镇山村畜养的多为水牛,因此遇到葬礼需要去别的村寨买黄牛宰杀以示孝道。到了现在,黄牛还是从外村牵来,但是仪式的过程却不再如从前。

> 从前父母死了,要选好日子,要在选好的那一天砍牛。我们说的砍牛真的就是把一头牛杀死,纪念自己的父母。现在都不砍牛了,就是找

一头牛来，用刀把牛的耳朵砍破，让牛流一点点血出来，就代表我把牛已经给你们送过去了，我的心意已经送过了，并不真的杀牛。现在就算只是把牛的耳朵弄破那么一点点也要花几百块去找养牛的人家租牛才可以，这个牛不能是村里常养的水牛，一定要是黄牛。从前村里养黄牛的时候要去跟这些养黄牛的人买黄牛来敬死去的亲人，现在就要去外村找。有些人会觉得你把牛血敬了鬼，鬼要带走我的黄牛，不吉利，不肯把黄牛借给你蘸血。但是现在有的人是在专门养黄牛，知道哪里的寨子里有人死了，用黄牛租给人家赚钱的。这就是哄鬼嘛。[①]

"哄鬼"、"骗鬼"这些做法的出现，并不仅仅是传统的流失和改变，更折射出镇山村人对鬼魂态度的改变，即宗教神圣性的消失已经非常普遍，人们对鬼的态度也不再是如以往般的敬畏。

（二）洗孝：由人到神

完成了以上葬礼仪式中对死者亡灵的超度，亡人的灵魂并不能马上成为神。过世的亲人如果想进入神道变为"神"必须要经过一个"阈限期"，[②]在此"阈限期"内祖先要被亲人供奉，最终完成由人到神的转化过程，保佑家庭平安。这个过程称为"洗孝"，可以算作葬礼的最后一个过程。

前文提到抬棺上山起坟以后，亲人下山离开新坟，儿子手捧灵位回到堂屋。灵牌不能直接放在神道上，而是按照男左女右的方位，将其放在家中堂屋门边安置，目的是使亡者安宁。在这期间，儿子要为故去的父母守灵，又称守孝、洗孝，传统上以三年为期。守孝时，每天午饭和晚饭做好之后、开饭之前要去敬供亡者。所谓敬供，即按照传统习俗中敬供祖先的方法，为亡者奉上菜饭、点燃香烛、烧些纸钱。如此早晚往复、天天不断、年月积累。村里人对守孝的解释是，刚过世的老人因死亡时间不够长，不具有能够进入神榜的神力，孝子必须通过三年内每天对老人的供奉增加亡灵的神力，三年之后亲人灵魂的神力足够强大时，就可以顺利进入神榜，变成日后为子子孙孙所拜祭的神

---

① 　报道人 SS，2012 年 2 月 6 日，镇山村 SS 家。

② 　阈限英文为 liminality，法国人类学家范・杰内普用其特指仪式的过渡阶段，他认为仪式可以分为"分离/阈限/重合"（seperation/liminality/reintegration）三个阶段。详见 Arnold Van Gennep. The Rites of Passage. Translated by Monika B. Vizedom，Gabrielle L. Caffee. Chicago：University of Chicago Press，1960. 另外，维多克・特纳也对"阈限"的概念有所解释，详见 Victor W. Tuner. The Ritual Process：Structure and Anti-Structure. Chicago：Aldine Pub. Co. ，1969：94-96.

(神祖)。同时被供奉的祖先之灵为回报子孙后代将其供奉为神的孝心,也要在他死后的世界里尽力保佑后世子孙家庭兴旺平安,赐予子孙福气和好运。

现在随着守孝的"改革",守孝的时间由三年改为三个月。其原因村里人解释说:"这还不是因为社会的发展! 有人这样做之后,就慢慢有人跟着,大家都觉得三年太长了。"不过对更为简化的方式村民是不能够接受的,对只守孝一天的年轻人,老者表现出不满和担忧:"现在甚至有人改得一塌糊涂,把坟墓安葬以后就急着安排着把灵牌摆上神道。就是把三年省成三个月的第一天,一天就做完,一次成功,现在竟然出来这种现象。"他又补充道"但是这样的很少",申明这样不守规矩、乱改传统的人在村里还是少数。

守孝的开始称为"开孝"。开孝并不是以供奉堂屋内灵牌为起点,而是从戴孝的那天开始算起。守孝的时间因亡者的性别而略有不同,如果是男性,戴孝的时间就是整三个月,女性就要多供奉几天,因为"女的操劳,死了以后要多敬她几天"。

与传统内三年守孝相对的,在守孝期间,此家春节时贴的对联也与其他家户有所不同。在镇山村,为表示子女对故去父母的追悼和尊敬,春节时所贴的对联除了内容上要表示对父母的思念和感恩,在颜色上也和传统的大红对联不同。老人故去的第一年对联用绿色纸书写(见图5-3),第二年则改用黄色纸写,第三年才恢复为红色对联。

图5-3　守孝中的镇山人家(对联为绿色)

由此可见，守孝的功能主要有两个：其一，守孝是儿女对父母的尊敬，是一种孝道的体现；其二，在守孝期间，儿女通过祭拜亡人的灵魂，为其注入神力，亡魂吸纳足够多的神力方可进入神道，成为具有灵力的神，也才能够有能力保护家族中的子嗣。

从守孝的仪式上来看，无论对死者还是对生者，它都是一段特殊的仪式过程。在守孝期间，生者和死者在阴阳两界建立了一个特殊的时空：生者迈入此"阈限期"履行他对亡者的责任，结束后再重新进入原来的社区中；亡灵在这段时间进入到一个介于阳界和阴界的过渡时空中，结束后才能顺利进入另外一个世界，成为一个神灵。①

三、祭祖仪式

由人到神的祖先并不能永世保佑子孙，除非子孙保持与"神"的联系，即对其敬供和尊重。清明挂纸、安神和节庆活动中的祭拜都是布依族日常生活中最常见的保持与神祖关系的方式。如此往复，代代相传，人变成一种时间，成为历史的锁链，通过由神到人的过程延续香火，保佑后人。上一章中介绍了镇山村布依族如何通过清明上坟与祖先沟通，完成对祖先的祭拜，此处不再赘述。这一部分主要论述村民与神祖交流的另外两种方式——安神和节庆祭典。

（一）安神

亲人的鬼魂变成"神"就可以享受家中子孙的祭奠和崇拜，但鬼魂是缥缈无形的东西，为寄托对祖先等神灵的崇拜，镇山村人需要一个具象的物质为象征来表达对神的祭奠，这种具有象征意义的物的代表就是神榜。神榜上记录了家中所敬的各种神灵的名目，因此对神榜的拜祭，也就是对神的崇拜和祭祀。但并不是随便什么人用红纸写一张神榜就会有神灵依附其上，如果要神榜对祈求保佑的人发挥神力，书写和张贴神榜都需要进行一系列复杂的仪式，这一系列仪式的名称就叫作安神。

安神就是安置神主的意思，简单来说，就是将神灵安置到家中的神榜上。一个家户之中只需要安置一个神榜，可谓"天无二日，家无二主"。村里人的话语更为通俗："神榜就相当于当家做主的主人一样，家里边不能安两个神榜，两个神榜就像两个户主一样，就要乱套了。"

---

① Arnold Van Gennep. The Rites of Passage. Translated by Monika B. Vizedom, Gabrielle L. Caffee. Chicago: University of Chicago Press, 1960: 146-147.

安神，又称安香火。一般来说，有两种情况需要安神，一种是将要建立新的家庭，比如结婚或者分家；这时候需要由堪舆先生选择一个吉日来进行安神。另一种情况是，家中的神榜破旧或损坏了，需要换置新的神榜，这时需要在春节前进行安神。不同情况下安的香火不同，念的经文也有不一样的地方。

家中神榜旧了，需要换置新神榜。这样安神的日子一般选在春节之前，取辞旧迎新之意。安神的时间要选"神在日"，再根据黄历推算出一个"安神吉日"。先生解释"神在日"使用了一个非常形象的比喻，"神在日就好比你去别人家里做客，你有心去做客，还必须要主人在家才行"。推算安神吉日要使用安神公式，根据这个公式配合十天干和十二地支来调度，算出最后的安神吉日。安神仪式在周围的汉族、苗族村寨也是常见的仪式之一，仪式的过程大体相同，但不同民族、不同村落又各有不同——首先不同民族的"先生"一般使用本民族语言来主持仪式；其次不同村落间即使是同一个民族，在仪式上仍然有地方性的不同，存在某些删减或增加的部分。主持安神仪式都有成文的古书作为文本，但"这些仪式的源头到底是从汉族传下来的，还是从布依族传下来的，还是家族的传承，这些我们也不知道，反正我们都是从书上学下来的"。"村里的仪式是从哪年开始的，是怎么形成的都没有记载，我们也不知道是从什么时候发展起来的。村里流传下来的只有族谱，我们这些民间的东西，都没有记载。"[1]

虽然各种情况下的安神在经文上略有不同，但做仪式的流程大体相同，主要分为请神、做事和送神三部分。首先是请神，先生口念神灵之名请他来到家中，请到神以后，告知神明家中发生了什么事情，为何缘由烦请神明，请神明帮忙解决，将事情处理妥当之后再送神回去。经书的内容也是大致分成这三个部分。根据不同的缘由奉请的神明也不尽相同："请神一般是请各位'菩萨'和老祖公，比如说读书的事就要请孔子，做饭的要请灶神，种五谷的要请神农黄帝，各种各样的神都有，内容多得很。"现在的仪式还是按照古书上记录的内容进行，仪式的程序也基本没有改变，但是繁琐的仪式常常经过先生的删减后慢慢地开始简化，因为主人和先生都愿意尽量简化仪式的念词以缩短仪式的时间，因为"事情多，大家都忙着呢"。

安神的神榜在过去主要由先生在红纸上用毛笔手写，经过日晒风吹，红纸很容易褪色，神榜褪色了或破损了就要重新张贴神榜，此时就需要安神。

---

① 报道人 BSD，2012 年 4 月 5 日，镇山村 BSD 家。

随着电脑在村中的出现和打印的普及,现在出现了塑封的新式神榜,此种神榜采用电脑打印技术,神榜先用红纸打印出来,外面再包上一层塑料或玻璃框架,贴在神堂上也比较美观。更重要的是这种神榜使用寿命长,不容易褪色和破损,因此很多村民选择使用这种新式的神榜,特别是村里近几年结婚的家庭。这种神榜很多年不需要更换,所以不必经常安神。从经济成本上来说,一套新式的神榜虽然比手写的神榜贵一些,但老式神榜很容易因为日晒雨淋而损坏,每次更换都需要安神,安神请先生需要打点些辛苦钱,还要请先生吃饭,花费实际上相对较高,这也是镇山村布依族开始更换新神榜的原因之一。

(二)节庆中的堂屋祭祖——以春节为例

镇山村布依族一直与周围的汉族、苗族在历史上有着密切的往来,在节庆上也吸收了一些汉族、苗族的节日,形成了自己的节日文化。镇山村的节日一般都按照农历计算,主要节日有春节、清明节、四月八、六月六、七月半、九月九等。在这些节日中,祭祖都是必不可少的仪式之一。而在祭祖活动中,请老祖公回家吃饭、烧纸钱、点香烛是最常见的祭祖方式。节庆中的祭祖与其说是祭拜,不如说是邀请老祖公与家人同庆佳节。

春节是镇山村最为隆重的节日,而在这个最隆重的节日里,祭拜祖先又是镇山村村民最重要的活动。可以说,几乎春节里的一切活动都是围绕着祭祖这个中心在运作。

腊月一到,镇山村村民就开始为即将到来的春节忙碌,杀年猪、打粑粑和酿酒是镇山村几乎每家都要做的准备工作。杀年猪从农历腊月初开始,到腊月二十以后频率更高,这时村里的屠夫平均每天要杀两三头猪。屠夫熟练地将猪割成大小不等的十几块,女主人带领着女伴将这些新鲜猪肉用盐、胡椒和辣椒腌起来,一个星期以后吊在火上熏,就可以做成布依族的传统美食——腊肉。过年用的粑粑必须要用当年的新糯米来打,将米煮熟,放在石槽中敲打,再用手团成一个个圆形的糯米粑粑。过去每家过年前都要打几百斤的粑粑,炸粑粑和煮粑粑都是春节里常见的早饭。镇山米酒是将甜酒和烧酒混合而成,甜米酒的做法是大米洗净,用平时蒸饭的竹制大甑子将米蒸熟,等米饭晾到不烫手时拌酒曲。将混合了酒曲的米饭放在密封的坛子里,经过发酵即成甜酒。烧酒是甜酒蒸馏而得,将甜酒和烧酒按一定比例混合就是镇山村的布依米酒。

腊肉、粑粑和布依米酒是镇山布依族春节前必须要准备的传统食物,一则春节前天气凉爽,是这些食物的最佳制作时间,制作好后也较容易保存;二则它们都是祭拜祖先的主要食物,镇山村村民必须要将它们敬供老祖公后才可以自己享用。这些食物在随后将要叙述的部分里都会再次出现,它们在镇山村同祭祖紧密联系在一起。

春节祭祖首先要在除夕将老祖公请到家中,除夕晚上开始祭拜老祖公,请他和家人一起过年,春节过后再送走老祖公。

除夕当天的傍晚,一般在家里吃晚饭的时候,家人先在家中堂屋内将供品准备好摆在桌面上,随后就准备去土地庙接老祖公回家。请老祖公的时候要怀抱一只鸡,带上一些糯米、一个火焰包、半碗米、一个鸡蛋、擦脸帕子和一个用白纸剪成的马,到寨子里的土地庙接自家的老祖公回家过年。① 火焰包用稻草编制,每隔一段束起,在路上火焰包不能熄灭,回到寨中走到朝门口时,要将火焰包打散烧掉,避免有妖魔鬼怪和无儿无女的祖先灵魂随着进到家中。烧火焰包时还要在口中念词,大体意思是有儿有女的祖先灵魂就跟随自己的儿女回家过年,家中无儿无女的在朝门口烤下手就回去吧,因此无儿无女被认为是很凄惨的。将老祖公接到家中以后就开始祭拜祖先了。

村里的土地庙在"文革"时被破坏,石制土地公像也被打烂,村里人后来改为到祖先的坟上请老祖公来家吃饭,现在去请老祖公吃饭的人越来越少,一位老年妇女告诉笔者"现在不用去请老祖公,老祖公自己会来家里",另一位村民也说"没人去请老祖公了,现在大家都图方便了"。

在镇山村,好的食物都要和祖先共享。家里准备好饭菜之后要将最好的菜摆在神龛前的供桌上,先请祖先享用,之后家里人才能用餐。一般固定的是三盘或五盘,可以一直摆放到正月十五,其他的菜挑选好吃的摆在供桌上,待老祖公用过后再从供桌端下供家人享用。供奉老祖公常见的菜肴有腊肉、腊肠、盐豆腐、鱼等。有一样菜是镇山村的布依族在春节祭祖中必备的,就是猪小肠炒青菜,被称作"青菜长行"。它的具体含义已经不可考证,是区别镇山布依族和其他村寨布依族的标志。

　　我们这个寨子,这个家族,只有一个是固定的,其他的可以随便,猪
　　小肠炒青菜,喊叫"青菜长行"。其他随便配,腌蛋、腊肉、盐豆腐都行。

────────────────

① 整个镇山村原来有两个土地庙,上下寨各一个,里面有石制的土地神像,土地庙管理整个寨子的事务。

按我们的祖宗族谱算下来,如果是一个家族,就问你供哪样菜,如果过年不供这碗菜,和我们就不是一个家族。①

除了丰盛的菜肴,还要在供桌上摆上一碗米饭、五只酒杯、五只茶杯,倒满美酒和香茶,旁边放好五双筷子,请老祖公享用美食美酒。以前祭祖还要敲磬(铜钹),"祭祖不敲磬,祖宗的灵魂就不能回家"。"文化大革命"的时候这些铜钹被收缴,之后祭祖就不再敲磬了。

祭拜祖先要按照一定的顺序进行,首先祭拜神榜正中的天地君(国)亲师位,然后祭拜神榜右侧神位,如太岁和班氏始祖之位,最后祭拜神榜左侧的神位,如灶神、孔子和父母之位。与神榜相对应,神龛上面有三个香炉,祭拜时按"先中间,后两边"和"先右后左"(右为上)的顺序分别在每个香炉中点燃两支红蜡烛和三根香。接下来同样将两支红蜡烛和三根香插在神龛下方的香炉中祭祀土地神。另外再有两根香分别插在堂屋大门两侧,用来祭门神。厨房的灶神也同样要祭拜。最后一根香放在朝门外,祭因非自然死亡而不能进家的祖先。香烛插好后就要给老祖公送些银钱,即在堂屋烧纸钱,烧纸钱的时候按照族谱中由远及近的祖先顺序念诵过世亲人的名字,并请老祖公回家吃饭,同时将五杯酒和五杯茶洒一些在地上,表示老祖公已经品尝完毕。敬供完毕点燃鞭炮,之后家人就可以共用团圆饭了。吃过晚饭后,全家人坐在一起准备守夜。过去除夕晚上不允许睡觉,全家人坐在火边一起烤火守岁,除夕晚上一定要烧大火,取红红火火之意。

> 我们那时候还没有火炉,用的是火炕,就找大块的柴火烧起来,在火边讲故事。除夕晚上是绝对不允许睡觉的,在床上靠一靠也不行,就是拿那个秧子编成秧被,烤火的时候可以靠一下秧被。没旅游之前的热闹跟现在就不一样了,按照老的民族习惯,那时候在火边聊天、讲故事,就是我们传统上的热闹。②

现在的除夕,一家人守岁的习惯几乎消失,村民们看完了央视春节晚会就都睡下了。放鞭炮在村里十分盛行,因为大家都认为多放炮就是多聚财,第二年一定生意兴隆、财源滚滚,因此富裕的家庭甚至购买几千元的鞭炮燃放,条件一般的家庭也会买上三五百元的鞭炮。临近午夜十二点,全村鞭炮齐鸣,在空中绽放的礼花将整个村子照得如同白昼。

---

① 报道人 BSX,2012 年 2 月 7 日,镇山村 BSX 家。
② 报道人 LSF,2012 年 4 月 7 日,镇山村 LSF 家。

　　大年初一早上的祭祖和除夕的祭祖形式相同，但是在供奉的食物上又有不同，初一早上一定要给老祖公吃炸粑粑，初九（又称上九）、正月十五早上亦是如此。如果家里贫困没有油，就用糯米蒸甜酒煮粑粑供老祖公。"过年需要的甜酒事先都不允许尝过，必须敬供祖先之后才能自己享用，甜酒、腊肉、糯米粑粑一样都不能少。"

　　"布依族过年兴摆粑粑"，每家每户摆放粑粑的方式十分讲究，粑粑要分三堆、五堆或者七堆，每一堆都整齐地垒起七个粑粑，在每一堆倒数第三层必须要放一片腊肉。最上面的一块要用事先供奉过祖先的粑粑——这些粑粑是在刚打出来时就盛到神龛上供奉的。将这三堆、五堆或七堆粑粑放在大桌的周围，中间摆放祭祀祖先的饭菜，粑粑还需要用黄纸全部包起来，不允许透出一点粑粑。过去有金银锞子（锞锭），再将金银锞子放在顶上一层，使其看起来更加好看。粑粑用钱纸包起来具有特别的含义，因为在初一这一天，村里任何人也不能说起"粑粑"二字，更不能吃粑粑。大人们有自制力，会按照传统约束自己，但是小孩子童言无忌，难免不小心说出"粑粑"二字，为防止小孩子看到粑粑说出来，就干脆将粑粑封好。敬供祖先的甜米酒坛口也要放一块粑粑将其盖好，意思是"粑粑堵嘴"，不允许任何人提"粑粑"二字。至于为何不能说"粑粑"二字，村中老人也不得而知，只说"这是祖传"。初一晚上需要送老祖公回去，将摆在供桌上的几堆粑粑拿来放在桌子边，对老祖公说"我们送你回去了，这些粑粑送给你带回去吃"，就算是送别老祖公了。过了初一表示新年已过，初二以后，甜酒和粑粑就都可以享用了。

　　大年初一对小孩子来说更是欢乐的一天。这天一大早，镇山村的男孩女孩就按照自己的年龄自动组合成几队挨家挨户拜年讨糖，10岁左右的就找10岁左右的小朋友，15岁的青少年就找青少年朋友一起出门。孩子们到其他人家中拜年必须要先给主人家的老祖公行礼，过去必须要磕头，现在只要作揖即可，然后主人才将橘子、苹果、瓜子、花生、糖、鞭炮等分发给孩子们，孩子们拿到东西以后就再到下一家去拜年。

　　现在这些传统大多数都已经消失，包括到土地庙或坟上请老祖公回家、摆粑粑、守夜等。据BYD老人介绍，这些传统的消失也就是在最近几年，大概在六七年前春节还能看到有些人家摆放粑粑，不过数量已经由五堆、七堆减少到一堆。"过去就是一辈做一辈看，老的摆起做好给小的看，小的就学会了。现在老的做给小的看，小的觉得没意思，不爱看，结果就是都乱摆。这七八年之前都还摆的规矩，现在就没人摆了。现在大家也都不爱吃粑粑了,做多了放不住就干脆扔掉,太可惜了。"

镇山村传统的祭祖节日还有"七月半",在每年农历的七月十三,这一天要给过世的亲人烧包袱。包袱即纸封,将纸钱裹成一筒一筒的放在里面,每个包袱装七筒纸钱,如同信封一样。每个包袱上面要写上过世亲人的名字和辈分,还要注明供奉人的名字以及与亲人的关系。刚过世的亲人如父母送的包袱较多,约有20包,祖父、高祖父等过世较早的亲人供奉十多个包袱。这些包袱放在堂屋里有一米多高,几十斤重,是供亡人一年所用的钱财。七月初十就要将这些包袱放在一个门板上,置于堂屋中供奉三天。七月十三的晚上将这些纸钱端出放在自家院坝里,烧的时候人要跪在地上,背对堂屋、面向外面。烧包袱不是一张一张地烧,是一包一包烧,将整个包袱一起烧掉。烧包袱的时候还要跟老祖公讲话,大体意思是"这些钱烧给你,给你用一年到头"。除了供奉包袱,同样还需要在堂屋供奉饭菜、茶酒和水果等。现在村里已经没有人做包袱和烧包袱了,主要改为烧纸。"我们现在也不烧包(袱)了,他们年轻人也不懂怎么弄怎么填,没有这个底子了,根本就不懂了。现在呢,就是随便过一下,烧些纸钱就行了,敬茶敬酒吃饭。"①

除此之外,镇山村传统节日中都需要祭祖,如四月八、端午、六月六、九月九等,程序与春节中的祭祖大体相同,分为请神、祭拜和送神三步,现在省略了请神和送神部分,只留下祭祖仪式。祭祖一般在节日当天的中饭和晚饭两次正餐之前进行,做好饭菜之后将饭菜摆在八仙桌上,倒好五杯酒和五杯茶,摆好五双筷子,点香点烛祭拜各方神明,包括神道左中右三方神明、土地神、灶神、门神和门外的天地众神神位,之后烧纸钱,喊老祖公回家吃饭。做好仪式之后点燃一挂爆竹,随后家人才可以围坐在一起进餐。

镇山村村民与祖先的交流主要靠祭祖仪式来保持,它有三个目的:一是为老祖公烧钱纸,象征为老祖公提供金钱、食物等日常所需;二是在节庆时邀请祖先回到家中,和亲人们一起过节,享用美食;三是祈求死者履行他们生前承担的义务,②庇佑亲人的生产和生活。

---

① 报道人 BYD,2012 年 4 月 5 日,镇山村 BYD 家。

② [美]许烺光:《祖荫下:中国乡村的亲属、人格与社会流动》,王芃、徐隆德译,南天书局 2001 年版,第 143 页。

第三节　土地崇拜:以谢土为例

土地崇拜是布依族自然崇拜的一种形式,也是神灵信仰的代表。镇山村布依族认为,凡是土地都有神灵掌管。这里所说的土地不仅指村民耕种的田土,而且包括他们居住的房屋和牛圈、猪圈所属的土地等。历史上的布依族一直是农耕民族,因此对镇山村的布依族来说,日常劳作的田土山河对于他们至关重要。粮食生产好不好、水源是否充足是维持全村生存的保障,因此敬土成为村民的重要精神寄托。

正因为布依族传统社会以农业为基础,一切生活都围绕农业展开,因此村民对土地尤为重视。由于受到当时历史、环境等方面的限制,布依族往往将自然界和神灵联系在一起,产生了对自然物的崇拜,而土地崇拜就是自然崇拜的一个主要表现。镇山村布依族的土地崇拜不仅有自然崇拜的遗存,还吸收了汉族道教中的教义和仪式,将土地崇拜扩展到与生产和生活息息相关的很多方面。

土地神掌管的事务众多,除了管理田地、山水,还要管理土地上的人丁,保佑村寨人丁兴旺、六畜平安、五谷丰登。人死后,灵魂也要进入土地庙归土地神掌管。因此,土地神是镇山村村民除祖先之外每家都会供奉的神明。在每家堂屋神龛的下方都会有土地神的神位(见图 5-4),平常日子除了祭拜祖先外,还必须要祭拜土地神。镇山村原来有两个土地庙,上寨和下寨各有一个,里面供奉着土地公的石像。土地庙是本村土地神的栖身之所,掌管整个村中事务,过年时要从土地庙接祖先神灵回家过年。但是两座土地庙在"破四旧"运动中遭到破坏,至今没有恢复。

图 5-4　堂屋内神龛下方的土地神位

"谢土"是镇山村布依族现存的敬奉土地神的主要仪式。谢土一般是指房屋或坟墓盖成后酬谢土神的一种祭祀形式。在镇山村，谢土分为谢家土和谢山土两种，家土是指家中的土地神，村民认为家中发生的不顺之事都可能与土地神有关。而谢山土则是指祭拜山上的土地神，山特指的是埋葬祖先的坟山。在镇山村，如不特殊说明，谢土一般指谢家土。镇山村赋予谢土以更为深刻的含义，谢土不仅仅是建房或修墓完成时的仪式，也是一种对美好生活的祈求。

谢家土的原因主要有两种：一种是新房落成，一种是祈求家庭生活顺利。"比如说，我们修一座房子，修的时候，就把一些土神惊动了，土神到处乱走就不能安定一方，就会扰乱我们这些凡人，我们就需要找到一些位置让他们去住，让他们安稳，就能保佑我们这些凡人平平安安。再一个呢，就是祈求家里生活顺利，如果这家做事情不顺利，种的土地或者做的东西会坏，比如养猪养牛经常不成功。这时候，就需要敬一下土神。"[1]

镇山村谢土敬的是五方五土神，又称为"五方五土龙神"，分别是东方青帝土府宅龙神君、南方赤帝土府宅龙神君、西方白帝土府宅龙神君、北方黑帝土府宅龙神君、中央黄帝土府宅龙神君。五方五土龙神即掌管五方土地龙脉的神明。谢土的时间根据两种谢土原因而不同，如果是盖新房，谢土一般在新房建好之后；如果是因家中不顺，祈求家中平安顺利的谢家土，则在立春之后进行，一般举行时间是正月，但是也要具体情况具体分析。"如果这一年是闰年，在腊月间立春就没得用了，像是今年（2012），立春就比较晚，好像是在正月十三立春，过大年了还没有立春，就不能用了，交年不交春也不能用。"立春以后的日子分进宫日和出宫日。在进宫日选择好的天气，出宫以后就算天气再好谢土也不起作用。进宫日和出宫日在谢土古书中记载："看土神进宫日，庚午入至丁丑出，庚子入至丁未出。"不在这个宫内就不生效。甲子当中有七分。"甲申入至癸子出，甲寅入至癸亥出。"[2]2012年立春的时间是正月十三，按照此方法计算，正月十八到二十五是进宫日，"不把握这个，随便谢是不行的"。如果在这段时间实在没有办法做仪式，还可以选用二垒宫。谢土有些家户是三年一次，有些是五年一次，有极少数家庭每年都会谢土。

谢土仪式需要用到镜子、剪刀、尺子、秤、扫帚、簸箕等日常生活所需的

---

① 报道人 BYD，2012 年 4 月 5 日，镇山村 BYD 家。

② 镇山村谢土书，由 BYX 提供。

日用品。除此之外,还需要一种谢土专用的文书,叫作"谢土纸"。这种"谢土纸"一般分为三大类——文告、地契和符箓:文告相当于祭文,用来写明祈求保佑的内容;地契则在形式上代表了祈求土地神保佑的范围,是村民对土地神宣告土地所有权的一种象征;符箓则包括了各种道教的神主牌位和符咒。共有二十余张纸,是一种特制的印刷品。

镇山村附近的村寨一般都有类似谢土的仪式,但是村村各不相同,因此谢土纸也有所不同。镇山村的先生传承下来的仪式使用石板街上牛姓人家印刷的谢土纸最为合适,牛姓人家的谢土纸用木板做印版,印刷比较精美。但是后来由于印刷谢土纸的生意不够赚钱,后人又不愿传承这门手艺,牛家就不再经营谢土纸生意了。现在镇山村的谢土纸是从石板镇上一户陆姓人家买的,陆姓人家的谢土纸,在镇山村的先生看来不够标准,又是用蜡纸印刷的,但是"也能凑合用"。石板镇上还有其他卖谢土纸的店铺,但是,按先生的话说,"那些都不太适用于镇山村的谢土仪式"。

谢家土的地点是在家中的堂屋里,首先要在堂屋内用一些物件构建一个象征土地龙神的"地龙"出来,后续的一切仪式都要围绕这个地龙进行。谢土所用之物都是家中的日常用品,较容易获得,然而在仪式中,它们转变为神圣之物,具有特殊的象征意义。谢土的第一步是在堂屋正中画八卦和摆设地龙。首先,先生根据堂屋的东南西北四个方向,在堂屋正中画八卦,八卦的方位要与房屋的坐向相一致,具体是先画上一个圆圈,在圈内写"中宫"或是"龙"字。画好以后用簸箕盖在上面,簸箕上放一只烧鸡,代表地龙的身体。然后用四只筷子作为脚,用饭瓢作为头,用洗锅扫帚作为尾,家中的地龙就算是设置完成了。地龙上放一斗稻谷,稻谷上还要放一升米,米的上面再放一个红包(当地称为红封)。红包里封上一定数目的钱,钱数的多少很有讲究,一般取有吉祥意义的数字,可以是 1.2 元、3.6 元,或者 12 元,12 代表一年的 12 个月,表示整年平安。"地龙"旁还需要摆放剪刀、尺子、酒药、鸡蛋、明镜、等子(一种量具,现在一般用秤代替)。谢土书上记载为:"桃弓柳剑,升斗等秤,安排齐整。"同时还需要"斋粑豆腐",即粑粑、豆腐和猪肉,多少没有限制,但必须要有,也摆在地龙的旁边。最后将谢土纸摆放在相应的位置上。

东西摆放齐整之后正式开始谢土仪式,主要步骤有请土、谢土、谢灶等。第一步是请土地神降临,称为"请土",即恭请掌管各方土地的土府宅龙神君来到堂屋。请土必须按照东南西北中的顺序——东方青帝、南方赤帝、西方白帝、北方黑帝、中央黄帝,并在其后加土府宅龙神君的尊称。请土时先生要跪下来念请土咒语,先生主要通过念诵谢土书上的咒语将各位土地神请到家中。神灵请来之后开始谢土,先舀半碗水用来画符,左手端碗,右手持三炷香,念谢土咒,谢各方土地,谢完土地,还要用象征性的桃弓柳箭射杀诸方恶鬼。每到一个方位先要谢箭[①],然后烧掉放在此方位上的谢土纸。谢土之后紧接着还有谢灶的步骤。谢灶即谢灶神,有两种谢法,一种是在灶前谢灶,另一种是在堂屋中正对写有"灶王府君"的神榜谢灶,同时要念诵谢灶咒。谢灶之后就要扫八卦,即将谢土最开始画的八卦扫掉,念诵扫八卦咒,之后是送筛盘。送筛盘时,谢土开始用的水碗,主人家要自己将里面的水倒在门外,然后要将大门关上;先生要将簸箕亲自送到门外最近的三岔路口的位置,意味着送鬼出门,念送筛盘咒。先生回来后,还要举行开财门仪式,这样谢家土的仪式就算完成了。完成后,先生要写一副特殊的谢土对联贴于门外。

整个谢土的过程非常繁琐,先生认为谢家土是村里常用仪式里最复杂的,如果谢土的主人对谢土仪式比较熟悉,整个过程需要一个小时左右,如果主人不熟悉流程,先生就要指点,那么就要一个半小时到两个小时。新房建成后第一次谢家土,一般还要杀一只鸡,鸡血要淋在烧谢土纸火的四周,这样谢土的灵力更强。如果是平常的谢家土就不用杀鸡。谢完土要"歇三天",在这期间钱米都不能外借,买东西都要过了这三天才行。水火不能随意扔到家门外,三天内几乎什么都不能做。

谢土分为谢家土和谢山土两种。在本章第二节介绍葬礼的部分中,笔者已经简要介绍了谢山土的过程,这里重点介绍谢家土仪式的主要内容和意义。谢家土和谢山土的不同有以下几点:一是地点不同:谢山土必须在过世之人的坟上进行,谢家土要在家中堂屋进行。二是时间不同:谢山土一般是腊月初八的前后,还有清明节前后三天。谢家土是在新屋落成或立春后的谢土吉日进行。三是谢山土的仪式相对较为简单,新坟的谢山土是丧葬仪式的一部分,即给亡人买地,旧坟谢山土主要是多年以后坟墓垮塌需要包坟,祈求保佑一家平安。谢家土的仪式较为复杂,需要画八卦等步骤,目的是祛除不顺,保佑家庭兴旺。

据村里一位举行谢土仪式的先生说,过去每年至少有 30 户家庭会请先生到家里谢土,但是今年(2012)只有不到 10 家,而且大家现在也不太相信谢土这些仪式了。一位村民更是直接地告诉笔者:"谢土用老百姓的话说就

① 谢箭,即谢"桃弓柳箭"。

是哄鬼的,因为是做给鬼看、做给鬼听的,不是哄鬼是什么。"①

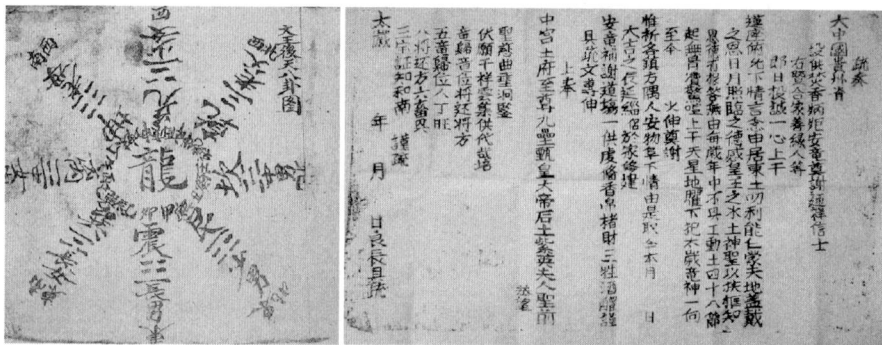

图 5-5　谢土所用的八卦图和谢土纸

第四节　鬼魂崇拜:以扫寨为例

广义来说,祖先崇拜和土地崇拜都是一种原始崇拜,但镇山村的祖先崇拜和土地崇拜融合了较多的儒家思想和道教文化,不完全是一种简单的原始崇拜。镇山村的宗教信仰还有明显的鬼魂崇拜,如扫寨等仪式,但因为受到汉文化的影响,也融合了一些汉文化的宗教元素。

一、扫寨

扫寨是一种扫除火星和邪恶的宗教祭祀礼仪,在布依族地区每年都要举行定期和不定期的扫寨活动,全村村民都要参加这项集体"大扫除"。从里到外,从局部到全村,从个人到家庭,从家庭到村寨,村里村外,坡前坡后,房前屋后,家家户户都必须参与。②

镇山村五年前还举行过扫寨活动,那时候村寨里的迷拉尚且在世。如果村寨中一年不太顺利,或者迷拉预感到寨子里会有什么事情发生,就会组织全村老幼进行扫寨。扫寨的目的就是去除寨子中的"不洁净",消除病灾、火灾等隐患,恢复寨子的清净。迷拉是扫寨的组织者和发起者,她会预知村寨的未来,告诉村民什么时候应该扫寨,"因为迷拉是菩萨选的,会特别灵,

① 报道人 SS,2012 年 4 月 18 日,镇山村 SS 家。
② 黄椿:《布依族宗教中的预防医学思想》,《中华文化论坛》2009 年第 3 期,第 95—98 页。

菩萨会告诉她寨子里要发生的事,她就会跟村里说,让大家去做"。但扫寨的主持者和实践者并不是迷拉本人,而是由村里的"先生"带领村民一步步实行。

迷拉还在世的时候,镇山村基本上每年都会扫寨,扫寨一般是在每年的正月间,选择"进宫日"进行,扫寨的时候寨子里家家户户都要参与。扫寨之前,村里人集体动手用八木草(音)扎一条龙,据村里的老人回忆这个扎制的草龙非常大,要有一个特制的"大肚子",中间是空的。制作草龙的目的就是用来收集村寨里的脏东西和收集村里的鬼怪。扫寨的那一天,全村每家每户各出一人,男人们抬着这个草龙,挨家挨户地从寨子各家门前走过,各家这时候还要准备一个符,走到哪一家,就将这个符贴到门上。另外各家要用一只破碗装一碗灰土,可以是煤灰、柴灰或者其他脏东西,草龙抬到门前,就将这个破碗和灰一起扣在草龙肚子里面,象征家中的一切瘟怪都被草龙收走了。村里人抬着草龙挨家挨户地走,直到将村里各家各户的灰土都收集完。收集完村里的灰土,村里人就将草龙抬到村子西边三岔河的位置,将草龙烧掉。这象征村里一切脏东西和鬼怪都被祛除干净。之后村里人开始欢庆,全村人会从家中带来腊肉、豆腐、干黄豆等食物,就在烧草龙的位置附近一起聚餐饮酒。

扫寨是村里的集体活动,每家每户都必须出人,需要有人来扎草龙、抬草龙、念咒、吹打乐器等等,家户不但要出人,还需要出钱:扫寨需要买鸡鸭、祭拜的香火等,一般都是集钱购买。但是为了村寨的平安,村里人还是很愿意参加到这项活动中来的。

现在扫寨的风俗已经从镇山村消失,主要原因是"没人组织了"。迷拉去世之后,扫寨仪式的发起人和组织者消失,"先生"本来可以组织村民恢复扫寨,但是村里人对集体活动的漠视令先生们灰了心。"现在迷拉一不在,就没有人搞了。过去是每年都要扫一次,现在社会发展了,大家也都不相信封建迷信了,就不兴搞了。"村中再也没有人能够代表神权,具有像迷拉一样的权威,宗教的世俗化导致了仪式的消亡。

另外,过去参加过扫寨的"先生"现在都已到耄耋之年,他们体力下降,村中人口数量又快速增长,先生们也担心自己没有足够的体力支撑做完整个扫寨仪式。"过去我就是一家挨着一家走,每一家都要走到。过去寨子里边人也少,现在寨子里人多了,过去的时候,上下两个寨子,也就是从现在的支书家开始,一家一户走下来我觉得力气还够。现在寨子大了,户数太多了,有 100 多户人家,搞不过来,一个人走不下来。如果说现在大家要来做这么一回事,那个龙都撑不下,100多户人家,太累了。"①

二、其他鬼魂崇拜

布依族认为鬼魂分为善鬼和恶鬼两种,祖先就是善鬼的一种,善鬼不会对人有所加害,可以保佑家人平安。恶鬼则种类繁多,人之所以生病都是因为碰到这种恶鬼所致,因此要请摩师或迷拉作法,驱鬼治病。笔者在镇山村听闻的鬼魂崇拜形式主要有过关和泼水饭。

过关是布依族为小孩子治病的一种传统方法。镇山村村民认为,小孩都有娘娘妈(鬼魂),一般的大人见不到它,但是"它会捣乱,让小孩生病或者不乖",这时候就要举行过关仪式。过关需要迷拉来主持,仪式主要使用鸡、腊肉、香烛纸火、五谷等物品,最主要的部分就是用竹子在小孩卧室的房门上搭一个拱形的桥,迷拉一边念咒语,母亲抱着小孩一边从拱桥下面进出。

"过去生病了不去医院,要人倒水饭",做法是晚上将门打开,病人面向门坐着,迷拉端上一碗水,水里烧上纸钱,再准备一碗熟米饭放上水,然后开始念咒语,主要内容是"今天时气不好,运气不好,出去撞上车碾死的、水淹死的、枪打死的、饿死的,这个人并没有惹到你,不要为难他",念了以后就将水饭倒掉。

现在大多数村民认为这些捉鬼的方法都是医疗条件差所致,是一种心理安慰。"以前身体不舒服就去找迷拉,就像现在生病了不去医院不舒服一样,如果生病了不请人泼水饭也不舒服,是一种心理安慰吧。"

镇山村宗教信仰的改变最为明显的就是宗教的世俗化,即对神圣权威的质疑甚至轻视,这种观念的变化与多种因素有关。第一,镇山村的土地在历史上一直在不断地减少,包括民国后行政区划的重新划分导致土地的减少、解放后水库的修建造成的农田淹没和旅游开发后土地的荒弃和转租等。其中前两次土地的减少是行政干预造成的,是镇山村村民不可掌控的,这两次即使在土地减少后村民依然努力耕种原有农田,并开发新的荒地。

第二个使宗教观念变淡的原因是生计方式的改变,同时也是最直接的原因。旅游虽然也由政府引导,但随着镇山村旅游的发展,旅游业逐渐取代农业成为村民主要的生计方式,村民自愿将部分农田抛荒,以空余足够多的时间经营旅游。这种不再以农耕维持生计的镇山村村民失去了与土地的联结,因此也不再虔诚崇拜土地上的神明。

---

① 报道人BSD,2012年4月11日,镇山村BSD家。

宗教信仰淡化的第三个原因是现代科技的影响，耕种土地不再完全依赖自然气候和天气情况，农药化肥的大量使用保证了充足的粮食产量，机械化犁地机器"铁牛"的出现正在逐步取代耕牛的地位，与土地和农耕有关的耕牛崇拜、土地神崇拜等都失去了原有的意义。宗教脱离了原有的自然环境、历史环境和文化环境，导致了宗教的世俗化，是宗教现代性的主要表现。

小　　结

镇山村布依族的宗教信仰是多神崇拜，主要有祖先崇拜、土地崇拜和鬼魂崇拜等。镇山村的现存宗教是布依族传统宗教——摩教与道教、儒家思想和佛教的杂糅和综合体，如迷拉由观音托梦获得灵力、扫寨中迷拉和先生的合作等。布依族传统中认为人死后灵魂不灭，它们可以游离于阴间和阳间。过世的祖先通过安神仪式以及子女后代在各种节庆活动中的祭拜可以保持灵力，保佑家人平安。谢土是土地崇拜的主要表现，谢土时先生请来五方五土龙神，祈求各方龙神安定家土，保佑家中顺利。扫寨等鬼神崇拜已经基本上在镇山村消失，宗教信仰在村民心中已经失去了宗教权威，呈现出"祛魅"的宗教世俗化。

詹姆逊（Fredic Jameson）用断裂解释现代性。"前现代性根植于乡村生活和宗教生活，被家族权威和宗教权威所控制；现代性融于现代生活和都市中，到处是赤裸裸的物质主义生活……工业化的都市完全变成了权力和利益的中心，都市的扩张一步步侵蚀农村的土地和传统的农业生产，使得农村成为都市的附属物。[①]

宗教观的变化意味着传统的断裂。传统的第一次断裂在"文化大革命"时期，"破四旧运动"将一切传统的东西看作是陈旧的、迂腐的，列为被打击破坏的对象。据村民回忆，当时烧毁了镇山寺中的木质关公像，拆掉了寺庙的下殿和东西厢房，家里的仪式古书、《康熙字典》、山脉书、祖宗牌位都被收缴，连练习本、电灯头等日用品也被列入"旧"的范畴。运动开始是动员村民自愿上交，后来演变为村干部到家里搜查，村里人害怕被抓去批斗，都不敢私藏，村里缴获的"旧家什"集中起来送到公社处置。20 世纪 80 年代开始，

---

① ［美］弗雷德里克·詹姆逊：《现代性、后现代性和全球化》，王丽亚译，中国人民大学出版社 2004 年版，第 74 页。

这些宗教仪式和节庆活动才慢慢复苏。

　　传统的第二次断裂从 20 世纪 90 年代镇山村的旅游发展开始,旅游业的开发使得传统的生计方式、家庭结构发生改变,这种改变也同时影响着宗教的变迁。村民减少了对土地的依赖、现代农业科技更进一步打破了村民传统上的牛马崇拜、土地崇拜等有关农业的信仰系统,现代医疗技术的发展基本取代了摩师和迷拉的社会地位。传统的断裂表现为村民对宗教功能的不信任,从前村民生病会首先考虑请迷拉治病,实在医治不好才到石板镇请医生看病,现在村民生病都会首先考虑到医院医治。特别是迷拉的"怪力乱神"行为,有些村民直斥为迷信:"说生病的时候去找人念经、请神驱鬼就能好,那是迷信。驱鬼是不能治病的,我们这个寨子里从前有个迷拉,迷拉治病就是治一些小病,也不是都准的,就靠泼水饭这一样办法,是不能信的。"

　　现代性意味着经济发展和文化现代化,意味着传统社会抛弃传统的生活方式,接纳现代技术、服饰、实践、娱乐方式等。现代的医疗、农业科学、旅游工业的发展都是造成传统断裂的原因。宗教的世俗化本可以看作是宗教吸引广大信众的策略,然而,世俗化不能超越一定的限度。当世俗化流露出轻视神圣的权威时,即意味神明崇拜的神圣感已经开始淡化。

第六章　游客凝视与节庆的舞台化

　　节庆简单来说就是节日庆典的简称。"在每年一定的日子里,人们心中的人性会周期性地抛开日常生活的烦恼,沉浸在节日的喜庆之中,有时甚至连文化压迫和经济贫困也统统抛在脑后。"①节日可以定义为:"一年当中由种种传承线路形成的固定或不完全固定的活动时间,以开展有特定主题的约定俗成的社会活动日。节日源于古代季节气候,最早是由年月日与气候变化相结合排定的节气时令。可分为农事节日、祭祀节日、纪念节日、庆贺节日、社交游乐节日等五种。"②节庆往往与欢愉、团聚联系在一起,经常与宗教关系密切,并具有某种社会化的功能。

　　对庆典的理论性探讨主要有三个流派。一是庆典的溯源说。该学派的人类学家致力于探究庆典的起源以及庆典的原始表现形式,他们借用生物进化论的观点,将庆典视为一种有诞生、成长、演变、成熟等过程的"生物"。借助考古学和历史学的成果,他们对比当今世界中依然处于原始社会状态的部落中的庆典,认为庆典起源于对图腾的崇拜,其最原始的形式是祭礼。二是功能学派的观点。学者们强调庆典的社会功能,认为庆典具有两大社会功能——满足个人的需求和维持社会稳定。三是宗教史学派。该学派之学者主要从宗教角度出发,认为庆典主要是表现人类对主宰自身的命运、对主宰自然界各种现象的超自然力量所表示的尊重、崇敬和惧怕。因此,庆典

---

　　①　[美]拉尔夫·林兹勒、彼得·赛特尔:前言,载[美]维克多·特纳:《庆典》,方永德等译,上海文艺出版社 1993 年版,第 1 页。

　　②　狄光连:《社会习俗变迁与近代中国》,济南出版社 2009 年版,第 126 页。

一般都以信仰体系为基础,以神话作为特殊的表现形式来表达。①

镇山村布依族因受周围汉族、苗族的影响,所庆祝的节日具有明显的多元性,以汉族的节日为主,同时兼有布依族节日和苗族节日。镇山村主要节日一般以农历计算,有春节、四月八、端午、六月六、七月半、中秋节、重阳节等。节庆对于镇山村布依族来说,最大的功能是能够在繁忙的农业劳动中得到休息,是对村民勤劳耕种的奖赏,具有明显的农耕民族特点。同时,节庆中的集体欢愉能够强化民族认同感,对社区起到凝聚作用。

20 世纪 60—70 年代,水库修建、三年困难时期和随之而来的多次政治运动使得镇山村包括节庆在内的一切文化活动被迫停止。20 世纪 80 年代分产到户后,村民的生活条件稍有提高,这些传统的节庆活动才重新复苏。然而,90 年代后,镇山村的节庆活动再次发生变革。旅游开发为村民带来了经济利益的同时,也带来了现代的生活方式、思维理念和现代化的物质,如机动车、电视机、洗衣机、电脑等。在政府的扶持下,镇山村具有特色的正月"跳花场"首先被开发为民族节日"跳花节",并对广大游客开放,以吸引游客在旅游淡季的冬天来镇山村旅游。接着,将传统的布依族节日"六月六"命名为"六月六歌节",田间地头的对歌形式逐渐演变为"前台"的文艺表演。2009 年,贵阳市政协又将"九月九"命名为"镇山村祭祖节",并将跳花节、六月六歌节和九月九祭祖节确定为镇山村布依族的三大节日品牌加以重点开发和打造。在此过程中,节日中的庆典由"后台"转为"前台",加入了现代的歌舞表演,节庆的社区功能转变为服务游客功能。同时,这种新的节庆形式割裂了镇山村与周边村寨因节庆活动而建立的社会关系,是"游客凝视"下传统的再造。

第一节　镇山村节日概述

明代到清初,布依族多数地区"以十一月为岁首"②,清乾隆年间,贵阳、

---

① 　[美]拉尔夫·林兹勒、彼得·赛特尔:前言,载[美]维克多·特纳:《庆典》,方永德等译,上海文艺出版社 1993 年版,第 3 页。

② 　〔明〕郭子章:《黔记·仲家》,中华书局 1985 年版。

安顺、南笼(今安龙)诸府所属"以十二月为岁首"。① 过节有家人的团聚、有传统的美食、有仪式的狂欢,因此,镇山村布依族人人爱过节,不论是在物质匮乏的过去,还是在物质丰富的今天。节日是日常生活的一个个节点,为镇山村日复一日的生活增添了色彩。镇山村的传统节日主要有以下七种(见表 6-1)。

表 6-1　镇山村主要节庆活动时间

节日	时间(农历)	主要内容
过年(春节)	除夕	请老祖公回家,堂屋祭祖,守岁
	正月初一	拜年,堂屋祭祖,送老祖公
	正月初九(上九)	炸粑粑祭祖,祭拜玉皇大帝,出嫁的姑娘回门
	正月十一至十三	跳场(布依族管场,苗族跳场),今跳场节文艺表演
	正月十五(大年)	炸粑粑祭祖,点莲花灯,到花溪看地戏
牛王节	四月初八	敬牛,吃乌米饭,到花溪参加苗王庆典
端午节	五月初五	采药,挂菖蒲和艾草,喝雄黄酒,吃渣
断秧节(今歌节)	六月初六	吃双色乌米粽,祭社神、祭祖,今六月六歌节
七月半	七月十三	祭祖:烧包袱,烧纸钱
中秋节	八月十五	吃"毛豆羹",今吃月饼赏月
重阳节(祭祖节)	九月初九	打重阳粑,祭祖,今祭祖节庆典

一、过年

无论以十一月或是十二月为岁首,镇山村都是选择在每年的秋收以后、第二年农忙季节开始之前过年。对于农民来说,过年是庆祝丰收、调养生息的节日。过年可以从除夕开始算起,一直到农历正月十五结束。镇山村村民认为"初一小,十五大",正月十五才是真正的大年。

镇山村除夕晚上每家要到土地庙请自家的老祖公回家过年(详见第五章第二节),吃完晚饭后全家人一起围坐在火塘边守岁,祈求祖先保佑来年粮食丰收。初一早晨,小孩到寨中各家拜年,口念"拜年,拜年,要个粑粑要个钱",大人们也可以到寨中亲友家里小坐、拜年。初一这天不能劈柴,不能

---

① 〔清〕鄂尔泰等修:《贵州通志》卷七,载《中国地方志集成·贵州府县志辑》第 4—5 册,巴蜀书社 2006 年版。

拿刀,女人不能拿针,不能往外倒水倒垃圾,"初一这一天听不得响动,不然家里就会有天灾人祸"。

镇山村农历正月初九叫作"过上九",这一天嫁出去的姑娘要回娘家拜年,和家人团聚。前一天,姑娘的兄弟要到姐妹家请她们回家过上九。上九祭拜老祖公,要为老祖公准备炸粑粑,也有村民说这一天"还要拜祭玉皇大帝,吃一天素"。

上九之后,就是具有镇山村特色的节日——跳花场,时间是正月的十一、十二、十三这三天。跳花场本来是苗族村寨才有的节日,却因为班李家族五世祖班国和与苗族的一段传说而在镇山村布依族生根发芽,镇山村跳花场的特点是布依族开场,苗族跳场,是镇山村布依族、苗族与周围村寨苗族的共同节日,下文中将会详细叙述。

跳花场结束的第二天就是正月十五——大年,至于为什么称十五为大年,村民也讲不出,但是他们均赞同十五比初一更重要的说法。这一天的活动主要是祭祖,要为老祖公点香,一天不能断香火,过去用菜籽油做成莲花灯,一早一晚点此灯。青年男女相约到花溪看地戏,也可以走亲访友。

二、牛王节

布依族和苗族都有欢庆四月八的传统,与农事有密切关系。罗甸的布依族称"牛王节",镇宁称"牧童节",黔西称"开秧节",[①]而镇山村民认为他们的四月八是"跟着周围苗族过"的节日。在四月八这一天,镇山村的村民都自制乌米饭。事先要将乌米叶放在石钵中捣成水浆,将水挤出与糯米混合浸泡,当天煮熟后就是乌米饭。乌米饭做成之后要先敬祖先,再给家中小孩子吃。父母会为小孩买来彩色小竹篓,装上乌米饭、鸡蛋、水果等,让小孩到村寨附近去玩。这一天的讲究就是"一天吃八餐",小孩饿了就可以吃小竹篓里的食物。大人们相约到贵阳喷水池附近,与苗族一起纪念苗王。报道人 SS 回忆说:"那时大家还是走着去,贵阳电影院都免费开放,街上挤满了人。"

还有一种说法是"四月八是牛王的生日",因此这一天不能打牛骂牛,不能安排牛耕田干活,放牛回来要在牛进圈之前用染过乌米饭的乌米叶渣擦牛的全身,一是"让牛神气",二是保证牛不生病。做好的乌米饭也"让牛多少吃一点",显示对牛的尊重。

---

① 《布依族简史》编写组:《布依族简史》,贵州人民出版社 1984 年版,第 165 页。

三、端午

农历的五月初五是端午节,镇山村村民要在门上挂上菖蒲和艾草,还要喝雄黄酒。雄黄酒是在自家酿制的米酒中撒上雄黄粉、放少量大蒜,然后用雄黄酒沿着家中的墙角等处喷洒,据村民说可以"避蚊子、苍蝇",还有"驱邪"的作用。端午这一天还是村里的"采药日",懂得草药的村民到镇山村附近的山上找药材,"端午节就是要采药,吃雄黄"。

镇山村村民在端午还要吃一种富有当地特色的"渣",做法是将糯米先炒过,炒熟后再磨碎,然后拌进茴香和盐,用骨头汤蒸。另外有一个药方也颇具特色,将腊肉抹上雄黄粉,蘸上酒,中间用一根蒜秆穿上挂起来,"被蚊子叮了或者起个包包就用这个擦,这个要挂一对年(一整年),相当于一种药"。

四、断秧节(六月六歌节)

六月六是布依族的民族传统节日,多数地区是祭社神、山神的节日,许多地区还要举行规模宏大的玩山唱歌活动,人数多则上万人。[1] 六月六还是传统的祭祖节日之一,镇宁县六马一带和贵阳附近的布依族在这天要杀鸡祭祖。因此,很多地方都将六月六称为布依年。

镇山村的六月六也是一年当中最隆重的节日之一,在这一天,镇山村村民要杀鸡祭祀社神,"要炎黄保佑五谷丰登,不要出蝗灾"。六月六全寨人都要包粽子,镇山村的传统是包双色粽,此种粽子黑白分明,独显特色。包好的粽子先祭祖,之后全家享用。

因为六月六正是打秧结束的时候,因此镇山村也将六月六称为"断秧节"。村民回忆传统上的六月六也不十分隆重,只是吃粽粑而已。"后来旅游开始以后,连续唱了几年,现在不唱了,那几年游客多,别的村也会来很多人,你要有一定的告示去邀请,或者是民委,或者是文化局,他们邀请之后会有节目来参加,这样才热闹。"[2]

五、七月半

七月半在镇山村的举行时间是农历的七月十二,活动的内容就是祭拜祖先,为过世的祖先烧包袱(现在改为烧纸钱),请祖先来家里领钱。与周围的汉族不同,布依族烧纸钱的地点必须是正对堂屋的院坝;而汉族是在马路

---

① 《布依族简史》编写组:《布依族简史》,贵州人民出版社 1984 年版,第 165 页。

② 报道人 BYH,2012 年 4 月 8 日,镇山村 BYH 家。

两旁,而且要边烧纸钱边痛哭。七月半还有一个显著的特点是,敬供祖先的供品必须有水果,常见的有桃子、石榴等。

六、中秋节

布依族欢庆中秋节的传统是受周围汉族的影响"涵化"所致,时间与汉族同,选在每年的农历八月十五。镇山村中秋节过去并没有吃月饼的传统,而是吃"毛豆羹",即毛豆、苞谷一起蒸煮。威宁县也有类似的风俗,"每年农历八月十五,满山遍野的庄稼都成熟了。布依族男女青年相约去偷别人家的黄青豆,连根带秆每人扯一小捆回家。放在大锅里用清水煮熟,围着锅边痛快吃上一顿。传说:'偷别人家的毛豆角,故意逗别人家主人骂几句,意味着从此以后全年清静安宁。'"①镇山村现在的中秋节活动改为吃月饼、糖果,晚上每家将这些食物摆在院坝里,边吃月饼边赏月。

七、重阳节(祭祖节)

农历九月初九对于布依族来说,是庆祝丰收、祈求来年庄稼收成良好的节日,家家户户都要打糍粑。这个节日正值秋收,吃新米饭、打糯米粑过节以示庆贺丰收;②粽粑的意义还不仅于此,"新谷成熟,要用新糯米蒸熟打粑粑'堵'蛇洞,认为这样做后,以后遇蛇,蛇就变呆,不会伤人"③。独山布依族的九月九做粽粑还有避邪寓意,"各家在这一天拿新米酿酒,做糯米粑供祖祭神,请恶鬼让路,让诸神保佑庄稼再获好收成"④。

镇山村的九月九也要打糍粑,称为"重阳粑",因为"庄稼招虫,所以重阳的时候要打虫,打粑粑就是打虫的意思"。镇山村村民用当年新收的糯米打

---

① 杨光勋:《威宁彝族回族苗族自治县红岩乡、新发民族乡布依族习惯调查》,1988年,载贵州省民族事务委员会、贵州省民族研究所:《贵州"六山六水"民族调查资料选编·布依族卷》,贵州民族出版社2008年版,第271页。

② 雷广正:《贵阳市乌当区新堡公社布依族社会调查》,1986年;辛丽平:《惠水县布依族生活习俗文化变迁调查》,2002年,载贵州省民族事务委员会、贵州省民族研究所:《贵州"六山六水"民族调查资料选编·布依族卷》,贵州民族出版社2008年版,第71、433页。

③ 覃东平:《独山县麻尾区布依族来源及节日婚姻丧葬习俗调查》,1991年,载贵州省民族事务委员会、贵州省民族研究所:《贵州"六山六水"民族调查资料选编·布依族卷》,贵州民族出版社2008年版,第271页。

④ 唐合亮:《独山县布依族文化特点调查》,1990年,载贵州省民族事务委员会、贵州省民族研究所:《贵州"六山六水"民族调查资料选编·布依族卷》,贵州民族出版社2008年版,第363页。

糍粑,传说不吃粑,来年庄稼不好,只要这日吃了粑,来年的稻秧不落虫。①

2009 年,镇山村将九月九命名为"祭祖节",并举行了第一次重阳节祭祖活动,包括始祖雕像开光、祭拜武庙中的祖宗牌位等,具体将在以下部分进行分析。

镇山村在 20 世纪 60—70 年代遭受了第一次节日文化的变革,20 世纪90 年代以后节日文化再次变迁,一些没有旅游开发价值的节日逐渐衰落,现代性元素介入其中;一些可以开发为旅游产品的节日被放大和再造,成为以游客为主要服务对象的旅游节日,跳场和六月六就是其中最主要的两个文化旅游产品,这两个节日先后由"后台"文化变为"前台"舞台展演。

2009 年,贵阳市政协又将九月九开发为"祭祖节",九月九被赋予全新的意义,是一次彻底的节日传统再造。事情的起因还要从 2009 年夏天的"镇山现象恳谈会"开始说起。这次会议是贵阳市政协专门针对镇山村的旅游现象邀请各界相关人士进行的一次讨论会,与会代表有政府领导、周边布依族的领导干部、媒体代表、企业策划、学者、游客等,主要是以旅游为中心,讨论怎样炒作镇山村、发展镇山旅游业。讨论的形式是一种非正式的发言,大家各抒己见。这次会议之后,正式将正月跳花场命名为"跳花节"、六月六命名为"六月六歌节"、九月九命名为"祭祖节",并将其定位为镇山的三大民族节日。当年的九月初九,进行了第一次祭祖活动,镇山村、李村以及现居外村的班李家族成员被召集起来参加此次祭祖。本章的行文正是从这三大节日入手,讨论它们在旅游业中的舞台化过程。

第二节　跳　场

跳场(跳花场)是贵州省西部、中部,四川省南部和云南省许多地区苗族的盛大娱乐活动。跳场按活动时间主要分白天场和晚上场两种,不同地区对跳场又各有称呼,如"跳月"、"跳花"、"跳圆"、"跳场"、"跳米月"、"望月亮"、"跳正月场"、"坐花场"、"踩花山"或"踩山"等,是未婚男女在一个圆形

---

① 张永吉、李登学、李梅:《镇山民族文化保护村调查报告》,花溪区文管所,1994 年,第33 页。

的场地上,围绕立在中间的"花杆"进行跳舞、吹芦笙的择偶活动,①后转化为一种苗族的传统节庆活动。

跳月的早期记载见于明弘治年间《贵州图经新志·贵州宣慰司》"东苗""西苗"条,"其俗,婚娶,男女相聚歌舞,名为跳月。情意相悦者为婚"②。至清代,有关"跳月"的记载颇多,如清康熙年间《峒溪纤志》载:"苗人之婚礼曰跳月。跳月者,及春月而跳舞求偶也……其父母各率子女择佳地而相为跳月之会。"③清咸丰《贵阳府志·苗蛮传》记载:"跳月以孟春,植冬青树于跳场,缀以野花,名曰花树。男女皆艳服,吹芦笙踏歌绕树而舞,名曰跳花。男女以巾带相易,谓之换带。然后通媒妁,聘资视女之妍媸为盈缩。"④

民国时期,民族学家吴泽霖在贵州苗夷社会进行田野调查,对苗族、布依族的风俗都有详细的介绍,其中他对苗族的跳花场的描写如下:

> 到场的人,尤其是青年男女,莫不穿上簇新的衣服,闪亮的银饰,男的吹箫,女的跳舞,三天之后极乐而散。一年一度的跳场,一方面是青年男女藉跳舞唱歌为媒介,而进行择配交友的场所,一方面集全族男女老幼于一场,无意中把部落意识延长于永久,此外如远道亲友的渴叙,公私事务的接洽,都足以吸引很多的人远道来游。⑤

这段材料中透露出的信息有:苗族的跳场男女均盛装出席,时间持续三天;跳场的功能首先是为男女青年提供交友婚配的机会,其次还有聚集苗族同胞、传承族群认同的作用,访亲探友、交流感情也是跳场的重要功能。

跳场通常是在苗族村寨周边进行,镇山村作为布依族社区却在黔中地区拥有一个跳场的场所,这在贵阳周边和整个黔中地区都是极为罕见的。这一跳场的习俗由何而来、其历史和功能等都是值得探讨和研究的。

一、镇山村跳场的来源

在贵阳附近的苗族地区,跳场是非常普遍的节庆活动(见表6-2)。特别

---

① 戴建伟:《银图腾:解读苗族银饰的神奇密码》,贵州人民出版社2011年版,第114页。

② 〔清〕《贵州图经新志·贵州宣慰司》,贵州省图书馆影印本。

③ 〔清〕陆次云:《峒溪纤志》,中华书局1985年版。

④ 〔清〕周作楫,贵阳市地方志编纂委员会办公室校注:《贵阳府志》卷八十八,贵州人民出版社2005年版。

⑤ 吴泽霖:《贵阳苗族的跳花场》,载吴泽霖、陈国钧等:《贵州苗夷社会》,民族出版社2004年版,第171—172页。

是对于苗族聚居的村寨,每年的跳场是村寨中的大事,跳场之时附近的男女都盛装前往,人数常达数千,多至万余。参加镇山村跳花场的多为周围花苗。

> 花苗,在府属者居龙场、猪场、鹭丝、羊堰诸寨,在定番者居满老、列马诸寨,在大塘者居各土司地,在广顺者居从仁里,在开州者与汉人零星杂处,在贵筑者亦与汉人零星杂处,在贵定者居甲蒉、摆朗、摆金、摆阿等寨……男以青布裹头,妇人敛马鬃尾,杂发为髻,大如斗,笼以木梳。裳衣先用蜡绘花于布,而后染之,既染去蜡则花见,饰袖以锦,故曰花苗。①

在花溪区举办跳场的大都是苗族村寨,较为著名的有花溪乡桐木岭、湖潮乡磊庄、燕楼乡旧盘等,像镇山村这样以布依族为主的村寨很少有举办跳场的情况。另外,镇山村跳场的特点是只负责开场和管场,且镇山村招待的跳场者是本村及附近村寨的苗族;本村的布依族和周围的汉族是不允许进入场地跳场的。镇山村这一富有特色的民族节庆活动来源于五世祖班国和与苗族兄弟的一段传说。

表 6-2　花溪区部分地区苗族跳场时间②

活动时间	活动地点	参加人数	支系	涉及范围
正月初七	高坡乡五寨	5000	红簪苗	隆里、惠水
正月初八	燕楼乡旧盘	2000	花苗	乌当、清镇、平坝、惠水、长顺
正月初九	花溪乡桐木岭	10000	青苗	平坝、清镇
正月十二	石板镇镇山村	5000	花苗	清镇、平坝
正月十二	湖潮乡磊庄	5000	花苗	平坝、长顺、乌当
正月十二	马铃乡凯伦	5000	青苗	1984 年停止
二月十二	久安煤灰窑	2000	花苗	乌当、清镇

---

① 〔清〕周作楫,贵阳市地方志编纂委员会办公室校注:《贵阳府志》卷八十八,贵州人民出版社 2005 年版。

② 参见贵阳市花溪区地方志编委会:《贵阳市花溪区志》,贵州人民出版社 2007 年版,第 751—752 页;赵焜:《花溪区少数民族节日活动概况》,载赵志远:《花溪区文史资料选辑》,贵阳市花溪区政协文史资料征集委员会,1989 年,第 147 页。活动时间为跳场之正场的时间。

班国和,字安之,镇山村班李家族的五世祖,出生在明末,是清代的千总,统兵攻羊角屯,镇守八庄。镇山村很多传说和故事都与班国和有关。镇山村跳场的来历传说也因他而起。千总是清代武官职位,清代千总有卫千总、门千总等名目,又云南、贵州、四川等省的土司官也有此职,称土千总。各类千总都是正六品,在清朝的官员等级中排第十一级,千总虽不是位高权重的大官,但在当时被认为是"蛮荒之地"的贵州,特别是镇山村附近地区,镇守八庄的千总班国和应该算是当时的风云人物。

班国和在担任千总的时候,正值镇山村附近地区匪患猖獗,为了肃清土匪,班国和与土匪之间进行了多次战争。

传说在一次班国和老祖公与土匪的战争中,国和公就被土匪抓住当了俘虏。班国和被俘之后,被土匪关在一个寨子里。土匪还强迫国和公做苦工,白天辛苦干活,什么脏活累活都让他去做,晚上又怕他逃跑了,就把他单独关在一个小牢房里。我们老祖公被抓之后就想着逃跑,他晚上的时候就不停地去抠牢房的墙,想着把墙壁抠开就可以逃跑了,好不容易班国和在墙上抠开了一块砖,他怕被土匪发现他破坏了牢房的墙壁,就睡在抠开的墙下。

有一天,一个苗族人正好从墙边经过,发现了正在抠墙的国和公。苗族人就问班国和:你是什么人啊？你在这个地方做什么啊？我们老祖公就把自己打仗被俘的事情告诉了苗族人,还拜托苗族人去报信,告诉家里人他被土匪抓了,让家里人赶紧想办法把他救出来。这个苗族人听了非常同情班国和,苗族人又都很重义气,他连夜就出发到镇山村来报了信。村里人想办法营救国和公,又不熟悉国和公被关的地方,又怕被土匪认出来,就又拜托苗族人去查一下关班国和的牢房看守的有多少人,那个地方怎么才能上去。苗族人二话不说又回到了关班国和的寨子里,苗族人很聪明,他害怕土匪把他认出来,就装作是一个货郎客,挑一个担担天天在寨子附近观察,空闲了他就吹芦笙。有一天他发现班国和正在那里做活,就想把他观察到的情况告诉国和公,但是他想喊又不敢喊,就用芦笙的调调吹了出来,意思是想告诉国和老祖公他观察到的情况,国和公是懂得苗族人芦笙的调调的,他听出来苗族人吹的是:"人不多人不多,不多人不多人,后头有棵葡萄藤,来得人来得人。"

国和公明白有葡萄藤就可以顺着爬上去,他趁看守不注意就顺着葡萄藤逃了出来。我们的国和老祖公在逃出来之前,早就把土匪寨子的地形记在了心头,国和公逃出来之后他就把当地那些人全部发动起来,带兵把这伙土匪打败了。把土匪打跑了之后,国和公就想起苗族人的救命之恩,特别感激。国和老祖公就想着怎么报答苗族人呢,请他们吃饭又不足以表达他的感谢。他就想这些苗族人,他们爱吹芦笙,又爱跳舞,于是国和公就想办一个花场,招待这些苗族人来唱歌跳舞,跳花场的日期就定在打土匪胜利的那一天。[①]

这则关于镇山村跳花场来历的传说,其真实性虽然已经不能考证,但是从这个在村内家喻户晓的传说之中我们可以推断出,镇山村跳场的历史由来已久,但并不是有史以来就有的,应该是在清朝人为设置的一个节日,并在创造节日的同时赋予了历史事件以意义和功能。

首先,镇山村班李家族将自己的祖先塑造成一位抗击匪盗的英雄,通过跳场的实践和传说,镇山人可以怀念祖先的功德,加深班李家族的族群认同。其次,跳场历来具有族群凝聚、团结群体的作用。在跳场时,镇山村的苗族及周围村寨的苗族在镇山村聚集,可以建立起镇山村与周围苗族的关系网。对于历代为官的班李家族来说,团结周围的苗族既对管理地方有所助益,又可以在管场的同时对周围的其他少数民族展示班李家族的声望。再次,镇山村周围自清代起布依族、汉族、苗族混居,失去了军职的班李家族若想自保,放下"身段"联结周围的苗族就变得很有必要,而传说中苗族人对镇山村始祖班国和有恩,这种历史记忆世代相传,将建立起村寨与苗族的长期社交网,有利于家族的发展。

二、镇山村跳场的传统形式

跳花场并非只是大家在既定的时间到既定的地点一起唱歌跳舞那么简单,跳场从组织到运作,到活动当天的管理、跳场结束后扫场和聚宴,都需要周密细致的合作来完成。因此,跳场可以看作是传统村寨之间的交流方式和联系纽带。镇山村传统的跳场并非镇山村独自组织,还同时需要附近的竹拢村、天鹅寨、老犁地等村寨协助镇山村一起完成活动。这些寨子与镇山村地理上靠近,村民之间交往密切,历史上又处于镇山村管辖的土地范围内。经由历史上的互动,这些村寨逐渐形成以镇山村为核心、其他几个村寨共同组织和参与的跳场传统。

---

① 根据 BYX、BYD、BSX 和 YS 等人的访谈录音整理,2012 年 4 月,镇山村 BYX、BYD、BSX 和 YS 家。

　　花溪区范围内的跳场活动多集中在正月期间，镇山村也不例外。镇山村的跳场时间最初是从初六就开始，一直跳到正月十五。后来村里人都觉得时间过长，跳场期间每天村里都要组织村民去管场，没有精力做其他事情，后来就集中在正月的十一、十二、十三这三天跳场。镇山村的花场并不是年年都跳，一般隔单数年才会举办一次，也就是说组织一次跳花场，一般隔一、三、五、七年之后再举办下一次。两次跳花场之间具体相隔几年，则是由村里的寨老决定。正月间，附近村寨举办的跳花场活动很多，但一般不会出现日期重复的情况，或者彼此错开日期，或者在其他村寨间隔停办的年份举办，因此，苗族整个正月间都可以在不同的村寨跳花场。

　　从花场开办以来，镇山村就有专门的花场用地，平时正常耕种，秋天粮食收割后，就空闲出来成为跳场的场地，收割所得的粮食一部分拿出来供跳场所用，这块田于是被称作"跳场田"。"跳场田"地势开阔、交通方便，镇山村传统的跳花场就在这块田里举行。

　　寨老们如果决定镇山村当年要举办跳场，那么这年的正月初四就放出信号来，当地称作"放场"。这时镇山村会在跳场田中竖起一个高大的旗杆，旗杆上挂一面龙旗，这个旗子就是放场的标志，只要放上这面旗，周围的苗族都明白"今年有场"之意。他们看到镇山村的放场标志就会四处转告，等到跳场开始那天，不用正式通知，自然就会有很多苗族来参加跳场。

　　跳场正式开始的当天，镇山村会将挂在旗杆上的龙旗取下换成一面虎旗，传说只要插了虎旗，就必定会晴天。因为跳场是在田里举行的，阴雨天田里泥泞不堪，不适宜跳场。传说挂上虎旗，即便是还在下着大雨也会马上停止。附近的苗族放场时也有类似的传统，一般会在跳场之前竖立"花竿"，所谓"花竿"就是经过装饰的竹竿。而镇山村却是在竹竿上悬挂了具有象征意义的龙虎旗，龙和虎一直是中央王朝的图腾标志，象征了皇权和军威，班李家族用龙虎旗赋予了跳场以官办的权威感。可惜的是，由于村民保存不当，这两面神奇的龙旗和虎旗已经破损丢失，龙旗虎旗的来历和性质也都不可考证，但猜测应该与班国和的官职和在地方上权势有关。龙虎旗丢失后，镇山村只好用一块普通的三角形的红布作为跳场的旗帜。

　　镇山村的跳花场分为起场、正场和扫场三个阶段。镇山村跳花场从正月初九开始起场，包括正月初九、初十两天。起场需要敬神（即跳场神）。镇山村比较特别的是布依族和苗族都要来敬神，但因为花场是镇山村布依族放的，所以祭祀的时候布依族在先，苗族在后。镇山村的仪式由镇山村的先生来主持，苗族一般请本村或邻近村寨的苗族宗教人士"鬼师"来主持。起场敬神需要用到一种豆制品，称为"扎包"。"扎包"是用盐豆腐和血豆腐切片混合，再捆在一起做成的。所谓跳场神就是专管跳场的神灵，就在跳场田中间立起来的旗杆上，用"扎包"敬过旗杆也就代表敬过了跳场神。传说敬过神的"扎包"是好运的象征，吃了可以一年到头平平安安。因此，一般敬完神，组织者就会将扎包分给寨子里的孩子们吃。敬完神明之后就是踩场，所谓踩场就是指本寨的几个后生(年轻男性)和别寨的几个姑娘一起绕着花场顺时针绕旗杆三圈，也起到正式跳场之前的预热和带动作用。正场的三天，每天开场前也同样需要后生和姑娘踩场。踩场的后生是镇山村在寨子里挑选的十多岁的年轻男性，同样，其他寨子也会选同一年龄段相同数量的小姑娘来踩场。后生和姑娘踩场的范围就是花场的范围，跳场必须要在边界之内进行。

正月十一、十二两天镇山村的跳花场就开始进入正场阶段，到了这两天，周围的汉族和其他少数民族都来观看跳场，他们与来跳场的苗族挤得镇山村水泄不通。来镇山村跳场的苗族主要是青苗和花苗，来自惠水、青岩等地，而清镇的尖尖苗、梳子苗等苗族的支系则习惯去其他地方跳场。到了跳场的这天，苗族会穿上平时舍不得穿的盛装，在后生和姑娘踩出的花场里跳舞吹芦笙。一件苗族的盛装不算织布和缝制等手工，单单绣花就要一个妇女绣一年的时间，又因为绣花的丝线容易褪色，所以衣服脏了也不能洗，洗了以后颜色就不再鲜亮好看了，因此如果不是苗族特别重视的盛大节庆，苗族人一般不舍得将全套盛装穿出来，但是跳花场这一天苗族却是一定要穿着盛装来参加。

正场这天人山人海，镇山村的布依族就负责维护秩序，为了管理好国和公建立的花场，镇山村还专门制定了一套场规来管理花场。场规规定：跳场这天只能苗族进入花场区域跳场，其他民族的来到镇山村花场就只能观看；苗族跳场必须要着盛装，女孩子要"穿花"(即穿绣花的苗族盛装)，男孩子要带芦笙，这样才准下场跳场，如果没有穿花、带芦笙，就只能在外围看热闹、唱歌，不允许进入花场。关于这条场规镇山村还流传着古代一个汉族官员因破坏场规而受到惩罚的故事：

> 我们镇山村的场规就是不能有任何人影响苗族在这里跳场。除了苗族，其他的人都不能下场。不管这个人年纪多大、地位多高，只要不能下场的随便乱下场就要坚决把他们赶出。从前有个大官，听说我们镇山村的跳花场特别的热闹，他就戴着顶子坐着轿子过来看热闹，他来

了之后看到镇山村的场果然是热闹,他仗着自己官很大就直接把轿子抬进了跳场的场地里边。我们镇山村就按照我们祖辈的场规把他的轿子打了个稀巴烂,这个官很生气。他就要去官府跟镇山村打官司,后来官府里的大老爷就跟他说,打官司是没法搞得赢的,这个规矩历朝历代国家都是这么办的。这个官心里还是很生气,但是他也没办法,就只好回家去了。他在自己的家乡仿照镇山村跳场的样子,自己搞了一个场来跳。但是他的场子只是敢在镇山村不放场的时候放场来跳,镇山村放场的时候他是万万不敢放场的,人家就给他起个外号叫砍掌,现在还有砍掌寨这个地名。这就是不按场规的下场。①

　　镇山村还有一个很有趣的场规:苗族来跳场并不是来到花场就可以立刻下场。苗族虽然从很远的村寨赶来跳场,但是他们到了场地并不急着下场,一定要等镇山村管场的人拿一块竹片打他们、将他们赶到场上去。当然,管场人不会用力抽打,只是做一个样子,"祖辈传下来的场规就是这样的"。镇山村村民解释说,"苗族一般比较害羞,但是到了跳场年纪的苗族青年就一定要下场,所以镇山村就会做做样子把他们赶下去。"赶苗族进场,象征了镇山村班李家族在跳场中的权力话语和管理者身份。

　　镇山村的场规对在外围看热闹的群众也有要求:跳场的时候镇山村管场的人会画一条红线,人在红线里边必须要规规矩矩的,不准打架闹事。"如果到红线里边去打架,看场的就要把你抓起来,绑到花场中间的旗杆底下;如果在红线外边打架,打死人看场的也不会管。"当时镇山村负责管场的村民权力很大,这些人都是 20～50 岁的男性,每年管场的都有几十个人,管场者是否负责是决定跳场效果的关键因素。

　　正月十三是跳场结束的日子,需要扫场,镇山村会根据来跳场和看热闹的人数来决定扫场结束的时间。如果大家玩得尽兴,到了最后一天人数还很多,扫场的时间就可以适当延后。一般来说,扫场的时间是正月十三的下午,如果当年跳场的人数特别多、气氛热闹,跳场会一直持续到天黑之后才扫场。扫场的时候要找一个苗族人骑着马围着跳场的场地转圈,还要会说吉利话,大概意思是告诉来跳场和看跳场的人们,"今年的跳花场就圆满结束了,你们回家治好衣服首饰,来年再来",骑马转场之后跳场就宣告结束了,之后放鞭炮结场。选择骑马转场的人也有一定的规矩,首先这个人必须

是苗族,其次他还要多儿多女、父母双全,最后还要说话流利,会讲吉利话,要令来跳场的人个个开心。结场之后,所有来跳场的人还要在花场上举行欢宴,欢宴所需的食物也是由负责管场的镇山村准备。

最后,跳场的旗杆也要妥善处理,不能跳场结束就随便扔掉,因为跳场不是镇山村一个寨子组织的,还有附近其他几个村寨协助出人、出力、出物品,如出姑娘的寨子"天鹅"、出旗杆的寨子"竹拢"、出米酒的寨子"老犁地"等。跳场结束后要将放场时挂旗的竹竿分成几段,给他们带回去做筷子吃饭用。据说这样可以保证寨子一年平安无事,生活顺利。

三、跳场的演变

跳场的变化有两个历史节点,首先是 1958 年的花溪水库工程,之后是1990 年的旅游开发。跳场的场地、组织者、参与者、内容等都在大的时代背景下发生了变化。跳场失去了原来联结村落、彰显权力等功能,转变为一场表演性质的跳场节。

(一)场地的变化

镇山村的跳场自开场就设置在一块地势开阔、交通便利的"跳场田",这块田位于三岔河附近,在镇山村与石板镇的交界地带。按照设置花场的传统,花场应该选在村寨之外,且不能跨到其他村的地界上,这应该就是镇山村选择跳场田的初衷。

1958 年花溪水库开始修建,水位上涨淹没了这块"跳场田",紧接着"三年困难时期"和"文化大革命"等一系列事件使人们根本无法顾及与生存无关的跳场活动,跳场这一在镇山村持续了近百年的传统就暂时停止了。直到 1972 年村民从困难生活中挣扎出来,跳场活动才重新恢复。花场的位置这次选在距离镇山村相对较近的一块田里,当地称"乌龟塘",这块田是村寨北侧归属于镇山村的最高一块田,与石板村交界。旅游开发后,镇山村村民觉得花场离村寨较远,于是花场又被搬到距离村寨更近的"洼子田"。在这块田里跳了一阵子后,跳场的苗族抱怨在田里跳场不干净也不方便,于是在2007 年又将跳场的地点改在了现在的停车场。

"过去也不像现在这么讲究,讲卫生穿得干净,过去都是女的穿裙子,男的穿个大斗篷,用大腰带一扎,不沾到泥就行,现在的人穿得干净,也不愿意在土里、泥里跳,过去的人不管干不干净,就是爱耍,好玩就行。"镇山村的停车场是水泥地面,的确比从前的田地干净,但村民纷纷抱怨现在的场不如以前好玩了,原因是"场地小,来的人少,不热闹"。

由场地的变化我们可以得出:第一,花场的位置离村寨越来越近。过去的花场通常选择在村寨的边界处,象征花场不属于任何一个村寨,而是周围村寨同庆共享的节日,因此场地会照顾到周围的苗族村寨,尽量选择一个对所有村寨都相对容易到达的地点。随着人的"个体化",村寨也在"个体化",镇山村自旅游开发以来,经济条件明显优于其他村寨,村民似乎觉得他们组织跳场已经不再需要其他村寨的帮忙,而且距离村寨越近,游客来访时镇山村村民就更容易受惠得利。

第二,花场由田土到水泥地的变化。水泥的使用是非常新近的事情,是现代工业的产物。过去的苗族和布依族都对田土非常依赖和敬重,跳场必须在田里,才能获得跳场神的灵力保佑,才能找到满意的配偶。然而,现代工业创造出的高产高效的便利工具使得重土的苗族和布依族疏离了他们原来赖以生存的土地,田土由神圣之物变为肮脏之物。

(二)组织者的演变

过去镇山村跳场的组织者并不仅有镇山村,还有周围的竹拢寨、天鹅寨,老犁地等苗族村寨,虽然镇山村的班李家族是花场的发起人,但百年来形成的规矩是镇山村的布依族、苗族,以及周围几个村寨的苗族合办跳花场活动。村寨的合作形式非常简单,跳场所需的几样必需品必须分别来自上述这几个村寨。传统上,竹拢村负责准备花场中央"花竿"的竹子,从天鹅寨中选择踩场的姑娘,老犁地每年要出一大坛酒来招待参加跳场的人,在扫场后的欢宴中共饮美酒。镇山村负责跳场时的管理工作,每天提供一定量的米饭给前来跳场的苗族,同时需要每家每户拿出一块盐豆腐或血豆腐。等到放场的那天,将这些豆腐干切片,捆成扎,发给前来参加跳场的人每人一扎,最重要的是镇山村提供跳场的场地。

这种村寨合作传统的破坏从竹拢村不愿意提供跳场所用的竹竿开始,镇山村觉得就这么一根竹竿也不值多少钱,就自己在村寨里砍了一根竹子用作花竿,不再要求竹拢村按传统出竹竿,后来其他村寨也以此效仿,慢慢地天鹅寨不再出姑娘,镇山村的跳花场最后只剩下镇山村和老犁地两个寨子支撑。

这件事的起因依然与镇山村的旅游有关,据村民介绍,20世纪90年代当地有关部门为了补助镇山村举办跳场活动曾经补助了镇山村400元钱,当年这些钱是一笔相当大的数目。镇山村拿到这笔钱就购置了一些物资,其实这些物资并不是为镇山村购买,而是购买了花场所需的爆竹、食物等,比如当年招待苗族的豆腐干都不再是每户村民来提供，而是用这笔钱来置购。后来竹拢等寨得知了这个消息心中十分不平，场子本来是几个寨子共同出力办的，国家既然给了补贴就要几个寨子共同使用，镇山村没有将这笔款项分给其他出钱出力的寨子，其他寨子觉得不公平。镇山村也觉得很冤枉，明明钱都是花在办花场上，还不是大家一起用的。老犁地是唯一继续愿意为花场出力的村寨，但由于行政区划等原因，也与镇山村渐行渐远。

组织者的分散对传统的跳花场来说无疑是重大的变故。跳场之物由几个村寨提供无论是有意设计还是无意为之，客观上都起到了建立村寨间长期稳定的社会关系的作用。镇山村的班李家族在花场中的地位与在社区中的地位相同，他们既是半边山地区的主人，管理周围的苗族村寨；又要将这些分散的村寨联结在一起，起到一种联结作用。这一角色并不容易担当，镇山村本应该保持自己的"王者风范"，不偏不倚，保持中立，正如管场时制定的规则一样，不论大官还是百姓，只要违反了规矩，就一定要加以惩罚；但实际上，镇山村在旅游发展中并没有惠及周围的其他村寨，在得到政府的资金时"自私自利"地占为己有，因此，有些村民认为首先破坏规矩的是镇山村自己。旅游发展中利益的争夺和分配不均导致曾经参与组织跳场活动的村寨与镇山村彻底决裂。

（三）村寨管理体系的改变

村寨本是一个自主的单位，家族的发展是村寨的主要形成机制。过去的跳场组织者是家族中的寨老，寨老是寨中推选出来的年龄高、威望大的长者，其威望来自于平常在村寨管理中处理事务的能力和公平性。寨老与村寨几乎是一荣俱荣、一耻俱耻的关系，因此寨老在组织和管理跳花场的时候，务必尽量做到尽善尽美，这样既提高了村寨的名望，又能增加自己在村寨中的声望。解放初期，寨老和村委一起处理村中事务，但现在村委（地方基层领导）完全取代了寨老的地位。在跳场活动中，现在主要由村支书和村主任组成的村两委代替了寨老的管理和组织权力，因此花场的组织与村委成员的个人喜好有很大的关系。镇山村最近经历过的两任村委就很具有代表性，镇山村的前一任领导班子重点在发展当地的旅游业，推广镇山村的旅游形象，甚至有些急功近利的急躁。2009年年初的跳花场活动，镇山村两委请来领导参加，改编了跳花场的形式和内容，以迎合"游客凝视"。2009年镇山村委换届，新一任的村委更注重实实在在的利益，对村里征地、卖地的兴趣远远大于举办文化活动，因此这一任村委上任三年来没有举办过一届跳场活动。

（四）内容的变化

镇山村跳花场的演变过程是渐进的,然而在 2009 年,量的积累终于爆发质的转变。2009 年春天,镇山村举行了一次"别开生面"的跳花场,其中参与的村寨、跳场的表演者、观看的群众等等都与以往大为不同。

首先,这次跳场活动受到政府和刚刚成立的镇山村旅游发展有限公司的资助,为表感谢,在跳场前安排了石板镇领导和公司投资者肖某致一段开幕辞,并且在节目中也安排了镇山村旅游发展有限公司的员工表演节目,当然这些节目都是毫无民族特色可言的。

其次,活动的场地仍然以停车场为中心,但为了表演能更好地使领导和游客们欣赏得到,镇山村在停车场的一侧搭起了约一米高的舞台,导致本来狭窄的跳场空间进一步被侵占。跳场是一项规模较大的集体活动,因花场的限制,一些节目为完成表演,只好将一套人马分为两组,男性吹芦笙者在舞台上演奏,女性跳舞者在平地上跳场。

最后,跳场的流程完全打破了放场、踩场、跳场和收场的几个环节,而是首先有请领导讲话,之后由镇山村支书宣布跳场开始,鸣放礼炮。随后,来自周围村寨的表演者一起冲向表演场地,各择佳地唱歌跳舞,混乱的场面大概持续了 20 分钟,这就是本次跳场的踩场了。接下来的活动就是一次彻底的现代文艺表演,来自周边村寨的苗族、布依族轮流上场表演节目,中间还穿插着来自旅游公司的电子琴演奏、歌曲联唱和街舞表演。开场曲目是由镇山村演唱的布依歌《欢迎来到布依乡》,跳场中还出现了布依族舞蹈,打破了布依族不跳场的传统。表演持续了两个小时,最后由镇山村村主任致辞,宣布跳花场结束,随后领导和嘉宾一起聚餐。

这次跳场节在很多方面颠覆了传统的跳场活动,多村寨的联合办场转变为镇山村和旅游公司的共谋,布依族和汉族首次允许进入花场展演,花竿这一跳场的标志消失,圆形花场变为方形的舞台。观众成为活动的主体,表演者由主体变为服务者,活动的目的在于娱乐大众,而失去了跳场本来的择偶、社交等功能。跳场的规矩几乎消失,具有灵力的仪式过程演变为一场华丽的表演。

四、功能、象征、表演：花场意义的转变

从明清时期的史料来看，花场的功能非常简单，即"选择婚姻"，①苗族的婚姻对象大多在跳场时选择，家长也会跟随子女前往，帮助子女选择合适的对象，之后请媒人提亲。同时跳场也为镇山村的布依族提供了结识异性伴侣的机会，布依族男女往往在花场之外男女对歌，而对歌是布依族青年选择婚姻对象的主要方式。因此，跳场是青年男女结识异性、进行社交的重要场合。

> 从前只要是没有结婚的青年男女都要去跳场，苗族的爸爸妈妈们还要把"花"准备好，所谓的花就是跳场节庆时候穿的盛装，女孩子都要穿花去跳场，小孩子十二三岁就开始去跳场了。跳场的时候，苗族的男女青年就会双双下场，围绕跳场的场地跳一圈称为"一转"，如果下场的男女互相喜欢、爱慕，就会跳一个双数，比如两转、四转。有特别喜欢的还有人跳十多转。如果遇到的人是自己不喜欢的，跳一转或者三转就走。苗族的男孩子会在身上带一块手帕或者带子。苗族的女孩喜欢一个男生就会拽住男孩子背后的带子。苗族的青年男女是靠跳场结识，而慕名来看热闹的布依族青年男女则是靠对山歌来结识异性。跳场的时候有些女孩子的家里会给女孩子带上炒花生、炒糯米、玫瑰糖这些零食，跳场的时候如果认识了喜欢的后生，就可以把女孩子带的好吃的分给喜欢的后生吃，如果女孩子的妈妈也来看热闹，看到女孩子喜欢的后生，女孩的妈妈也会分东西给男生吃。不管是跳场还是对山歌，在跳场时候结识的异性就可以进行交往了，跳完场以后一般男孩子会主动约喜欢的女孩子出来玩，过去，男女青年都很珍惜跳场的时间，觉得跳场时候人多、热闹，不舍得离开，扫场都要等到下午四五点钟以后，玩到天黑，青年男女才恋恋不舍地离开场地。②

现在寨子里的苗族姑娘和小伙子只要到了十三四岁就不愿意去跳场了，村里的青年男女宁愿结伴去城里玩也不愿意去跳场，也不喜欢这种结识异性的形式。村里的青年觉得看电视都比跳场有意思，跳场的形式又过时，没有人愿意去跳花场认识男女朋友了，现在结识朋友的方式也更多样化，电话、网络等现代科技方式已经被镇山村的青年男女广泛接受。村里青年男

---

① 陈国钧：《安顺苗夷的娱乐状况》，载吴泽霖、陈国钧等：《贵州苗夷社会》，民族出版社 2004 年版，第 163 页。

② 报道人 HJM，2012 年 4 月 18 日，镇山村 HJM 家。

女普遍更喜欢过西方的情人节而不是镇山村的跳花场，过节的时候村里的青年男女都骑摩托车去贵阳城里吃饭，或者去酒吧喝酒唱歌。现在的镇山村跳场也冷清了许多，大概下午一两点大家就纷纷散去，只好扫场结束。

跳场也有祈求丰年的象征意义，"苗人不跳花，谷子不扬花"；跳场也能够帮助夫妇生子，求子的夫妇身披空背衫及被褥等赴场跳花，久不生育者将花树求回家中，祈求早生贵子。① 除此之外，跳场还是短期的小型商业中心，跳场时周围的村民像赶集一样来到花场，是一次文化和物质的交流，镇山花场会向这些商贩收取少量费用，因为"场子是我们镇山放的"。花场里经营各色生意的都有，但主要还是售卖食物的小摊。

跳场，不仅仅是属于青年男女的节日，也是村民之间亲情维系的重要手段，是村寨之间社会交往的主要方式。在过去，镇山村跳场的消息一发布，镇山村村民的亲戚朋友也纷纷赶来镇山村看热闹。亲朋好友之间就可以顺便互相往来，交流感情。

> 常年不见的朋友，跳场的时候我们就可以聚一聚，老年人长时间不见就可以见面互相了解了解。以前跳场还会有些人提前就来，就住在村里面的亲戚家里，为了看热闹有些人还要住好多天。以前的时候，布依族亲朋好友之间见面就要唱歌，有时候布依族唱歌还要唱三天三夜，在以前客人来了一进寨门就要开始唱敬酒歌、朝门歌。进门的时候要唱歌，喝酒的时候也要唱歌，以前一直要玩三天三夜，喝酒吃饭，陪客人唱歌，老年人唱老年人的歌，年轻人唱年轻人的歌，男的和女的唱也可以，姊妹唱姊妹歌也可以，各自的内容不同，各有各的意思，年轻人唱情歌，老年人唱客气歌。②

然而，现代科技的发展影响了镇山村跳场的地位，镇山村的布依族亲戚集中来看跳场的情形消失。"现在交通方便，有了电视机大家见识多了，就不觉得镇山村的花场热闹，来的亲朋好友也少了。"有些游客开车观看，如果觉得跳场不精彩，又驱车离开，镇山村单独办跳场，周围村寨来的人也少了。

"旅游允许一种自由的、嬉戏的'不严肃'行为，并激发一种相对不受限制的'交融'或社会团聚（social togetherness）"③，旅游化的镇山村将"游客凝

---

① 陈国钧：《安顺苗夷的娱乐状况》，载吴泽霖、陈国钧等：《贵州苗夷社会》，民族出版社2004年版，第163页。

② 报道人BYZ，2012年4月25日，镇山村BYZ家。

③ ［英］John Urry：《游客凝视》，杨慧等译，广西师范大学出版社2009年版，第16页。

视"作为节庆活动的价值标准和意义体系,跳场最终成为一种非传统的欢腾。镇山村的旅游发展模式并不是由内向外的发展,而是取决于一些外部的条件:政府的引导、科技的发展、外界资金的介入等。跳场在外力的作用下,失去了为本社区成员服务的功能,游客的需求被放大,跳场变成一场失真的舞台展演。

第三节　六月六

六月六是布依族的传统节日,这在整个布依族聚居区都是毫无争议的事实。六月六在不同地区有不同的称呼,主要有"祭祖"、"祭丰年"、"传族规"、"玩山"、"歌节"、"断秧节"等说法。虽然各寨的欢庆活动各有所异,但是总体来说,主要有祭拜祖先、祭田神、祭山神、制定乡规民约、赛歌会、玩山、赶场、吃粽粑等活动。

镇山村的六月六活动主要有祭祖、祭社神、吃粽粑等,比起周围的其他布依族村寨,镇山村的节日氛围似乎不太浓。六月六在旅游业进入镇山村后才真正受到人们的重视,六月六随之被命名为"六月六歌节",在镇山旅游业的舞台上展演。

一、六月六概况[①]

(一)历史上的六月六

六月六又被称为"布依年",是布依族最重要的节日之一。镇宁县每年的农历六月初六,布依族的村村寨寨、家家户户都宰牛、杀猪、打狗、杀鸡,特别要包粽子(粽粑),祭祀祖宗。妇女们背着装满粽粑的提篮,抱着鸡走亲访友,男人们则在寨中聚会,举杯畅饮,制定本寨的寨规民约;老人给小孩摆苦情,说传统,传族规;男女青年新装艳服,手拎箫筒、四弦胡、月琴,口吹木叶,成群结队聚集于旷野草地或某个寨子,对歌,赶表,丢花包。[②]

紫云苗族布依族自治县布依族的小孩和青年在六月六还要穿新衣,包

---

① 　以下有关六月六风俗的记载均来自于:贵州省民族事务委员会、贵州省民族研究所:《贵州"六山六水"民族调查资料选编·布依族卷》,贵州民族出版社 2008 年版。

② 　马启忠等:《镇宁布依族苗族自治县布依族社会综合调查》,1986 年,第 24 页。赵崇南:《望谟县乐康乡布依族生活习俗调查》,1986 年,第 292 页。

枕头粽和羊角粽,早上要杀鸡,吃一餐丰盛的早饭,随后孩子们背上粽子和鸡腿去传统集会的地方玩耍。紫云洛河的六月场是全县规模最大的集会地,六月场从初六持续到初九,每天都有上万人集会。青年们对歌,老年人赶场,小孩玩耍。[①]

居住在贵阳市乌当区的布依族这天要祭拜土地神(社神),具体方法是用公鸡敬祭土地神,将参加人的姓名写于纸上,连同钱纸一起焚化。目的是祈求免去灾祸,驱逐蝗虫,预祝风调雨顺。同时各个家族要到田里祭拜田神,并挂上白纸。家里将所有衣服拿出来在太阳下暴晒,称为"六月六晒龙骨",认为晒过以后不会被虫子咬。[②]

黔西南兴仁一带的布依族过六月六时要举行"扫坝"仪式,由布摩带领一行青壮年男子,拉着一条或几条狗,走遍禾苗田坝,布摩念诵《驱疫经》,然后集体会餐。初六、初七两天内不准任何人到田里干活,违规者要罚款重祭祀,并罚修路一段。目的是希望通过祭祀达到粮食不受虫灾,粮食丰收。[③]

离镇山村较近的花溪区新民布依族乡竹林寨流行着"六月六,龙晒骨,打湿龙袍晒四十天"的谚语,意思是六月六是大晴天就好,若是下雨打湿了龙袍,就会连续 40 天不下雨,造成旱灾。因此这一天,人们就要像龙一样洗洗澡、晒太阳,即使平时不太下水的老人,也在这天到小河里洗个澡,然后上岸晒太阳,表示节日求晴,以后求雨,粮食丰收,身体健康。[④]

水城的六月六持续两天,活动较多,有"祭水口"、"祭山神"、"定寨规"、"祭山地"、"玩花坡"等。祭水口即初六天一亮就由家长或青年男子带祭品来到秧田进出水口处,杀鸡敬田神,防虫灾。中午祭山神,祭祀完毕还要当众宣读寨规和保护庄稼的条约。晚上各寨青年男子手持火把上山举行比赛,深夜方回,俗称"玩火把",意为"烧苍蝇、灭蚊虫"。初七凌晨杀猪,各家用香樟树枝取猪血插于自家田地里,意为"防虫灾"。中午玩花坡,带酒肉上山并扎帐篷,夜深才返回寨子。[⑤] 有些地方不使用香樟树枝插田,而是用三

① 吴顺轩:《紫云苗族布依族自治县布依族调查》,1986 年,第 59 页。
② 雷广正:《贵阳市乌当区新堡公社布依族社会调查》,1986 年,第 71 页。
③ 王开吉:《兴仁县布依族调查》,1988 年,第 84 页。
④ 班光瑶等:《贵阳市花溪区新民布依族乡竹林寨调查》,1988 年,第 117 页。
⑤ 武文义:《水城特区猴场、红岩民族乡布依族婚俗与节日礼仪调查》,1987 年,第 263—264 页。

角旗代替,意思仍为防虫灾。① 独山县布依族认为六月六这天的太阳最炽,是翻晒食物、用品的好日子。②

但是,如同镇山村没有过布依族三月三一样,也未必所有的布依族都有过六月六的传统,望谟县乐康乡布依族认为三月三是最隆重的节日,调查中没有六月六的记载。③

综合以上布依族地区的六月六活动,大体可以将其归纳为以下几类:第一类是广泛存在于布依族社区的防虫灾活动,包括祭土地庙、"扫坝"仪式、祭水口、插三角旗等,虽然其名称不同,但其象征意义都是防虫灾、保佑粮食丰收。第二类是娱乐性的活动,如对歌、赶表、丢花包、玩花坡、玩火把等,除了玩火把有烧蝇灭蚊之意,其他都是传统的布依族集体性的娱乐活动。第三类是晒龙骨,一则是趁六月六太阳炽热,将食物和谷物拿出来晾晒,二则有祈雨防旱的象征意义。第四类为包粽粑祭祖,有乌米粽、枕头粽、羊角粽等。第五类,六月六还有传承乡规民约的活动,如老人对小孩的族规教育、祭山时宣读寨规等。除此之外,还有一些驱邪避害的宗教活动。

(二)神话中的六月六

布依族群众往往将节日同神话传说联结在一起,特别是对布依族的传统节日六月六,不同地区更流传着很多不同版本的神话传说故事,总体来说,六月六的神话传说与水稻、虫灾、斗争相关(见表6-3)。

表6-3 布依族"六月六"神话传说的关键情节

故事 元素	新横与水稻	天马吃庄稼	得某得茂
男人/女人	盘古/海龙王之女	王幺公/王大(二)娘	得某/得茂
英雄人物	新横(儿子)	慕连(儿子)	得某和得茂
神力帮助	天庭	神仙	太阳和月亮
灾难	继母、水稻失传	后母、天马	干旱、蚂蚱
祭拜方式	杀猪宰羊、包粽子	插旗子	剪纸马、包粽粑、插龙蟒竹

---

① 雷广正:《平塘县掌布乡布依族社会调查》,1984年,第14页;辛丽平:《惠水县布依族生活习俗文化变迁调查》,2002年,第433页。

② 覃东平:《独山县麻尾区布依族来源及节日婚姻丧葬习俗调查》,1991年,第270页。

③ 赵崇南:《望谟县乐康乡布依族生活习俗调查》,1986年,第292页。

1. 新横与水稻

据说,在人类早期,布依族的始祖"盘古"会种植水稻。但他形影孤单,生活贫寒。一次偶然机会,他认识了海龙王的女儿,互相爱慕而结为夫妻,一年后生了个儿子,起名新横。新横从小聪明伶俐,但因年幼,一次冒犯了母亲,母亲气得回了龙宫,不再回人间。盘古只好续弦,又生一子。若干年后盘古于六月初六去世。继母为了霸占家产,就百般虐待新横,忍无可忍之下,新横只好上天庭告状,并扬言要毁掉水稻。继母为了生存,就祈求新横,只要他不毁掉水稻,她愿意每年六月六杀猪宰羊、包粽子供奉盘古。久而久之形成了一年一度的布依族节日。①

2. 天马吃庄稼②

从前有个王幺公,是个地主,他讨了两个老婆,大的特别黑心,人们喊她王大娘,她有个儿子叫玉连;二老婆人称王二娘,面慈心善,儿子叫慕连。王大娘怕慕连抢夺家产,一心想要害死他,可是几次下手慕连都有神灵保佑,所以最终没有遇害。王幺公过世后,大老婆就把慕连母子赶出家门,把慕连送去打仗。半路上慕连遇到神仙相助,后来立战功被封为将军,回家看望母亲,王大娘羞愧自尽。可是当大家把王大娘火化时产生的黑灰都变作了可恶的"天马",扑进地里糟蹋粮食。慕连见了心想王大娘怕他,就叫随从多打旗子,插到田里。"天马"见了这些红红绿绿的小旗果然害怕,就吓得飞走了。这天正好是六月六,以后大家就把这个习惯传下来了。③

3. 得某和得茂

传说古代有个布依族居住的寨子,寨中有一对年轻夫妇得某和得茂,他们一年到头辛勤劳动,庄稼长得很好。这一年,他们刚把秧子栽完,就遇上大旱,又飞来了一群蚂蚱,寨里的人们捉也捉不完,个个愁眉苦脸。得某和得茂忽然想到去找太阳和月亮帮忙,他们经过了千难万险终于见到了太阳,太阳称赞他们不怕险阻,送给了他们两根龙蟒竹,用它生出的枝丫可以打蚂蚱。接着他们又见到了月亮,月亮从百宝箱取了两块青布帕,又牵出两匹白龙马送给他们。他们回到寨子,就和乡亲们一起去打蚂蚱,燕子、蛤蟆也来

---

① 燕宝、张晓:《贵州神话传说》,贵州人民出版社 1997 年版,第 436—437 页;冯祖贻等:《贵州风物志》,贵州人民出版社 1985 年版,第 125 页。

② 此处"天马"为布依族蝗虫。

③ 贵州社会科学院文学研究所、黔南布依族苗族自治州文研室:《布依族民间故事》,贵州人民出版社 1982 年版,第 62—67 页。

帮忙,最后就剩下了蚂蚱王,得某和得茂骑马追打了三天三夜才最后把它打死,可惜他们俩由于筋疲力尽又受了伤,竟双双离开了人世。从此,人们为了纪念得某和得茂夫妻,每年的六月六都要剪出一对纸马,包粽粑来纪念英雄夫妻,还在田里插上龙蟒竹。①

4. 安龙抗击土豪

传说在同治九年(1870),兴义县的一个刘姓大土豪勾结龙广的大地主,屠杀抢掠布依族人民,布依族群起反抗,经过英勇斗争,终于在初六这天击败了敌人,于是布依族群众便定这天为重大纪念日。②

5. 六六与白虾

在远古时代,有一个勤劳能干的小伙子叫六六,有一天,六六回家时看见一条大白虾在浅水中游弋,就手捧回家,喂在水缸里,再出去劈柴。结果六六回到家来,见家里有一位美貌少女帮他做好了饭。一问才知道,她是月神的六女儿月亮公主。她看到六六勤劳勇敢善良,就深深地爱上了他,并决心和六六结婚。一年后,他们生了一个聪明过人的儿子,取名天王。一天,六六上山砍柴,国王知道了民间有位如此美貌的女子,就命人把月亮公主抬来。月亮公主走到大河边,喝一口水喷出来,变作一道彩虹,月亮公主就踏上彩虹飞上了天空。六六回到家看到儿子在地上哭,就抱起他去找妈妈,在河边发现了地上有公主的一根花飘带,刚拿到手里,花飘带就带着父子飞上了天。月亮公主主管天上雨水,为了惩罚国王,以后每年六月,不是暴雨就是干旱,还有虫灾。人们为了消灾灭难,杀猪敬天王,祈求风调雨顺。人们唱起山歌,跳起舞蹈来表达这一希望。同时青年男女也唱起情歌,像六六与月亮公主那样寻找自己的意中人。③

关于六月六的神话传说还有"阿水与阿花"等,④这里不再赘述。以上几段查阅到的史料中,安龙布依族抗击土豪只在黔西南布依族、苗族自治州的安龙县流传,六六与白虾也只流传于贵阳市的修文县,这两则神话传说有着明显的地方特色,一个是与安龙县清朝时期的抗击土豪联系在一起,一个讲述六六与月亮公主的爱情故事,猜测是当地人根据当地的历史或民间传说改编。前三则神话传说讲述的内容均是讲述人类借助自然之力战胜蝗虫的

---

① 燕宝、张晓:《贵州神话传说》,贵州人民出版社 1997 年版,第 437—439 页。

② 《布依族简史》编写组:《布依族简史》,贵州人民出版社 1984 年版,第 165—166 页。

③ http://www.yiyuanyi.org/plus/view.php? aid=31991.

④ 张永吉:《布依族的"六月六"歌节》,《贵阳文化》2004 年第 2 期,第 31—32 页。

故事,在布依族社区较为普遍,"新横与水稻"收集于镇宁县,"天马吃庄稼"来源于贵定和安顺,"得某和得茂"的传说收集于兴义市,虽然分布地区不同,它们却有着大致相同的主体结构。

神话是一种集体的无意识,对神话的解释可以揭示隐藏在神话背后的意义。神话传说由远祖开始一代代流传下来,因此神话中具有信息发出者在讲故事时无意识地向年轻一辈传递多种"信息"。信息接收者通过对"信息"的还原和拼接才能构建出完整的意义系统。①

第一,神话中的英雄人物的身份都是布依族,有些借用了如"盘古"等神话元素,却仍然赋予其布依族始祖的身份,他们往往都具有布依族勤劳、善良、勇敢等特质,这样才能担当起与神沟通的角色。因此,讲述神话传说的过程就是对子孙的道德教育。第二,这些神话传说中都隐含着一种正邪的二元对立——新横/继母、慕连/继母、得某得茂/蚂蚱,而最终的结局都是正义战胜邪恶,英雄保护了庄稼,宣扬一种朴素的正义观。第三,布依族虽然勇敢善良,但他们毕竟是凡人,因此战胜邪恶的过程必须要借助神的力量,这些神力在布依族的原始信仰中被统称为"天",而究竟是"天"上的哪路神仙,布依族似乎并没有一个统一的答案,"天庭""神仙""太阳月亮"都是他们在自然世界中不可掌控的力量,而人必须要借助上天的神力,才能战胜恶魔,表现出布依族对自然的敬畏。第四,布依族六月六的神话传说几乎都与农业相关,新横为惩罚继母的狠毒,扬言要毁掉掌握的水稻技术,使继母没有粮食吃;"天马"和"蚂蚱"都是蝗虫,它们在没有农药化肥的过去是农业作物最大的敌人之一,也是布依族不可掌控的灾难,说明布依族在历史上一直以农业为主要生计方式。农历六月初六时,水稻和苞谷等农作物都已经种植完毕,按照传统的农业时间表和生产技术辛勤劳作,完成了布依族能够完成的部分,剩下的时间——从六月六直到秋收,就全靠天气情况和自然情况,听从"老天"的旨意。第五,怀着一颗敬畏的心,布依族民众会进行各种祭祀活动,体现在三个神话传说中的具体祭祀活动都是当地经常出现的情境,镇宁县杀猪宰羊、包粽子,贵定和安顺会在田里插上旗子,兴义市布依族剪纸马、包粽粑、插龙蟒竹。神话中的情境与现实中的实践相对应,正如萨

---

　　① Claude Lévi-Strauss. Myth and Meaning. Toronto:University of Toronto Press, 1978:15-18.

林斯所说：神话也是一种历史的叙述方式。①

二、镇山村传统六月六

布依族六月六的传说在镇山村已经失传，"我们过六月六是有来历的"，但是来历是什么，村里已经无人知晓。然而，这依然丝毫不会影响镇山村欢度六月六佳节的历史事实。据说镇山村打田栽秧比较晚，每年六月六正是他们栽秧结束之时，就把六月六定为断秧节，人们在六月六要好好休息一天。②

（一）吃粽粑

镇山村的六月六是以一种食物作为标志的——粽粑。不仅在镇山村，而且在镇山村周围的很多村寨，粽粑都是节日活动中的常见食物。粽粑在四月八、端午节和六月六都可以食用，然而，镇山村的布依族传统上其实只有在六月六才吃粽粑，"四月八是随苗族过的，端午节是随汉族过的，只有六月六才是我们过的节"。传统的镇山粽粑是一种很有地方特色的乌米粽，准备好糯米和乌米，用三张粽叶拼扭成一端尖角，由左手拿着，右手放入稻米，用一支筷子打紧，再拿一根粽草，将牙齿咬住草的一端，右手拉住草的另一端，将圆锥体形的粽子底端捆两圈系紧，变成了独特的"乌米粽"，此种粽子黑白分明，独显特色。粽粑制作好以后，必须要先在堂屋中敬奉给老祖公，进行传统的堂屋祭祖，之后才能供家人享用。

（二）祭祀炎帝黄帝

除了吃粽粑，历史上的镇山村还存在一些祭祀活动。由于祭祀活动已经多年未进行，村里人对这些祭祀活动的记忆非常模糊，只言片语中只能勾勒出大概的情况。实际上，镇山村除了祭祖外，最重要的祭祀活动就是祭拜黄帝。村里人的说法是：

> 六月六我们是祭龙黄，龙黄不是皇帝的皇，是黄天的黄，就是管五谷的。在古代的时候，他把山上的东西慢慢来吃，就像尝百草一样。他比一般的人聪明，就以他作为实验先吃，他吃的时候有些东西吃了肚子会疼，有些吃了会舒服，肚子疼的那些他就记下来，以后就不能再吃了。

---

① Marshall Sahlins. Historical Metaphors and Mythical Realities. Ann Arbor：University of Michigan Press，1981：3-8.

② 张永吉、李登学、李梅：《镇山布依族文化保护村调查报告》，花溪文管所，1994 年，第33 页。

当他尝到茶的时候,他一吃肚子就咕噜咕噜地叫,把所有的毒气都赶掉了,茶叶就是那时候发明起来的。[1]

对这个说法的真实性,他补充道:"这其实是一个神话传说,意思是现在能吃的东西都是根据他的发现、他的创造。"

这个故事的主角"龙黄"与前文中谢土中祭拜的东南西北中五方龙神有些类似,应该也与土地的龙脉相关,而龙黄尝吃百草的行为又与神农尝百草有几分相像。神农即炎帝,是传说中农业的发明者、医药之祖。炎帝和黄帝都是古代"五神"中主管农业和医药的神,不论是祭拜黄帝、炎帝或是两者兼有,都与布依族的农业生产息息相关。

耐人寻味的是,老人提起龙黄发现茶叶的神话传说,现在镇山村周围的山上却没有茶叶种植的痕迹,在镇山村历史上是否有茶叶种植还有待考证。另一位老人也证实了镇山村六月六祭拜黄帝和炎帝的活动:"我小的时候都杀鸡祭拜,要炎黄保佑五谷丰登,不要出蝗灾。"

(三)上山采草药

祭拜炎帝和黄帝也与他们负责掌管医药有关,过去的六月六,镇山村还有上山采草药做酒曲的传统。这段历史是从一位酷爱饮酒的布依族老年女性口中获得的:

> 以前我们家老人六月六就要去采酒药,就是从山上挖一些原料,也就是一些野草,那些草好像有十多种,要混一起才行。把这些草药晒干捣成面,然后就用麦子拌起来,晒干就行了。这种酒药的酒做得好的有特别的风味,这个酒就是特别的顺。到我们这辈人就不做这种酒药了,都是去石板街上买。[2]

经考证,镇山村这种传统布依族酒曲的制作非常讲究,需要在特定的时间,一般在农历六月,采摘五六种植物的根茎,这些植物一般生长在村子附近的山上,具有当地的特色,镇山村布依族将这些植物的根茎统称为"酒药",酒药采摘以后,晾干研碎,和炒熟磨碎的小麦混合,放在阴暗处产生天然的酒曲,晒干备用。等到酿酒的时候将酒曲取出研碎,与煮熟后晾凉的米饭混合好,发酵后就是布依族的甜米酒。据说用这种天然酒曲酿制的米酒

---

① 报道人 LLH,2012 年 4 月 5 日,镇山村 LLH 家。

② 报道人 LSF,2012 年 4 月 7 日,镇山村 LSF 家。

有植物天然的清香。也有记载称用巴地香、巴岩香配合香露、红稗面、米糠、臭艾等植物，倒进石槽中捣碎，放到盆里加适量水搅拌，捏成4厘米×3厘米的酒药坯，平放在竹篱笆上用木炭下火连续熏烤40天即成最后的酒药。[①]村民现在已经不认得这些草药，更不知其配方比例。现在的酒曲一般购于离村不远的石板镇上，镇上有制作酒曲的小作坊，制作的酒曲专门出售给周边的村民。石板镇上居住的多是汉族，酒曲的制作也不再按照布依族的传统方法。

六月六的采药传统与镇山村的酿酒工艺紧密相连。气候温润的贵州一直以来就是中国名酒的故乡，有着酿酒饮酒的传统，贵阳花溪布依族聚居区的刺梨酒（又作刺藜酒）更是在解放前就驰名全国。

刺梨酒的制作工艺非常繁琐。首先制作烧酒，用甑子将酒糟（甜酒）装起，另一个甑子扣在上面，然后在甑子下烧火，甑子里的酒精就会随着蒸汽一起到引酒管里边去，即是烧酒。镇山米酒就是将烧酒和甜酒按一定比例混合，是镇山村日常饮用的布依米酒。布依米酒还可以制成著名的刺梨酒，刺梨是贵州高原特有的珍贵野生资源，李时珍在《本草纲目》中已有记载，称其"可解闷，消积滞"。村里人秋季在村子附近的山坡田坎采摘刺梨果实晾干，刺梨干蒸熟，放入布依米酒中窖藏。清代的《黔语》中就有对刺藜酒的记载："刺藜酒，色碧，味微甘，特不酽耳。"[②]

（四）对歌

六月初六这天与四月初八的时候相似，村民早上吃完粽粑，就准备去城里热闹的地方对唱山歌了。

> 过去六月六是我们的传统节日，有一条就是对唱山歌，老人和老人对唱，年轻男女对唱，谁愿意来就来，对唱一晚上或者一天，如果第二天还想唱，就再唱一天。能唱的就多唱，不能唱的就少唱。一般都是二三十岁的，顺便看看亲戚，年纪大就没精力在上面了。现在他们二三十岁的年轻人都不会了，也很少有人去对山歌了。

① 赵焜：《贵阳花溪布依族酿酒及酒文化调查》，1988年，载贵州省民族事务委员会、贵州省民族研究所：《贵州"六山六水"民族调查资料选编·布依族卷》，贵州民族出版社2008年版，第407页。

② 〔清〕田雯等撰，罗书勤等点校：《黔书·续黔书·黔记·黔语》，贵州人民出版社1992年版，第390页。

　　对歌在镇山村是妇女们的主要娱乐活动,布依族传统的恋爱方式"赶表"(浪哨)已经在镇山村消失,而以娱乐形式存在的对歌仍然具有旺盛的生命力。婚礼中的朝门歌和敬酒歌是一场布依族婚礼的必要组成部分,如果婚礼后主人和客人希望继续对唱,往往在婚礼后邀约到主人家或村里其他村民家继续唱歌。春节中,镇山村妇女暂时可以放下繁忙的农活和家务,常常小聚唱歌,这种对歌不是一唱一和的对唱形式,通常是你唱一首我唱一首,回忆年轻时的情歌或唱亲家歌。镇山村的男人与其说不喜欢唱歌,倒不如说是害羞唱歌,偶尔春节时有其他村寨的女性亲戚做客,他们也会献上一段。布依语在镇山村的日常生活中几乎已经无人使用,但有时年纪稍长的布依族在对歌时还会偶尔使用布依语。现在流传在村里的山歌,多是汉语歌词。目前六月六的唱歌形式主要有三种,第一种是村民相约到花溪区或周边举办六月六歌会的村寨唱歌;第二种是村里好友在某家唱歌抒情,沟通感情;第三种就是镇山村举办六月六歌节时的登台演出。

　　布依族山歌的歌词都是取自生活,现编现唱,所以"布依族的歌可能要比她的人口还要多"[1]。现在的歌词一般是七字为一句,四句为一段,可以唱一段,但一般每次唱两段八句。对歌的人也必须按照起歌人的段落格式对歌工整。布依族山歌的调子较少,常见的有大约十个调子,现在也常常根据流行歌曲的曲调加入歌词唱出。布依族的对歌主要有盘歌、情歌、亲家歌、做客歌等,其中做客歌又分为开门歌、敬酒歌、发烟歌等。以下简要介绍一首亲家歌和一首情歌。

第一首　亲家歌

太阳出来照白坡
金花银花掉下河
金花银花我不爱
只爱亲家的好山歌
太阳出来照白岸
金花银花掉下来
金花银花我不爱
只爱亲家的好人才

---

① 张永吉:《布依族的"六月六"歌节》,《贵阳文化》2004 年第 2 期,第 31—32 页。

第二首　情歌想哥多

想哥多来想哥多

想哥多多病来魔

吃了好多药不好

要哥指头化水喝

想哥多来想哥多

想哥多多病来魔

三天不吃一颗米

留得性命去见哥

三、六月六的舞台化

在村民的印象中，从前的六月六不是特别隆重，但是为了旅游的发展，镇山村将六月六推到了旅游的前台。

镇山旅游最好的时候是 20 世纪 90 年代，当时政府宣传力度大，周边也没有其他旅游景点。后来贵阳周边几十公里以内，如松柏山水库、李村、高坡、青岩、燕楼、黔陶、清镇等都开始开发旅游业，有些没有镇山规模大，但是发展却比镇山迅速。随着其他地区旅游规模日渐扩大，镇山村渐渐地感觉到压力，准备打造几个有镇山村特色的节日来推动镇山村的旅游事业。六月六就是在 1996 年被开发出来的旅游产品。

六月六在镇山村的打造下，被冠以歌节的名字，称作"镇山村六月六歌节"，但是歌节举办之初知名度不大，周围群众也很少参加，因此很不热闹。这时候还需要贵阳市和花溪区民委、文化局等相关部门发告示邀请周边的村民和游客前来参加。

所谓的镇山村六月六歌节，主要内容就是一场文艺演出，演出的地点在村口小学前的空地上，以两棵百年老树作为背景搭建表演台。这个文艺演出也不是完全由镇山村的村民来表演的，贵阳市甚至其他县市的布依族只要愿意参与，都可以报名参加。有时候花溪区文工团的表演队，以及周边业余的群众演出队（包括汉族、苗族等其他少数民族）都会派人参加。因此镇山村的六月六歌节充满了各种混杂的元素——传统的/现代的（流行的）；专业的/业余的；布依族的/汉族的或苗族等其他少数民族的歌舞表演。镇山村的布依族和苗族也会自己编排一些歌曲和歌舞。尽管传统上镇山村的布依族是一个能歌但不擅舞的民族，但是为了旅游节日的推广和尽到地主之谊，村民们还是尽量多地编排一些歌舞（见表 6-4）。

表 6-4   镇山村 2006 年"六月六歌节"节目单

区县	村寨	演出节目	上场顺序
花溪区	大寨村	舞蹈《桂花开放幸福来》	2
		小品	11
	麦乃村	布依歌	21
	麦坪乡康寨村	布依歌	24
		舞蹈《北京的金山上》	22
南明区		舞蹈《桂花开放幸福来》	23
	二戈寨	布依歌	18
	凤凰村	舞蹈《妈妈的女儿》	12
	四方河	舞蹈《好日子》	6
	蔡家关	舞蹈《桂花开放幸福来》	20
云岩区	下五里	舞蹈《好收成》	17
		女生独唱《好花红》	10
白云区	亮天寨文艺队	舞蹈《布依扇子舞》	4
		舞蹈《小小雨伞耍须多》	19
龙里县		布依山歌《歌唱中国共产党》	13
金阳区		快板《计划生育》	25
		舞蹈《六月六的粽粑》	15
小河区		舞蹈《布依山寨爱绣花》	9
		舞蹈《我家有个紫荆藤》	16
乌当区	罗吏目	舞蹈《桂花开放幸福来》	14
		布依歌《歌颂半边山》	8
花溪区	镇山村	舞蹈《粑棒乐》	3
		芦笙齐奏《丰收的喜悦》	7
		舞蹈《多情的布依人》	26
		舞蹈《庆丰收》	5
		布依歌《颂镇山》	1
		布依山歌《你是远方来的客》	27
		布依山歌《传经送宝给我们》	28

在村民看来,六月六的隆重程度胜于以前的传统节庆活动,甚至有些人认为不安排歌舞表演的六月六就跟普通日子一样。同时,六月六歌节对镇山村村民来说也是一次经营旅游的好机会。六月六歌节的表演者和周围的游客有时可达到万余人,他们在歌节前后一般都在村寨中游玩,如吃农家饭、游船、烤豆腐等,而镇山村村民是最大的受益者。

> 六月六已经组织了十几年了,但并不是每年都有,开始的时候游客还多,别的村也会来很多人,但是最近这两三年呢,镇山村收入不行了,游客少了,有个两三年没得搞了,解放前这个六月六歌节是没得的,六月六歌节是镇山村搞旅游,把镇山村的民族风俗拿出来看,才开始搞的。六月六村里安排唱歌才隆重,不安排就不隆重,跟普通日子一样了。游客来了搞游客都搞不赢,谁还有心思唱歌,没有旅游之前还是隆重的,现在有民族委员会给钱就组织一下,没得给钱就不组织,找钱赚钱重要。如果六月六有活动,有时候一场要七八个小时,领导来的话村里安排在哪家吃就在哪家吃,村里边出钱。外边来的要出钱才行,交三十块钱才给吃饭。

在现代消费主义的潮流下,任何东西都可能成为被大众消费的产品。在镇山村,自然风光、民族饮食、民族节日等都已经成为大众消费的旅游产品。六月六的再造对镇山村的经济发展无疑具有推动作用,但同样也造成了传统的破坏,祭炎帝黄帝等祭祀活动、上山采药做米酒、甚至连包粽粑祭祖的传统都因为村民忙于六月六歌节的旅游接待而终止。从"后台"到"前台"的六月六已经失去了它的"原真性",成为一种旅游情境中的舞台表演。

第四节 九月九祭祖节

镇山村的农历九月初九为重阳节,村民认为是镇山村布依族的传统节日。在这天,村里的家家户户都要用当年秋收的新米打粑粑,称为重阳粑。据说吃了重阳粑,来年庄稼不落虫。2009 年夏天,"镇山现象恳谈会"召开后,贵阳市政协为宣传镇山布依文化,发展当地经济,将农历九月九定为班李家族的祭祖节,并在这一年的农历九月九举行了盛大的祭祖仪式。这次祭祖仪式包括始祖雕像开光和神堂祭祖两部分,分别于 9 月 30 日和 10 月26 日进行。在这次祭祖节庆典中,祭祖的神堂由原来的村民居所挪至村口的武庙中,这也是镇山村村民首次在公共空间进行祭祖。

一、再造祭祖节

贵阳市政协决定在镇山村举办祭祖节以后,2009 年 8 月 6 日举行了"镇山李仁宇将军祭祖座谈会"。会议邀请了贵州省布依学会会长王思明、贵州省布依学会原秘书长郭俊、贵州民族学院(现贵州民族大学)教授白明政、贵阳市布依学会会长罗大林、贵阳市花溪区布依学会会长罗孝云等 20 多位相关领导和布依学者出席。会议后镇山村两委向外迁的班李家族成员发出邀请:

> 尊敬的外迁班李氏各兄弟姐妹:
>
> 　　在贵阳市政协的关心和大力支持下,我班、李氏先祖公先祖太的雕像已落成(台高 3.5 米,像高 5.3 米)特定于 2009 年 10 月 26 日(农历九月初九)举办镇山村李班氏第一届祭祖节活动。届时将邀请省市相关领导,省、市、县区布依族学会领导出席,邀请文艺表演队演出,诚请我族人外迁多年的兄弟姐妹积极回乡参与,共同弘扬我李班姓的历史文化和民族文化,以激励我后代子孙奋发图强、报效祖国。

然而,为了配合十一长假的旅游接待,吸引更多的游客,镇山村将雕像开光的时间提前到 9 月 30 日。镇山村已经没有能够举行此仪式的摩师,因此雕像开光的摩师均来自花溪大寨。祭祀的第一步是将一头白猪和一只黑山羊由村民抬到李仁宇雕像前面,之后摩师念诵经文为始祖公和始祖太开光(见图 6-1 右)。仪式全程都使用布依语,村民普遍反映"听不懂"。因为当年的中秋和国庆节基本上是连在一起的,仪式结束后还为迎接中秋佳节准备了一场赏月晚会。活动举办得比较隆重,一共持续了三天,第二天和第三天是周边村寨的娱乐表演,还放映了电影,农历九月初九当天(10 月 26 日)才是正式的祭祖节。

10 月 26 日上午,李村的李姓村民一早就划船来到镇山村,镇山村的班李家族成员也早早来到武庙集合,他们都在仪式中扮演主人的角色。外迁的班李家族成员多是李姓族人,来自平坝腊木寨、茅口寨、唐宝寨,修文县大木寨李家村和南明区蔡家关等地。有些迁出已有十代之久,平时几乎没有联系,但外迁族人有 95% 都欣然前来,可见祭祖活动还是非常受重视的。这次祭祖节还有一个很长的名字"镇山村旅游推介、商品交易会,暨布依族祭祖节"。红色的条幅当天挂在村口李仁宇雕像旁,格外醒目。

祭祖节当天的庆典在武庙举行,早上村民仍然准备一头白猪和一只黑山羊抬到武庙里祭拜。祭拜时要先念诵祭文，又叫悼词，大概讲述了老祖公李仁宇"以国家的名义"到镇山村，艰辛发展、繁衍子孙的过程。随后，早已等候在武庙中的班李家族成员按照顺序手拿香烛，每个人去祖宗牌位拜三拜(见图 6-1 左)。村民祭拜完毕后排起队、抬起猪羊就进寨了。这个过程大概有一个小时，仪式结束后参加祭祖的人们共同享用午饭，下午是文艺表演。祭祖节从活动的初衷、到时间的安排、到活动的内容，均以旅游为中心设置，可见以祭祖节之名发展旅游远比祭祖本身重要。

图 6-1　镇山村 2009 年祭祖节

二、神堂的移动

神堂是布依族祭祀祖先的传统空间，是家户的一个重要组成部分。镇山村虽然供奉着相同的始祖和相似的神祇，但在 20 世纪 90 年代以前，祭祖都是每家每户单独在自家的神堂里进行，村寨中几乎从未有过公共的祭祖空间，也没有祠堂祭祖的传统。然而，神堂却在 90 年代后出现在之前从未出现过的地方——镇山布依族生态博物馆(资料信息中心)和武庙。

神堂空间的第一次移动是从村内的家户移动到村外的布依族生态博物馆(资料信息中心)。中挪生态博物馆项目在镇山村开展时，为了建设一座具有布依族风格的资料中心，贵州省建筑设计院设计时吸收了布依族传统建筑特色的元素。博物馆内部的布依族文物收集工作由花溪区文管所和当时的村支书共同承担，他们从惠水、花溪等少数民族村寨收集了一些布依族的生活器具、生产工具、民族乐器、服饰等。除此之外，展厅内还布置了一个神堂供游客参观。

这个神堂的面积大约有 20 平方米，展示了传统布依族神堂的布局和摆设，进入神堂，正面可以看到实木雕刻、做工精细的棕色神龛，神龛上方是镇山村最为常见的神榜：天地国亲师在正中，两侧是观音菩萨、神农黄帝、五谷大神、丑午二王、灶王府君和来自扶风堂上的班姓始祖。再两侧书有:天高地厚君恩重,祖德宗功师范长(见图 6-2)。神龛前方摆有八仙桌一张,两侧分别有两张太师椅。

这是神堂第一次在镇山村家户以外的空间被还原和展示,博物馆中的神堂只作为展示场所,并没有实际祭祀祖先的功用。资料信息中心在刚开馆的两年内,村中布依族非常自豪,经常邀请其他村寨的亲戚朋友来参观。随着资料中心管理权的几次更迭和新鲜感的消失,这一庞大的建筑物逐渐从村民的视野中消失。没有了村民参与的资料中心及馆里的神堂一并成为展示之物。

图 6-2　镇山布依族生态博物馆(资料信息中心)内的神堂

神堂空间的第二次移动是祭祖节时将神堂空间放置于武庙内,是祭祀空间在旅游视域下的创造。选择武庙作为祭祖场所的原因还得从武庙的历史讲起。

武庙始建于崇祯八年(1635),由三世祖班应凤所建,原名镇山寺。[①] 根据当时文拜孔子、武拜关帝的传统,参将班应凤兴建起这座祭拜关帝的镇山寺,镇山寺的出现从一开始就是中原汉族文化的象征,而与镇山村的传统布依族文化关系不大。

---

① 〔清〕周作楫,贵阳市地方志编纂委员会办公室校注:《贵阳府志》卷三十六,贵州人民出版社 2005 年版。

　　村里人介绍说,镇山寺本不在现在的位置,而是在一个小地名叫作"字库"的地方,位于现在花溪水库的水位之下,建筑不如现在的高大。传说原来的寺庙里有一只狗很通灵,经常通人意,寺庙里的人发现这条狗经常取近路、顺着藤条来到寺庙现在的位置玩。因为在当地流传着"猪来贫狗来富"的说法,认为是个好兆头,所以就将寺庙盖到现在的位置来。后来寺庙不幸遭遇火灾,现在的寺庙是在民国时期经班李家族重新修建而成,建成后承担着学校和寺庙的双重功能。

　　武庙在村中的地位本来就很尴尬,在一个保持"仲家不进庙"的传统村寨中建造寺庙,其彰显祖先军功的意义大于寺庙本身供奉神灵的宗教意义。武庙与李仁宇的军户身份紧密相关,标示班李家族与封建王朝的军事系统关系密切。虽然镇山村村民不进庙参拜,但周围的汉人常来祭拜,因此可以说,寺庙的香火来自于邻近居住的汉人。

　　但随后,这一与祖先联结的象征也被"破四旧"运动割裂了。解放后镇山寺关帝两边的造像被当场打碎,只留下关公的木质雕像。从此镇山寺失去了宗教功能,1953—1960 年先后被作为粮库、储藏室和会议室。20 世纪60 年代兴起的"破四旧"运动蔓延到了镇山村:"我们要打破一切剥削阶级的旧思想、旧文化、旧风俗、旧习惯,要改革一切不适应社会主义经济基础的上层建筑。"旧思想、旧文化、旧风俗、旧习惯是很复杂的社会现象,绝不是一朝一夕能够破除得了的。而破坏与传统联系的象征物则容易得多,且立竿见影。于是武庙首当其冲成为"破四旧"的牺牲品。

　　马克思的宗教世俗化理论是最彻底的宗教世俗化理论,它用当今世界本身的世俗化来说明宗教的世俗化,认为现代社会科学技术的发展使传统宗教教义的可信性丧失;现代社会功能—结构的巨大变迁使宗教边缘化;商品货币关系的发展使"天国需要"变成了"尘世需要",对宗教的信仰发展为"对实践理性的信仰",商品货币拜物教成为人们"日常生活中的宗教";现代社会人的"角色专门化"和需要的多样化,使宗教信仰成为私人的事情。[①]

　　"破四旧"带给村民的冲击并不仅仅在于建筑和物质的毁灭,更重要的是日常生活与传统之间的断裂,宗教的权威和影响力随着以镇山寺为代表的一系列文化象征物的破坏在村民的思想中降到了最低点。

　　镇山寺并没有像土地庙那样完全被破坏,"文革"中只是将镇山寺中的

---

　　① 陈荣富:《马克思、恩格斯的宗教世俗化理论——兼评伯格的"非世俗化"理论》,《学术月刊》2007 年第 10 期,第 34—39 页。

关帝像拆毁烧掉了,镇山寺的厢房也被拆掉,并将建厢房的材料当作木料卖掉,部分木料建起了村小学,只留下正殿。镇山村的村民回忆起那段往事,对寺庙木料被卖、烧掉实木关帝像等感到惋惜,反而对神像的消亡和寺庙的破坏本身言论甚少。这或许跟镇山村村民不进庙的传统思想有关,但镇山寺被拆毁所造成的思想震撼却深深地留在了镇山村村民的历史之中。

宗教世俗化并非宗教的消解,它是现代宗教回应现代社会的存在方式。宗教思想并没有在镇山村消失,在经历过震撼之后,镇山村的宗教信仰又开始慢慢地复兴,而复兴之后的宗教呈现出不同的特征,即现代性的表述。从镇山寺的重修和功能转变可见一斑。

镇山村成为贵州省文物保护单位后,1995年贵州省文化厅文物处重新翻新,1996年开始对外开放,并挂牌为"武庙"。2007年,镇山村开发旅游之后镇山寺又被包装一新,武庙先后两次被村委会承包给外地的商人经营,每次经营的时间都不到一年。第二个承包商从外地请来"和尚"替进庙的游客看相解字收取费用,添香火的价格更是高得惊人。据村民说,他们有一次竟向游客收取88888元的高价,有时更有强拉游客进庙并索取高价的事情发生,因此游客抱怨颇多。不久,武庙就因为游客的投诉被区旅游局警告,关了大门也关了财路。之后因为种种原因武庙一直都没有很好经营,村委会几次向上级部门申请重新使用武庙,都因"没有经营证"而被驳回。宗教建筑变成经营性单位,甚至因为没有经营许可证而被关停,这是镇山村武庙的第一次转变,并且以失败告终。

镇山寺(武庙)的第二次转变来自于村民对于宗教、家族和祖先的传统杂糅加以现代性的想象,并且将其塑造成一种仪式和概念,试图制造一种新的传统。

村民的想法是,既然武庙无法获得正规的经营权,那就赋予它寺庙之外的其他意义从而使之重生,具体做法就是将供奉关帝的神殿改造成类似祠堂的家族建筑,削弱武庙的宗教意义,并赋予武庙在祖先崇拜上的地位,添加武庙在家族意义上的合法性,从而恢复武庙的经营权。从这个想法出发,村民开始按照自己的意愿改造武庙。

首先,村委会在武庙中安放了祖先牌位,神主不再是"天地君亲师"神位,而只祭祀"班李氏先祖神位",两侧也没有了佛教和道教中的诸多神祇,而使用班李两姓始祖的迁居地,右书班姓神位"扶风堂上历代高曾远祖之神位",左书李姓神位"庐陵府中历代高曾远祖之神位",再两侧是对仗工整的现代对联"黔山镇山俎豆世泽长,陕西江西渊源流芳远"(见图6-3)。神堂被安放在关羽像右侧,武庙正门对面仍然安放关帝神像(周仓、关平站于两侧),设置香火箱,游客也可以进入祭拜神明。

图 6-3　镇山村武庙内的神堂

这个既拜关公又祭祖的神殿设置好之后,配合贵阳市政协打造的九月九祭祖节,制造了一套仪式来对武庙进行包装。祭祖节声势浩大,贵阳市政协的领导、区领导和镇上的领导代表参与了这次祭祖节的活动,并要求全村村民按照顺序排队进入武庙,烧香祭祖。

然而,村里有些先生认为,将祖宗神位安在庙里十分不合适,一则布依族从来不在庙里祭祖,二则也没有全村祠堂祭祖的先例。但是为了旅游的发展,武庙功能的转变势在必行,祭祖节在当地村民和领导的支持下顺利地办起来了。

但是,祭祖节在镇山村仅仅举办过一次,之后,武庙再也没有发挥它的祭祖功能。祭祖节后人们回到原来的日常生活中,仍然在家中的神堂里祭祖。2009 年后镇山村也再没有举行过全力打造的祭祖节,武庙里的神堂同武庙一样被铁锁阻隔在门内,与村民的日常生活几乎失去了联系。

传统的呈现,不只是物质形态,还有相应的文化说明。为了寻找文化说明,就要去进行学术研究。在国外,生态博物馆往往拥有研究人员,或者与研究机构合作,而这恰恰是我国生态博物馆和乡村旅游最缺乏的。旅游的开发者、经营者、管理者如果以发掘为基础去呈现传统,就能避免很多不必要的开发谬误。

小　结

　　在旅游情境下讨论现代性,如果说镇山村的生计方式、家庭结构和宗教信仰是一个渐变的过程,那么比较而言,以上的三个节庆活动可以算是受旅游直接影响的剧烈变化。

　　吉登斯认为现代性的基本特征是其断裂性,表现主要有:第一,变迁的绝对速度——其激烈程度空前;第二,变迁的范围是全球性的;第三,现代性是现代制度的固有本性,与前现代保持一种似是而非的连续性。① 旅游现象与现代性如同缠绕在一起的藤条般不可分割,现代性为旅游提供了技术支撑,如私家车的普及、喷气式飞机时代的来临,②亦衍生出商品化与真实性矛盾而促使人们出游。③

　　"所有的传统都是被发明的",在现代化的今天尤其如此。当社会的迅速转型削弱或摧毁了那些与"旧"传统相适宜的社会模式,并产生了旧传统不再适应的新模式时,传统的发明会变得更为频繁。④ 新传统可能会通过储存了官方意识、象征符号和道德规训的"仓库"中借取资源,因"旧瓶换新酒"而更容易移植到旧传统上。⑤ 镇山村的跳场节、六月六歌节和九月九祭祖节可以说都是将新模式嫁接到旧传统的典型——它们都是在镇山村历史上存在的传统,但是旅游介入后被植入了新的功能、价值体系和意义系统,彻底改变了旧传统所属的社会模式,而旧社会模式的改变导致了传统的变迁。如果不是细致回顾镇山村的旧传统,现代性的表述也不会被认识和捕捉。然而这种"嫁接"的成果是什么,"长势"如何都是值得商榷和探讨的。

---

　　① 　[英]安东尼·吉登斯:《现代性的后果》,田禾译,译林出版社 2000 年版,第 5 页。

　　② 　Nelson H. H. Graburn. Tourism, Modernity and Nostalgia. In Akbar S. Ahmed, Cris N. Shore(eds.). The Future of Anthropology:Its Relevance to the Contemporary World. London:Athlone Press,1995:158-178.

　　③ 　赵红梅、李庆雷:《回望"真实性"(authenticity)(上)——一个旅游研究的热点》,《旅游学刊》2012 年第 4 期,第 11—20 页。

　　④ 　[英] E. 霍布斯鲍姆、T. 兰格:《传统的发明》,顾杭、庞冠群译,译林出版社 2004 年版,第 5 页。

　　⑤ 　[英] E. 霍布斯鲍姆、T. 兰格:《传统的发明》,顾杭、庞冠群译,译林出版社 2004 年版,第 7 页。

在现代消费主义的作用下，节庆失去了旧传统的功能和意义，它被推至前台成为一种被消费的旅游资源，一场失去"真实性"的舞台表演演绎了节庆的现代性。镇山村的旧传统在旅游中无法找到自身的位置，游客的"凝视"成为旅游业中首先要考虑的信息，根据游客的喜好添加、改变、再造传统的事情时有发生。镇山村除了满足游客的凝视，还有一部分凝视来自政府，于是形成了镇山村民、游客、政府三方共同构建新的"传统"。

结　　论

一、混合现代性

现代与传统既相互对立又联系紧密。回顾镇山生态博物馆的现代性表述,首先需要回溯"前现代"的传统,以整体观理解传统文化的意义之网。

镇山村布依族以"汉父夷母"为家族的开端。自明朝开始,班李家族逐渐占据花溪河两岸的河谷地带,以种植水稻为主要生计方式,其宗教信仰、亲属关系和节庆文化也都围绕稻作文化展开。"亦汉亦夷"的族群认同经过历史积淀形成了独特的布依族文化,在社会动荡和复杂的民族环境中,身份的灵活性有利于班李家族趋利避害。

20世纪60年代,建成的花溪水库淹没了镇山村的河谷良田、重置村落空间,原来属于同一家族的班李二姓因地理阻隔渐行渐远,随后的农村人民公社化、"文革"等几乎中断了村内的一切文化活动,传统遭遇新中国成立后的第一次变革。

20世纪90年代开始至今,镇山村经历了被发现、被展演的旅游开发历程,旅游在镇山村并非自发产生,而是在政府引导下的旅游开发运动。短短20年间,镇山村被冠以"少数民族文化村"、"贵州省文物保护单位"、"生态博物馆"等名称,接待的游客不计其数。在这一过程中,政府一方面出资兴建各种现代化设施,满足游客的需求,增强村落的现代化程度;另一方面镇山村村民的"布依族"身份被强化,村民被组织起来参加文艺培训和餐饮培训,学习如何彰显自己的布依特色、经营民族旅游。镇山村的旅游业逐渐取代传统农业和养殖业,成为主要的生计方式,同时影响着文化的其他方面。

生态博物馆项目是政府参与的国际合作项目,建立的初衷是保护村落的自然及文化遗产,同时进行旅游开发,这决定了村落在发展的同时还要保持一定的传统。因此,生态博物馆必然呈现出一种介于传统和现代之间的现代性——混合的现代性。

镇山村布依族的传统宗教以祖先崇拜、土地崇拜和摩文化为核心,同时吸收了大量儒、释、道等宗教元素,生成一种杂糅、包容的宗教信仰系统。布依族传统社会重视各种宗教仪式活动,坟墓祭祖、堂屋祭祖、安神、谢土、葬礼等都是镇山村常见的宗教活动。在旅游情境下,镇山村的宗教信仰由神圣转为世俗,现存的仪式更多侧重形式,缺少了对神灵的崇拜,从信奉鬼神的灵力到心存疑虑,宗教世俗化表征明显。

现代性在亲属关系上的主要表述是家族的分化。镇山村历史上,"班李二姓"为同一个大家族的两大分支,共同参与村落的主要祭祀、婚丧、节庆等活动。花溪水库的修建人为阻隔了班李两姓的交往,班李家族逐渐分化。旅游业的发展侧重小家庭的经营管理,以农业为核心的互助形式消失,核心家庭成为主要的经济单位。但在清明上坟、婚丧嫁娶等活动中,家族成员仍然根据事件的重要性整合为亲疏程度不同的家族类型。

节庆的现代性在旅游中表述最为明显。镇山村历史上跳场的特点是布依族管理、苗族参与、村落间分工合作,这一特点鲜明的民族节日在旅游中最先被开发为旅游产品,传统跳场的功能、规则、内容均发生改变。随后,布依族传统节日六月六从日常庆典到舞台展演,再造的节日以歌舞表演为核心内容。九月九祭祖节完全打破了村民堂屋祭祖的传统,将神堂转移到武庙中。这三个重点打造的节庆,其目的是吸引游客,发展镇山村旅游经济,因此"游客凝视"成为主要价值标准,传统被再造和展演以满足游客的需求。

事实上,从镇山村的案例中,我们可以看到三个不同层面的现代性:西方的现代性、国家的现代性和社区的现代性。西方的现代性是国家现代性的范本和目标,"生态博物馆"就是借用西方的现代性概念。国家现代性是以"赶超西方""实现四个现代化"等为目标展开的一系列现代化运动,"生态博物馆"的引入和实施就是国家现代性的实践,也可以说,国家现代性的建构就是追求西方现代性的过程。社区的现代性是社区对国家现代性的响应和参与,往往以被动的形式展开,特别当少数民族村落在没有做好"现代"准备的情况下,他们对现代性的介入只能被动接受,调适传统加以应对。结果是,社区的现代性是对国家现代性的追求,国家现代性是对西方现代性的追求,而社区本身的文化传统被忽视。

　　在生态博物馆项目中,我们看到三种现代性互相融合,并在社区中被最终表述。生态博物馆本身源于西方,同时是中挪合作的文化项目,挪威博物馆学家在建设初期指导项目的实施情况;各级政府、学者参与到具体的项目规划、法规制定等事务中;镇山村村民是主要的参与者,他们将生态博物理念转化为本土化的实践。同时,游客也参与到现代性的建构中。

　　因此,现代性是一个复杂的现象和过程,是由政府主导、多方参与的变革或运动。在旅游情境中,现代性表述充满了各种利益群体的权力争夺——各级政府机构、专家、游客,生态博物馆中的村民也卷入到这场权力争夺战——在以各级政府主导的民族村寨开发中,镇山村村民不断"出售"当地的生态资源和民族文化资源,发展旅游业并获取经济利益,努力追求"现代性",而追求现代性本身就是一种现代性表述。

　　在现代性的表述背后,村民通过变迁的力量来获得一种更好的、更自由的生活。① 在此过程中,如果社区成员已经开始对传统疏离,若想保有村落的特色,发明传统或再造传统也是一种可选的方式。换句话说,非西方社会在西方模式的借用和重建中按照自己的方式制造现代性。但是,如果传统作为他们用来交换现代性的工具,交换的同时他们也在逐渐失去这个工具,其实最终也会失去享受现代性的能力。

　　现代性不是地理学上定义的一种存在于此地或存在于彼地的事物,也非通过国家现代化过程想要达到的一个目标。现代性是一种状态和矛盾的过程,在这个过程中,人们生产、面对和调解一种特殊形式的变迁。这种现代性不是通过一些可辨识的现代元素表现,而是一种以过程为导向的表述,是一种矛盾的、不可改变的个人主观性地对社会经济变迁的努力。②

　　在生态博物馆社区中,这种处理变迁的方式是普遍的、持久的,因此,现代性的表述在长时间内将处于现代与传统之间。这种混合现代性的表述同样可以推及所有开展民族旅游的社区。

二、生态博物馆反思

　　一个村落缘何变为一座生态博物馆,这中间的各种利益争夺和权力斗争不言自明,游客和学者也同样参与到生态博物馆的构建过程中。生态博

---

　　① 　Tim Oakes. Tourism and Modernity in China. London and New York:Routledge,1998:7.

　　② 　Tim Oakes. Tourism and Modernity in China. London and New York:Routledge,1998:7.

物馆究竟该如何实践？谁来做主？为谁服务？

　　基于以上问题的思考，博物馆与社区的关系近年来越来越受到人们的关注，博物馆与社区的联系也越来越密切，其中两种重要的趋势是"博物馆的社区化"和"社区的博物馆化"。

　　"博物馆的社区化"质疑传统博物馆的权威性、反思博物馆的旧有功能。具体主要表现在博物馆不再扮演文化权威的角色，逐渐加强与社区间的合作，邀请社区成员参与博物馆的布展等工作。有些博物馆会邀请社区成员在博物馆中展演当地的生活场景、演示器物的制作和使用等，将博物馆变为一个有人生活于其中的"社区空间"；有些博物馆将部分收藏品归还给社区，使这些收藏品真正为社区服务；有些博物馆还会在社区居民的要求下，暂时将器物借给社区居民使用，或在博物馆的非工作时间，将博物馆作为举行仪式的场地。博物馆变成了一个"文化接触的地带"，引发了博物馆与社区之间互惠关系的探讨——博物馆获得展品的同时也需要承担起讲述社区历史、解释社区文化的责任。[①]

　　生态博物馆就是基于对传统博物馆的质疑和反思而建立的新博物馆形式之一，是"社区的博物馆化"的尝试。它的理念——遗产的整体和当地保护及社区参与无疑是正确的、先进的，但是在实践中，它却受到各种因素的干扰，无法真正实现预设的目标。在旅游情境下，甚至部分生态博物馆的居民已经搬离传统社区，没有社区居民参与的社区成为名副其实的"博物馆"。典型的案例发生在全球第一座生态博物馆"克勒索-蒙西生态博物馆"，在其实践中，社区居民最终与博物馆分道扬镳。[②] 这座生态博物馆在1971—

---

　　① 　James Clifford. Routes： Travel and Translation in the Late Twentieth Century. Cambridge：Harvard University Press,1997：188-219.

　　② 　克勒索-蒙西生态博物馆(Écomusée Creusot-Montceau)位于法国中东部，是全球第一座生态博物馆，它作为模板一直受到其他国家的追捧和仿效。克勒索本来是法国一个偏僻的村子，1836年施耐德兄弟(Eugène Schneider and Adolphe Schneider)买下整个克勒索的矿产，并招兵买马，开始从事钢铁工业，之后更是将炼出的钢铁造成铁轨、桥梁和武器，仰仗军工业很快壮大发展。到1960年克勒索已经由1836年的800人发展成拥有3万居民的小镇。然而，1960年查理·施耐德突然去世，1971—1974年，施耐德家族的古堡被改造为一个生态博物馆。为了区别克勒索和传统的博物馆，馆长将住宅中的展品移除，"去中心"的生态博物馆聚焦古堡的生态环境，将整个社区纳入保护的范围，也称"没有围墙的露天博物馆"，受到学者们的推崇。1984年，施耐德家族破产，1985年生态博物馆进入一个新的历史阶段。古堡里原来被搬出的展品被重新放回到原来的建筑里，并以施耐德家族史为展览主题，记忆逝去的历史。最终克勒索生态博物馆变为展出器物的传统博物馆。

1985 年间扮演着文化抗争的角色,是现代社会与工业社区、工人与资本家之间抗争的缩影,最终工业社会让位于现代社会,生态博物馆也名存实亡。①

生态博物馆即便是对传统博物馆的反思,与社区相关的各种利益群体(stakeholders)之间依然难免存在权力的角逐。在生态博物馆这一"文化接触地带"存在着官方的声音、游客的诉求和当地人的需求,这三股力量时而和谐、时而矛盾冲突,共同建构和决定着博物馆社区未来的发展。在此意义上,生态博物馆掺杂着一种政府及专家与社区间权力控制的失衡,是主流文化进入异文化的场所,是文化的过渡地带,是认同制造与文化"涵化"的结果。

生态博物馆是时代的产物,也是地域的产物。与所有西方概念一样,它在中国的实践带有非常浓重的本土色彩——与旅游开发和地区经济发展相结合,一些生态博物馆同时带有明显的扶贫目的。但是对于旅游开发较早的镇山村,生态博物馆更像是一扇窗,透过此"窗口"审视一个距离都市较近的布依族村落如何应对现代化进程,坚守自己的文化遗产。② 从这种意义上来看,生态博物馆在镇山村并没有失败。再者,既然镇山村本身就是一个生态博物馆,那么社区内就只存在人与人之间的互动关系,也没有成功或失败之说。生态博物馆的意义就是客观记录下"窗口"内发生的真实,审视镇山村现代性的表述。

从实践层面上考量,生态博物馆在本土化的过程中经本土文化的过滤吸收,呈现出不同的样貌。镇山村民对"生态博物馆"本意的疏离和工具化的使用恰恰是本土文化对其过滤和吸收的结果。对西方概念的疏离同时说明他们远未到达现代。通过本书对生计、家族、宗教、节庆等村落文化的论述,我们可以看到,虽然村落文化存在现代性表述,但并未完全抛弃传统,而是以一种混合现代性存在。至于生态博物馆成功与否,笔者认为这需要时间去裁定,毕竟这一复杂的现象不是由社区或政府单方面决定,任何定论都为时过早。

三、新现象的思考

目前,经济宽裕的镇山村村民经常相约着前往其他景点旅游,如附近的

---

① Octave Debary. Deindustrialization and Museumification: From Exhibited Memory to Forgotten History. Annals of the American Academy of Political and Social Science,2004,595:122-133.

② 参见胡朝相:《贵州生态博物馆纪实》,中央民族大学出版社 2011 年版,第 82 页。

天河潭、花溪青岩、安顺龙宫等,他们有时也参加旅游团,到广西、云南、海南、香港、澳门和台湾等地参观。镇山村村民成为游客是变得"现代"的界定性特征之一,是现代社会的地位标志(the maker of status)。① 从"东道主"到"游客",镇山村村民终于"扬眉吐气"了:"以前都是客人来了让我们倒茶做饭,让我们带着他们去厕所,现在我们也可以到别的村子去让他们服务我们了。"旅游正以其惊人的速度消除不同文化间的边界,然而文化接触也同样是"求同存异"的过程。

　　旅游是现代性的一个介入因素,现代人的"怀旧"是旅游的一个主要动机,少数民族村落恰为都市中的居民提供了一个怀旧的机会。然而对镇山村村民来说,旅游体验本身才是他们的旅游动机,"因为别人都去旅游,我们有了钱也要去外面看看"。对于传统的民族社区,从游客"走进来",到当地人"走出去"成为游客,是现代性的体现之一。村民走出村落参与大众旅游成为镇山村的一种新风尚,自驾游亦不罕见。成为"游客"的镇山村民正在体验"现代"给予的快乐,回到村落,他们又回归到实实在在的"东道主"身份。这种身份的转变对于他们来说是自然而然的,可以作为本书混合现代性的又一表征。

　　征地是城市扩张的结果,是城镇化的标志。随着贵阳市人口的增长,城市的边界正在向外扩张,城镇化的进程在镇山村悄然上演。2012 年,两家公司通过花溪区的招商引资项目进入镇山村,它们以现金作为交换条件,从村民手中获得土地的使用权。笔者在镇山村田野期间,村里的领导们正在对不愿意转让土地的村民挨家挨户地进行劝说,村里的公示板上长期贴有镇山村委的说明文件。据村民介绍,镇山村及其周围的天河潭地区已经被规划为"天河新区",将在未来几年动工修建居民区和城市休闲区,镇山村将由农村变为城市。此种说法似乎并非空穴来风,目前镇山村的土地已经被征收了将近半数,未来几年还会继续分期分批地征收余下的土地。

　　镇山村布依族的传统文化以农耕为核心,旅游的发展已经削弱了村民与土地的联结,当土地完全从社区生活中割裂时,村民是会继续居住在村内,还是会向城市迁移? 村寨会继续自主经营,还是与公司合作经营,或是完全实行公司化管理? 失去了"传统农耕保护区"的生态博物馆,是否会失去社区的功能,发生博物馆化的现象,变为一座以娱乐为目的的"主题公园"? 介于传统与现代的"混合现代性"是否会继续存在,还能持续多久? 这些都是本书未来希望去继续关注、记录和研究的内容。

─────────────────

　　① 　[英]John Urry:《游客凝视》,杨慧等译,广西师范大学出版社 2009 年版,第 4 页。

附　　录

附录一　图片①

1. 镇山布依族生态博物馆村落景观篇

镇山村新建的大朝门和北寨门

滋养镇山村的花溪河

---

① 图片为笔者在镇山村田野调查所摄。

镇山村的古城墙,将村落分为上寨和下寨

镇山村标志性景观半边山

2. 村落建筑篇

下寨的联排石板房(搬迁后重新搭建而成)

翻新过的武庙

因修建水库而搬迁的古宅"光裕堂"

李村的老房

3. 婚礼篇

镇山村婚礼——新郎接亲

镇山村的婚礼——喜宴

婚礼正宴的"朝门歌"和"敬酒歌"

婚礼进亲时的祭祖

4. 旅游篇

镇山布依族生态博物馆（资料信息中心）

村口的"六月六歌节"舞台

镇山村停车场（跳场的场地）

中寨小市场

5. 节庆篇

镇山村春节活动"打粑粑"

春节祭祖的供品

平坝县跳花场的苗族后生和姑娘

花溪区桐木岭跳花场盛况

6. 仪式篇

镇山村的葬礼——灵堂

镇山村的葬礼——望山钱

安神

清明坟标的制作和上坟

7. 农业篇

犁田

插秧

撒种

积灰

附录二　布依歌①

做客歌

一

吃了夜饭要洗脚
三朋四友就来约
别人约你去开会
我们约你来唱歌
吃了夜饭就摆街
上街摆到下街来
别人约你去开会
我们约你来开牌

二

贵客来到闲人家
来了半天不喂茶
怪我手长衣袖短
少来装烟少倒茶
贵客来到闲人行
来了半天不喂茶
怪我手长衣袖短
得罪亲戚到哪天

三

今天不是礼拜三
没有买到豆腐干
没有买到豆腐果
两碗酸菜代成来
今天不是礼拜六
没有买到豆腐皮
没有买到豆腐果
两碗酸菜代成来

四

梨子好吃树难栽
白米好吃田难打
鲤鱼好吃网难抬
山歌好唱口难开
梨子好吃树难生
白米好吃田难打
鲤鱼好吃网难行
山歌好唱口难行

五

不会唱歌不要来
关门在家打草鞋
一堆草鞋一碗米
慢慢讨乖慢慢挨
不会唱歌不要行
关门在家打草鞋
一堆草鞋一碗米
慢慢讨乖慢慢行

六

你要唱歌快唱来
主人捎去三捆柴
柴在柴山要人砍
水在水中要人抬
你要唱歌快唱行
主人捎去三捆藤
藤在藤山要人砍
水在水中要人挑

---

①　布依歌为笔者根据 2012 年春节期间在镇山村所录的布依歌整理而成。

七

我家住在大山脚
大山脚下有条河
我到河里去挑水
挑到水来当酒喝
我家住在大山边
大山边上有条潭
我拿水桶去挑水
挑得冷水当酒干

八

我家住在大路边
吃根白菜要个钱
吃根白菜要个买
你说可怜不可怜
我家住在大路沟
吃根白菜有个偷
吃根白菜要个买
你说害羞不害羞

九

有人来到我的家
将钱买包向阳花
管它丝烟好不好
只要院子秋满屋
你们来到我的屋
将钱买包向阳竹
管它丝烟好不好
只要院子秋满屋

情　歌

一

太阳出来照白坡
金花银花掉下河
金花银花我不爱
只爱情哥好山歌
太阳出来照白岸
金花银花掉下来
金花银花我不爱
只爱情哥好人才

二

这山没有那山高
两山拿来搭栋桥
千军万马桥上过
然何不见哥过桥
这山没有那山平
两山拿来搭个城
千军万马桥上过
然何不见哥进城

三

记你哥来记你哥
记你一脚卡翻坡
记你情意实在好
记得情意又来约
记你人来记你人
记你一脚卡翻城
记你情意实在好
记得情意又来约

四

想哥想得死起来
死了三天抬起埋
自从哥家花园过
闻到花香活转来
想哥想得病恹恹
不得吃饭几十天
不得吃饭几十顿
出门玩要要人牵

五

想哥想得昏沉沉
想到河边去照人
河中照的绿布景
明镜照见喊不应
想哥想得病恹恹
想到河边去找来
河中照的绿布景
明镜照见喊不来

六

想哥多来想哥多
想哥多多病来魔
吃了好多药不好
要哥指头化水喝
想哥多来想哥多
想哥多多病来魔
三天不吃一颗米
留得性命去见哥

七	八	九
生要连来死要连	三块石头支口锅	后院揪菜冷幽幽
不怕夫妻在面前	壳膝头上蹲缸钵	一刀砍掉几十斗
砍头其如风吹过	只要讲得心合意	只要讲得心合意
坐牢其如坐花园	情愿跟哥蹲崖脚	三天冷饭不嫌馊
生要跟来死要跟	三块石头支口缸	后院揪菜冷幽幽
不怕夫妻在眼行	壳膝头上蹲沙缸	一刀砍断几十斤
砍头其如风吹过	只要讲得心合意	只要讲得心合意
坐牢其如坐花林	情愿跟哥蹲崖山	三天冷饭不嫌馊

十

七尺纱帕七尺长	四年腊肉下一方	上烧三间琉璃瓦
七十五里去撵郎	大哥陪姐姐不吃	下烧九间九杆仓
七十五里撵一个	二哥陪姐姐不尝	一家老小去救火
八十五里撵一双	只有三哥情意好	割开麻锁放我娘
哥要哪样买哪样	半杯半盏陪我娘	大哥送娘出灶门
哥要哪行买哪行	我娘吃的昏昏醉	二哥送娘出东方
哥要笔煤买一顶	听说有人要来拿	只有三哥仁义好
哥要白纸买一张	拿我拴在中柱上	送娘送到望娘乡
大字茫茫写两路	拿郎拴在地脚方	书本刻在书桌上
小字茫茫写两行	大哥出来无主意	笔煤刻在压龙箱
大字贴在琉璃瓦	二哥出来无主张	书本笔煤都不管
小字贴在哥胸膛	只有三哥主意好	打脱性命回家乡
三年米酒烤一缸	提起明灯去烧房	

十一

一更得梦一更想	天亮光来天亮光	手提火钳去整火
二更得梦想成双	打开蚊帐穿衣裳	眼泪滴湿我衣裳
三更得梦想到你	穿衣不快披衣走	别人说来你不信
四更得梦想到郎	穿鞋不快撒鞋帮	果然美貌果然真
五更得梦金鸡叫	一脚卡在大门站	
金鸡叫来天亮光	二脚卡在小门方	

十二

为了玩耍要争先　　　　　　　　为了玩耍争自由
挨打挨骂不喊冤　　　　　　　　挨打挨骂泪不流
沙啦啦的杨柳,哗啦啦的水　　　沙啦啦的杨柳,哗啦啦的水
尖刀扎在妹心上　　　　　　　　尖刀扎在妹心上
亲家还在妹心间　　　　　　　　情哥还在妹心头
沙啦啦的杨柳,哗啦啦的水　　　沙啦啦的杨柳,哗啦啦的水

婚礼歌

一　　　　　　　　　　　　　二

喜羊羊啊,老羊羊　　　　　　　我家门口紫荆花
主家喊我来把床嘞　　　　　　　新郎幸福来到家嘞
自从今天把过后啦　　　　　　　自从今天接过后
儿子儿孙滚满床嘞　　　　　　　明年生个胖娃娃嘞
　　　　　　　　　　　　　　　明年生个小宝宝

喜羊羊啊,老羊羊　　　　　　　一家老小笑哈哈嘞
恭贺新郎接新娘嘞
有缘千里来相会　　　　　　　　紫荆花来紫荆藤
夫妻恩爱情意长嘞　　　　　　　今天我家接新人嘞
　　　　　　　　　　　　　　　自从今天接过后
喜盈盈嘞,老盈盈　　　　　　　明年添个胖孙孙嘞
恭贺新郎接新人嘞　　　　　　　明年添个小宝宝
自从今天来相会　　　　　　　　一家老小欢盈盈嘞
夫妻恩爱情意深嘞

附录三　花溪镇山布依族生态博物馆工作总结[①]

花溪镇山布依族生态博物馆坐落在风景如画的石板镇镇山民族文化保护村。它以文化遗产保护区、资料信息中心、传统农业耕作区及村民新区四大部分组成。该馆是中国和挪威王国的一个文化合作项目,是两国人民团结友爱的象征。

————————

① 附录三至六为镇山村委会提供。

贵州镇山布依族生态博物馆文化遗产保护区具有 400 多年的悠久历史,是一座生态环境保护得较完整的典型的布依族村寨。全村总面积为3.8 平方公里,147 户,582 人,被人们誉为"都市里的村庄"。1993 年 8 月23 日,贵州省人民政府颁文公布为民族文化保护村,又于 1994 年 11 月 17日批准在此建立贵州镇山露天民俗博物馆,1995 年 7 月 7 日,贵州省将其公布为贵州省文物保护单位,1999 年 12 月 9 日,在时任贵州省副省长的龙超云同志等各级领导同志的关怀及中国博物馆学会苏东海先生的推荐下,我国与挪威王国政府达成共识,决定在此建立贵州镇山布依族生态博物馆,目前已完成了对镇山武庙的加固维修,完成了石板至镇山的道路黑色化改造以及停车场和公厕的修建;完成了码头的修建;资料信息中心于2001 年 8 月 30 日动工,主体工程及陈列于 2002 年 7 月 15 日竣工并开馆。2005 年完成了外环境初步绿化及内部设施配置;通过对镇山建筑物的调查和筛选,对文化遗产保护区内的典型居民建筑物进行挂保护牌,上寨 6 户,下寨 12 户;同时,对博物馆的陈列布展进行改善提高,拍摄影像、图片制作 DVD 声像光盘;建立了资料信息中心图书库与电子文本档案。中国贵州花溪镇山布依族生态博物馆管理机构设在花溪文体广播电视局,以文管所一套人马两块牌子进行管理,文管所所长任馆长,并成立以分管副区长为组长的中国贵州花溪镇山布依族生态博物馆管理委员会。2005 年 6 月 1 日至 3 日,贵州生态博物馆群建成暨国际学术论坛在贵阳召开,来自 15 个国家和地区的 111 名论坛代表出席此次论坛。论坛的主题是"交流与探索"。6 月 4 日,各国各地代表到镇山参观、交流。镇山的管理模式、旅游发展、村寨建设等方面获得了各位代表的认可与赞赏,并得到了省、市、区领导的好评。

镇山布依族生态博物馆作为中挪文化合作的第二座生态博物馆,离省城近既是它的优势,同时又威胁着博物馆的传统文化和基础设施。首先是文化主人自觉意识不够,为满足旅游接待需求,不断扩建、新建建筑,不依照规划,致使环境遭到破坏,其次是本民族文化受外来文化的影响,民族语言、民族服饰、民族习俗等正逐渐佚失。面对旅游对生态博物馆的冲击,帮助文化主人提高意识迫在眉睫,通过教育等方式使他们理解生态博物馆,理解自己的文化,认识自己村寨文化的历史价值、艺术价值和学术价值。并且通过政府及专家参与,在专家和村民之间建立不断互动的机制。

贵州镇山布依族生态博物馆的建成,必将对贵州布依族文化遗产的保护和环境生态的保护起到积极的不可估量的作用,它不但是传播中国民族

文化的又一个窗口,而且是各国各地专家学者研究中国民族文化的又一个
基地。

贵州镇山布依族生态博物馆

2005 年 8 月

附录四　文化遗产保护区项目实施情况

序号	项目名称	实施情况	实施效果
1	古屯墙修复	贵州省文化厅于 20 世纪 90 年代中期维修部分城墙	北门,南门部分恢复原貌
2	武庙修复	贵州省文化厅于 20 世纪 90 年代中期修复大殿	大殿主体恢复原貌
3	上寨典型民居保护维修	实施部分保护工作,但资金未到位	成效不明显
4	修复内环道	尚未实施	未恢复原貌
5	下寨典型民居保护维修	实施部分保护工作,但资金未到位	成效不明显
6	搬迁小学至新村修建文化广场	尚未实施	小学与四周环境不和谐
7	拆迁、整治、协调违章建筑	分别于 1997、2000、2001 年实施部分拆迁	村内违规建房现象仍较严重
8	污水处理	污水站已建成,处理系统设施尚未投入使用	排污已有整治,问题仍未解决
9	公厕和垃圾站	部分实施	村内无公厕,停车场有一个
10	电线入地及配电设施	电线入地工程尚未建成投入使用	村内电线仍影响整体环境
11	消防措施	设施投入不足	村内火患危险尚未解除
12	游船码头	已完成	经济效益较好
13	绿化	部分实施	村寨四周环境得到一定改善

附录五　镇山村旅游接待名单①

1. 兰利园(竹园山庄)
2. 班有平(玉米人家)
3. 李文信(刺梨篷)
4. 班有怀(泉涌山庄)
5. 班良斌(招财布依饭庄)
6. 李良涛(近水楼)
7. 班有益(半山庄)
8. 班有春
9. 班刚(农家菜馆)
10. 李士贵(农家乐)
11. 李士新(半边山庄)
12. 李文俊(李老汉)
13. 李良平(风味布依园)
14. 班有兰(泉涌山庄)
15. 班良金(三林饭庄)
16. 李章顺
17. 李有明(名居饭庄)
18. 班良鹏(布依屋)
19. 李有胜(近水山庄)
20. 班有忠(山水乐园)
21. 班士学
22. 王文芬(吊脚楼)
23. 班有连(青石饭庄)
24. 班有牙(乡村休闲楼)
25. 李有春(晓春饭庄)
26. 李士建(水上人家)
27. 李良华
28. 胡大成(传统布依味)
29. 班士洪
30. 龙长富(葡萄园)
31. 王德珍
32. 班彭能(休闲楼)
33. 李红兵(布依山庄)
34. 班士锋(观景台)
35. 班有作(真山水旅游服务部)
36. 李士慧(山里庄)

附录六　镇山村旅游餐饮接待制度

为了改变接待秩序的混乱局面,做到礼貌待客,文明经商,本着"顾客就是上帝"的原则,使客人高兴而来,满意而归,营造良好的服务秩序和旅游氛围,制定以下制度。

1. 管理人员持证上岗,接待户佩证接待,以号推进。

2. 管理人员必须做到行为礼貌,热情解答,大公无私,处理事务认真、公正、负责,虚心听取村民意见,自觉接受监督,树立新形象。

3. 停车场内,除管理人员外,接待人员一律在接待处等候,未经管理人员允许,不得私自到停车场内等客、喊客。

4. 游客只要能说出接待户的姓名、店名、电话以外,不论人数多少,一律

---

① 以下名单村委会手录时人名有个别错字。

按号推进,不得以任何借口抢接或不接。

5. 不准在街道上喊客,如有违反,处罚过号两次,检举属实的奖励奖金20元。

6. 接待人员必须做到文明礼貌,尊重客人的消费选择,不准用粗话、脏话,态度粗暴对待客人,如被客人举报属实的处罚过号两次。

7. 接待户如有与客人发生吵架和公开辱骂客人的行为,除公开赔礼道歉以外,村委会将其姓名、店名、电话、骂客事实在停车场张榜公示十天,十天后取消。

8. 管理人员因态度粗暴、粗话、脏话和客人发生争执,客人、村民意见大的或后果影响严重的,村委会将决定其下岗和承担相应的责任。

以上制度请管理人员和广大接待户认真执行,自觉遵守。

镇山村委会、旅游接待管理小组
投诉电话:139××××××××

参考文献

一、古籍

[1] 〔春秋战国〕列御寇撰,〔晋〕张湛注.列子[M].四部丛刊影北宋本.

[2] 〔汉〕班固撰.汉书[M].清乾隆武英殿刻本.

[3] 〔汉〕孔鲋注,〔宋〕宋咸注.孔丛子[M].清嘉庆宛委别藏本.

[4] 〔汉〕许慎撰,〔宋〕徐铉校定.说文解字[M].北京:中华书局,1963.

[5] 〔汉〕许慎撰,〔清〕段玉裁注.说文解字注(经韵楼藏版)[M].上海:上海古籍出版社,1981.

[6] 〔明〕郭子章.黔记[M].北京:中华书局,1985.

[7] 〔明〕沈庠修,赵瓒,等纂.贵州图经新志·贵州宣慰司[M].贵州省图书馆影印本.

[8] 〔清〕爱必达,罗绕典.杜文铎,等点校.黔南识略·黔南职方纪略[M].贵阳:贵州人民出版社,1992.

[9] 〔清〕贝青乔.苗俗记[M].小方壶斋舆地丛钞本第八帙.

[10] 〔清〕陈鼎.黔游记[M].小方壶斋舆地丛钞本第七帙.

[11] 〔清〕黄元治.黔中杂记[M].小方壶斋舆地丛钞本第七帙.

[12] 〔清〕李宗昉.黔记[M].北京:中华书局,1985.

[13] 〔清〕陆次云.峒溪纤志[M].小方壶斋舆地丛钞本第八帙.

[14] 〔清〕檀萃.说蛮[M].小方壶斋舆地丛钞本第八帙.

[15] 〔清〕田雯.黔苗蛮记[M].小方壶斋舆地丛钞本第八帙.

[16] 〔清〕田雯,等撰.罗书勤,等点校.黔书·续黔书·黔记·黔语[C].贵

阳:贵州人民出版社,1992.

[17]〔清〕徐家干.苗疆闻见录[M].吴一文校注.贵阳:贵州人民出版社,1997.

[18]〔清〕张澍.黔中纪闻[M].小方壶斋舆地丛钞本第八帙.

[19]〔清〕赵尔巽,等撰,马国君编著.《清史稿·地理志·贵州》研究[M].贵阳:贵州人民出版社,2011.

[20]〔清〕允禄,等监修.大清会典(影印版)[M].台北:文海出版社,1994 年.

[21]〔清〕鄂尔泰,等修.贵州通志.中国地方志集成·贵州府县志辑,第 4—5 册[M].成都:巴蜀书社,2006.

[22]〔清〕周作楫.贵阳市地方志编纂委员会办公室校注.贵阳府志[M].贵阳:贵州人民出版社,2005.

[23]〔清〕阮元校刻.十三经注疏·春秋左传正义(影印版)[M].北京:中华书局,1980.

[24]〔清〕张廷玉,等撰.明史[M].北京:中华书局,1974.

[25]黄元操.贵州苗夷丛考(手抄本)[M].兰州:兰州大学出版社,2004.

二、地方志、辞书

[26]《布依族简史》编写组.布依族简史(修订本)[M].北京:民族出版社,2008.

[27]《布依族简史》编写组.布依族简史[M].贵阳:贵州人民出版社,1984.

[28]《布依族文学史》编写组.布依族文学史[M].贵阳:贵州民族出版社,1992.

[29]扶风郡、陇西郡百世族谱[Z].班有信 1978 年抄录.1904(清光绪三十年).

[30]《贵州六百年经济史》编委会.贵州六百年经济史[M].贵阳:贵州人民出版社,1998.

[31]《贵州通史》编委会.贵州通史(1—5 册)[M].北京:当代中国出版社,2002.

[32]《花溪区综合农业区划》编写组.贵阳市志·花溪区综合农业区划[M].贵阳:贵州人民出版社,1989.

[33]班李氏族谱[Z].照古本录.1909(清宣统元年).

[34]方述鑫.甲骨文金文字典[Z].成都:巴蜀书社,1993.

［35］高明、涂白奎.古文字类编增订本［M］.上海：上海古籍出版社，2008.

［36］庚编著.张振林、马国权摹补.金文编［Z］.北京：中华书局，1958.

［37］广东、广西、湖南、河南辞源修订组、商务印书馆编辑部.辞源（修订本）［Z］.北京：商务印书馆，1979.

［38］贵阳市布依学会.贵阳布依族文化实录［Z］.贵阳市布依学会内部发行，2006.

［39］贵阳志编纂委员会.贵阳志·建置志［Z］.贵阳：贵州人民出版社，1983.

［40］贵州社会科学院文学研究所、黔南布依族苗族自治州文研室.布依族民间故事［M］.贵阳：贵州人民出版社，1982.

［41］贵州省安顺、镇宁民族事务委员会.古谢经［M］.贵阳：贵州民族出版社，1992.

［42］贵州省安顺地区民族宗教事务局.布依族文化研究［M］.贵阳：贵州民族出版社，1998.

［43］贵州省编辑组.布依族社会历史调查［M］.贵阳：贵州民族出版社，1986.

［44］贵州省布依学会、黔南布依族苗族自治州布依学会.布依学研究（之七）［M］.贵阳：贵州民族出版社，2004.

［45］贵州省布依学会、中共毕节地委统战部.布依学研究（之六）［M］.贵阳：贵州民族出版社，1998.

［46］贵州省布依学会.布依学研究［M］.贵阳：贵州民族出版社，1989.

［47］贵州省民族事务委员会、贵州省民族研究所.贵州"六山六水"民族调查资料选编.布依族卷［M］.贵阳：贵州民族出版社，2008.

［48］贵州省社会科学院文学研究所、黔南布依族苗族自治州文艺研究室.布依族民歌选［M］.贵阳：贵州人民出版社，1982.

［49］郭堂亮.布依族语言与文字［M］.贵阳：贵州民族出版社，2009.

［50］国家民族事务委员会经济发展司、国家统计局国民经济综合统计司.中国民族统计年鉴·2007［Z］.北京：民族出版社，2007.

［51］汉语大词典编辑委员会、汉语大词典编纂处.汉语大词典［Z］.上海：汉语大词典出版社，1989.

［52］黄义仁.布依族史［M］.贵阳：贵州民族出版社，1999.

［53］黄义仁.布依族宗教信仰与文化［M］.北京：中央民族大学出版社，2002.

［54］黄镇邦译注.布依嘱咐经［M］.贵阳：贵州人民出版社，2011.

[55] 李学勤,吕文郁.四库大辞典[Z].长春:吉林大学出版社,1996.

[56] 李祖运.贵阳市花溪区志[M].贵阳:贵州人民出版社,2007.

[57] 罗竹风主编,中国汉语大词典编辑委员会、汉语大词典编纂处.汉语大词典[Z].上海:上海辞书出版社,1986.

[58] 王伟,李登福,陈秀英.布依族[M].北京:民族出版社,1993.

[59] 韦启光,等.布依族文化研究[M].贵阳:贵州人民出版社,1999.

[60] 翁家烈,贵州省地方志编纂委员会.贵州省志·民族志[M].贵阳:贵州民族出版社,2002.

[61] 汛河.鲜花向阳朵朵红——布依族新民歌[M].贵阳:贵州人民出版社,1959.

[62] 汛河.布依族民间故事集[M].北京:中国民间文艺出版社,1982.

[63] 汛河.浪哨歌[M].北京:中国民间文艺出版社,1985.

[64] 喻翠容.布依语简志[M].北京:民族出版社,1980.

[65] 张世超,等.金文形义通解[Z].京都:中文出版社,1996.

[66] 张永吉,李登学,李梅.镇山民族文化保护村调查报告[R].花溪区文管所,1994.

[67] 中国佛教研究所.俗语佛源[M].天津:天津人民出版社,2008.

[68] 中国社会科学院考古研究所.甲骨文编[Z].北京:中华书局,1965.

三、中文译著

[69] [德]尤尔根·哈贝马斯.后民族结构[M].曹卫东译.上海:上海人民出版社,2002.

[70] [德]尤尔根·哈贝马斯.现代性的哲学话语[M].曹卫东译.南京:译林出版社,2004.

[71] [德]哈拉尔德·韦尔策.社会记忆:历史、回忆、传承[C].季斌,等译.北京:北京大学出版社,2007.

[72] [德]卡尔·马克思.路易·波拿巴的雾月十八日[M]//马克思恩格斯选集:第1卷.北京:人民出版社,1972.

[73] [德]卡尔·马克思.政治经济学批判[M]//马克思恩格斯选集:第2卷.北京:人民出版社,1972.

[74] [德]卡尔·马克思.《政治经济学批判》导言[M]//马克思恩格斯选集:第2卷.北京:人民出版社,1972.

[75] [德]卡尔·马克思、弗里德里希·恩格斯.共产党宣言[M]//马克思恩

格斯选集:第 1 卷.北京:人民出版社,1972.

[76] [德]卡尔·马克思.资本论[M](第 1 卷).北京:人民出版社,1999.

[77] [德]马克斯·韦伯.新教伦理与资本主义精神[M].于晓,陈维纲,等译.北京:生活·读书·新知三联书店,1992.

[78] [法]爱弥尔·涂尔干.社会分工论[M].渠东译.北京:生活·读书·新知三联书店,2000.

[79] [法]爱弥尔·涂尔干.宗教生活的基本形式[M].渠东,汲喆译.上海:上海人民出版社,1999.

[80] [法]安托瓦纳·贡巴尼翁.现代性的五个悖论[M].许钧译.北京:商务印书馆,2005.

[81] [法]波德莱尔.波德莱尔美学论文选[C].郭宏安译.北京:人民文学出版社,1987.

[82] [法]克洛德·莱维-斯特劳斯.神话学[M]四卷本.周昌忠译.北京:中国人民大学出版社,2007.

[83] [法]米歇尔·福柯.规训与惩罚[M].刘北成,杨远婴译.北京:生活·读书·新知三联书店,1999.

[84] [法]莫里斯·哈布瓦赫.论集体记忆[M].毕然,郭金华译.上海:上海人民出版社,2002.

[85] [法]皮埃尔·布迪厄.实践感[M].蒋梓骅译.南京:译林出版社,2003.

[86] [美]保罗·康纳顿.社会如何记忆[M].纳日碧力戈译.上海:上海人民出版社,2000.

[87] [美]本尼迪克特·安德森.想象的共同体[M].吴叡人译.上海:上海世纪出版社,2005.

[88] [美]戴维·利明,埃德温·贝尔德.神话学[M].李培茱,等译.上海:上海人民出版社,1990.

[89] [美]克利福德·格尔兹.文化的解释[M].纳日碧力戈,等译.上海:上海人民出版社,1999.

[90] [美]罗丽莎.另类的现代性:改革开放时代中国性别化的渴望[M].黄新译.南京:江苏人民出版社,2006.

[91] [美]乔治·E.马尔库斯,米开尔·M.J.费彻尔.作为文化批评的人类学:一个人文学科的实验时代[M].王铭铭,蓝达居译.北京:生活·读书·新知三联书店,1998.

[92] [美]马泰·卡林内斯库.现代性的五副面孔[M].顾爱彬,李瑞华译.北

京:商务印书馆,2002.

[93] [美]马文·哈里斯.文化唯物主义[M].张海洋,王曼萍译.北京:华夏
出版社,1989.

[94] [美]马歇尔·萨林斯.文化与实践理性[M].赵丙祥译.上海:上海人民
出版社,2002.

[95] [美]马歇尔·萨林斯.历史之岛[M].蓝达居,等译.上海:上海人民出
版社,2003.

[96] [美]马歇尔·萨林斯."土著如何思考"——以库克船长为例[M].张宏
明译.上海:上海人民出版社,2003.

[97] [美]纳尔逊·格雷本.人类学与旅游时代[C].赵红梅,等译.桂林:广
西师范大学出版社,2009.

[98] [美]史徒华.文化变迁的理论[M].张恭启译.台北:远流出版社,1989.

[99] [美]斯蒂文·贝斯特,道格拉斯·凯尔纳.后现代理论:批判性的质疑
[M].张志斌译.北京:中央编译出版社,1999.

[100] [美]唐纳德·L.哈迪斯蒂.生态人类学[M].郭凡,邹和译.北京:文物
出版社,2002.

[101] [美]维克多·特纳.仪式过程:结构与反结构[M].黄剑波,柳博赟译.
北京:中国人民大学出版社,2006.

[102] [美]许烺光.祖荫下:中国乡村的亲属、人格与社会流动[M].王芃,徐
隆德译.台北:南天书局,2001.

[103] [美]阎云翔.私人生活的变革:一个中国村庄里的家庭、爱情与亲密关
系:1949—1999[M].龚晓夏译,上海:上海书店出版社,2006.

[104] [美]杨美惠.礼物、关系学与国家:中国人际关系与主体性建构[M].
赵旭东,孙珉译.南京:江苏人民出版社,2009.

[105] [美]弗雷德里克·詹姆逊.现代性、后现代性和全球化[M].王丽亚
译.北京:中国人民大学出版社,2004.

[106] [英]E.E.埃文斯-普理查德.原始宗教理论[M].孙尚扬译.北京:商务
印书馆,2001.

[107] [英]John Urry.游客凝视[M].杨慧,等译.桂林:广西师范大学出版
社,2009.

[108] [英] E.霍布斯鲍姆,T.兰格.传统的发明[C].顾杭,庞冠群译.南京:
译林出版社,2004.

[109] [英]爱德华·泰勒.原始文化[M].连树生译.桂林:广西师范大学出

版社,2005.

[110] [英]安东尼·吉登斯.民族—国家与暴力[M].胡宗泽,等译.北京:生活·读书·新知三联书店,1998.

[111] [英]安东尼·吉登斯.现代性的后果[M].田禾译.南京:译林出版社,2000.

[112] [英]安东尼·吉登斯.现代性与自我认同[M].赵旭东,等译.北京:生活·读书·新知三联书店,1998.

[113] [英]厄内斯特·盖尔纳.民族与民族主义[M].韩红译.北京:中央编译出版社,2002.

[114] [英]拉德克利夫-布朗.安达曼岛人[M].梁粤译.桂林:广西师范大学出版社,2005.

[115] [英]拉德克利夫-布朗.原始社会的结构与功能[M].潘蛟,等译.北京:中央民族大学出版社,1999.

[116] [英]马林诺夫斯基.巫术科学宗教与神话[M].李安宅编译.上海:上海文艺出版社,1987.

[117] [英]莫里斯·弗里德曼.中国东南的宗族组织[M].刘晓春译.上海:上海人民出版社,2000.

[118] [德]尤尔根·哈贝马斯.现代性的地平线:哈贝马斯访谈录[C].李安东,等译.上海:上海人民出版社,1997.

四、中文专著

[119] 陈嘉明.现代性与后现代性十五讲[M].北京:北京大学出版社,2006.

[120] 崔敬昊.北京胡同变迁与旅游开发[M].北京:民族出版社,2005.

[121] 董建辉.政治人类学[M].厦门:厦门大学出版社,1999.

[122] 方李莉.梭戛日记——一个女人类学家在苗寨的考察[M].北京:学苑出版社,2010.

[123] 费孝通.费孝通民族研究文集[C].北京:民族出版社,1988.

[124] 费孝通.江村经济——中国农民的生活[M].北京:商务印书馆,2001.

[125] 费孝通.乡土中国生育制度[M].北京:北京大学出版社,1998.

[126] 郭志超,林瑶棋.闽南宗族社会[M].福州:福建人民出版社,2008.

[127] 胡朝相.贵州生态博物馆纪实[M].北京:中央民族大学出版社,2011.

[128] 黄才贵.影印在老照片上的文化——鸟居龙藏博士的贵州人类学研究[M].贵阳:贵州民族出版社,2002.

［129］林耀华.义序的宗族研究［M］.北京:生活·读书·新知三联书店,2000.

［130］陆扬.后现代的文本阐释:福柯与德里达［M］.上海:上海三联书店,2000.

［131］罗荣渠.现代化新论:世界与中国的现代化进程［M］.北京:商务印书馆,2004.

［132］彭兆荣.旅游人类学［M］.北京:民族出版社,2004.

［133］彭兆荣.人类学仪式的理论与实践［M］.北京:民族出版社,2007.

［134］彭兆荣.文学与仪式:文学人类学的一个文化视野［M］.北京:北京大学出版社,2004.

［135］彭兆荣.遗产:反思与阐释［M］.昆明:云南教育出版社,2008.

［136］汝信,易克信.当代中国社会科学手册［Z］.北京:社会科学文献出版社,1989.

［137］申旭,刘稚.中国西南与东南亚的跨境民族［M］.昆明:云南民族出版社,1988.

［138］石奕龙,郭志超.文化理论与族群研究［C］.合肥:黄山书社,2004.

［139］石奕龙.文化人类学导论［M］.北京:首都经贸大学出版社,2010.

［140］石奕龙.应用人类学［M］.厦门:厦门大学出版社,1996.

［141］孙九霞.旅游人类学的社区旅游与社区参与［M］.北京:商务印书馆,2009.

［142］汤芸.以山川为盟:黔中文化接触中的地景、传闻与历史感［M］.北京:民族出版社,2008.

［143］汪民安.现代性［M］.桂林:广西师范大学出版社,2005.

［144］汪宁生.文化人类学调查:正确认识社会的方法［M］.北京:文物出版社,2002.

［145］王国维.观堂集林·释物［Z］.北京:中华书局,1959.

［146］王嵩山.文化传译——博物馆与人类学想象［M］.台北:稻乡出版社,1996.

［147］乌丙安.中国民间信仰［M］.上海:上海人民出版社,1998.

［148］吴泽霖,陈国钧,等.贵州苗夷社会研究［C］.北京:民族出版社,2004.

［149］夏建中.文化人类学理论学派［M］.北京:中国人民大学出版社,2003.

［150］徐赣丽.民族旅游与民俗文化变迁——桂北壮瑶三村考察［M］.北京:民族出版社,2006.

[151] 徐新建.罗吏实录:黔中一个布依族社区的考察[M].贵阳:贵州人民出版社,1997.

[152] 杨胜明.乡村旅游・反贫困战略的实践[C].贵阳:贵州人民出版社,2008.

[153] 中国社会科学院研究会.全球化下的中国与日本——海外学者的多元思考[C].北京:社会科学文献出版社,2003.

[154] 周国茂.摩教与摩文化[M].贵阳:贵州民族出版社,1995.

五、中文期刊

[155] [法]弗朗索瓦・于贝尔.法国的生态博物馆:矛盾和畸变[J].孟庆龙译.中国博物馆,1986(4):78—82.

[156] [加]雷内・里瓦德.魁北克生态博物馆的兴起及其发展[J].中国博物馆,1987(1):44—47.

[157] [美]南茜・福勒.生态博物馆的概念与方法——介绍亚克钦印第安社区生态博物馆计划[J].罗宣,张淑娴译.中国博物馆,1993(4):73—82.

[158] 陈桂洪,黄远水,张雅菲.国内博物馆旅游研究进展与启示[J].乐山师范学院学报,2010(12):74—79.

[159] 杜芳娟.旅游心理与旅游"文化殖民"[J].贵州师范大学学报(自然科学版),2003(2):30—32.

[160] 甘代军.生态博物馆中国化的悖论[J].中央民族大学学报(哲学社会科学版),2009(2):68—73.

[161] 龚佩华,史继忠.布依族婚姻试析[J].贵州民族研究,1981(3):46—51.

[162] 谷因.祭祀大禹:布依族"六月六"节探源[J].贵州民族学院学报(社会科学版),1996(1):44—49.

[163] 胡朝相.生态博物馆理论在贵州的实践[J].中国博物馆,2000(2):61—65.

[164] 胡志毅,曹华盛.西方旅游真实性研究综述[J].桂林旅游高等专科学校学报,2007(3):440—443.

[165] 黄椿.布依族宗教中的预防医学思想[J].中华文化论坛,2009(3):95—98.

[166] 黄怡鹏.时空交错的动态和谐之美——生态博物馆生态审美分析[J].

文化研究,2008(2):48—49.

[167] 姜睿.推进上海的博物馆旅游发展[J].上海经济,2001(2):46—48.

[168] 金露.探寻生态博物馆之根——论生态博物馆的产生、发展和在中国的实践[J].生态经济,2012(9):180—185.

[169] 金露.生态博物馆理念、功能转向及中国实践[J].贵州社会科学,2014(6):46—51.

[170] 李旭东,张金玲.西方旅游研究中的"真实性"理论[J].北京第二外国语学院学报,2005(1):1—6.

[171] 李旭东.民族旅游的真实性探析[J].桂林旅游高等专科学校学报,2008(1):17—19.

[172] 李瑛.我国博物馆旅游产品的开发现状及发展对策分析[J].文化地理,2004(4):30—32+90.

[173] 龙菲.贵州生态博物馆建设与文化遗产保护[J].理论与当代,2008(8):45—46.

[174] 陆建松.博物馆与都市旅游业[J].探索与争鸣,1997(11):37—38.

[175] 罗正副,王代莉.仪式展演与实践记忆——以一个布依族村寨的"送宁"仪式为例[J].广西民族研究,2008(3):40—45.

[176] 罗正副.调试与演进:无文字民族文化传承——以布依族为个案的研究[D].厦门:厦门大学博士学位论文,2009.

[177] 马启忠.布依族"六月六"探源[J].安顺师专学报(社会科学版),1996(1):55—60,43.

[178] 马晓京.民族旅游文化商品化与民族传统文化的发展[J].中南民族大学学报(人文社会科学学),2002(6):104—107.

[179] 马衍阳.《想象的共同体》中的"民族"与"民族主义"评析[J].世界民族,2005(3):70—76.

[180] 毛俊玉.生态博物馆只是一种理念,而非一种固定的模式——对话潘守永[J].文化月刊,2011(10):6—28.

[181] 纳尔逊·格雷木,金露.中国旅游人类学的兴起[J].青海民族研究,2011(2):1—11.

[182] 潘年英.矛盾的"文本"——梭戛生态博物馆田野考察实录[J].黎明职业大学学报,2000(4):6—14.

[183] 潘年英.变形的"文本"——梭戛生态博物馆的人类学观察[J].湖南科技大学学报(社会科学版),2006(2):104—108.

[184] 彭兆荣,葛荣玲.遗事物语:民族志对物的研究范式[J].厦门大学学报(哲学社会科学版),2009(2):58—65.

[185] 彭兆荣,金露.物、物质、遗产与博物馆[J].贵州民族研究,2009(4):50—55.

[186] 彭兆荣,郑向春.遗产与旅游:传统与现代的并置与背离[J].广西民族研究,2008(3):33—39.

[187] 彭兆荣."东道主"与"游客":一种现代性悖论的危险——旅游人类学的一种诠释[J].思想战线,2002(6):40—42.

[188] 彭兆荣."遗产旅游"与"家园遗产":一种后现代的讨论[J].中南民族大学学报(人文社会科学版),2007(5):16—20.

[189] 彭兆荣.博物体:一种中国特色的生态概念与模式[J].福建艺术,2010(2):30—34.

[190] 彭兆荣.旅游消费:家园遗产中"看不见的手"[J].社会科学战线,2008(7):142—148.

[191] 彭兆荣.民族志视野中"真实性"的多种样态[J].中国社会科学,2006(2):125—138.

[192] 彭兆荣.人类遗产与家园生态[J].思想战线,2005(6):116—128.

[193] 彭兆荣.现代旅游中的符号经济[J].江西社会科学,2005(10):28—34.

[194] 任国英.生态人类学的主要理论及其发展[J].黑龙江民族丛刊,2004(5):85—91.

[195] 苏东海.文博与旅游关系的演进及发展对策[J].中国博物馆,2000(4):15—19.

[196] 谭杰倪,曾文萍,刘学强.怀旧旅游及其开发探讨[J].旅游市场,2010(1):82—84.

[197] 童晓娇.生态博物馆的社区参与模式初探[J].桂林旅游专科高等学校学报,2007(5):666—669.

[198] 韦祖庆.生态博物馆:一个文化他者的意象符号[J].广西民族师范学院学报,2010(4):17—20.

[199] 韦祖庆.生态博物馆的美学内涵[J].贵州社会科学,2007(8):48—52.

[200] 吴忠才.旅游活动中文化的真实性与表演性研究[J].旅游科学,2002(2):15—18.

[201] 肖鹏.从"真实性"的讨论透视旅游中的"舞台展示"[J].市场论坛,

2008(1):35—37.

[202] 徐杰舜,罗树杰.靠山吃山、靠水吃水:船家与高山汉比较研究[J].广西民族学院学报(哲学社会科学版),2003(3):7—13.

[203] 徐梓."天地君亲师"源流考[J].北京师范大学学报(社会科学版),2006(2):99—106.

[204] 汛河.布依族的婚俗[J].贵州文史丛刊,1981(3):116—121.

[205] 杨慧.马康纳(Dean MacCannell)及其现代旅游理论[J].思想战线,2005(1):97—101.

[206] 张成渝.村落文化景观保护与可持续发展的两种实践——解读生态博物馆与乡村旅游[J].同济大学学报(社会科学版),2011(3):35—44.

[207] 张涛.生态博物馆、旅游与地方发展[J].西南民族大学学报(人文社会科学报),2011(10):115—120.

[208] 张先清.官府、宗族与天主教:明清时期闽东福安的乡村教会发展[D].厦门:厦门大学博士论文,2004.

[209] 张晓萍.旅游开发中的文化价值——从经济人类学的角度看文化商品化[J].民族艺术研究,2006(5):34—39.

[210] 张晓萍.西方旅游人类学中的"舞台真实"理论[J].思想战线,2003(4):66—69.

[211] 张永吉.建立贵州省民俗博物馆之我见[Z].贵州省民族文化学会第五届年会论文,1993年,贵阳市花溪区文物保护管理所提供.

[212] 周国茂.布依族摩教三题[J].贵州民族研究,1990(4):55—61.

[213] 周国茂.论布依族稻作文化[J].贵州民族研究,1989(3):14—20.

[214] 周亚庆,等.旅游研究中的"真实性"理论及其比较[J].旅游学刊,2007(6):42—47.

[215] 周真刚,胡朝相.论生态博物馆社区的文化遗产保护[J].贵州民族研究,2002(2):95—101.

六、英文参考文献

[216] Bhatnagar, Anupama. Museum, Museology and New Museology [M]. New Delhi: Sundeep Prakashan,1999.

[217] Bodley, John H. Victims of Progress[M]. Lanham: Altamira Press, 2008.

[218] Borocz, Jozsef. Leisure Migration: A Sociological Study on Tourism

[M]. Oxford: Elsevier Science,1996.

[219] Certeau, Michel de. The Practice of Everyday Life[M]. Translated by Steven Rendall. Berkeley: University of California Press,1988 .

[220] Chambers, Robert & Conway, Gordon. Sustainable Rural Livelihoods: Practical Concepts for the 21st Century[M]. Institute of Development Studies, University of Sussex,1992.

[221] Clifford, James. Routes: Travel and Translation in the Late Twentieth Century[M]. Cambridge: Harvard University Press,1997.

[222] Cohen, Erik. Towards a Sociology of International Tourism[J]. Social Research,1972,39(1):164-182.

[223] Cohen, Stanley & Taylor, Laurie. Escape Attempts: the Theory and Practice of Resistance to Everyday Life[M]. London and New York: Routledge,1992.

[224] Corsane, Gerard (ed.). Heritage, Museums and Galleries: An Introductory Reader[C]. London and New York: Routledge,2005.

[225] Corsane, Gerard. Ecomuseum Evaluation: Experiences in Piemonte and Liguria, Italy[J]. International Journal of Heritage Studies, 2007,13(2):101-116.

[226] Dann, Graham. Anomie, Ego-enhancement and Tourism[J]. Annals of Tourism Research,1977,4:184-94.

[227] Dann, Graham. Tourist Motivation: An Appraisal[J]. Annals of Tourism Research,1981,8:187-219.

[228] Davis, Peter. Ecomuseums and Sustainability in Italy, Japan, and China: Concept Adaptation through Implementation[A]. In Knell, Simon J. , MacLeod, Suzanne & Watson, Sheila E. R. (eds.). Museum Revolutions: How Museums Change & Are Changed[C]. London and New York: Routledge,2007:198-214.

[229] Davis, Peter. Ecomuseums: A Sense of Place[M]. Newcastle: Newcastle University Press,1999.

[230] Dawson, Lawrence E & Fredrickson, Vera-Mae & Graburn, Nelson H. H. (eds.). Traditions in Transition: Culture Contact and Material Change[M]. Berkeley: Lowie Museum of Anthropology,1974.

[231] Debary, Octave. Deindustrialization and Museumification: From Ex-

hibited Memory to Forgotten History[J]. Annals of the American Academy of Political and Social Science,2004,595:122-133.

[232] Delgado, Coral. The Ecomuseum in Fresnes: Against Exclusion[J]. Museum International,2001,53(1):37-41.

[233] Evans-Pritchard,E. E. Theories of Primitive Religion[M]. Oxford: Oxford University Press,1972.

[234] Foucault, Michel. Governmentality [A]. In Graham, Burchell & Gordon, Colin & Miller, Peter (eds.). The Foucault Effect: Studies in Governmentality[C]. Chicago: University of Chicago Press,1991: 87-104.

[235] Foucault, Michel. The History of Sexuality[M]. Volume 1: An Intruduction. New York: Vintage,1979.

[236] Geertz, Clifford. Religion as a Cultural System[A]. In Banton, Michael (ed.). Anthropological Approaches to the Study of Religion [C]. London: Tavistock,1990:1-46.

[237] Gennep, Arnold Van. The Rites of Passage[M]. Translated by Vizedom, Monika B. & Caffee, Gabrielle L. Chicago:University of Chicago Press,1960.

[238] Giddens, Anthony. Modernity and Self-identity: Self and Society in the Late Modern Age[M]. Cambridge: Polity Press,1991.

[239] Giddens, Anthony. The Consequences of Modernity[M]. Stanford: Stanford University Press,1990.

[240] Goffman, Erving. The Presentation of Self in Everyday Life[M]. New York:Doubleday,1959.

[241] Graburn, Nelson H. H. Circumpolar Peoples: An Anthropological Perspective[M]. Pacific Palisades, Calif. , Goodyear Pub. Co,1973.

[242] Graburn, Nelson H. H. Eskimos without Igloos: Social and Economic Development in Sugluk[M]. Boston: Little,Brown,1969.

[243] Graburn, Nelson H. H. Ethnic and Tourist Arts: Cultural Expressions from the Fourth World[M]. Berkeley: University of California Press,1976.

[244] Graburn, Nelson H. H. The Anthropology of Tourism[J]. Annals of Tourism Research. 1983. 10(1): 9-33.

[245] Graburn, Nelson H. H. What is Tradition? [J]. Museum Anthropology, 2001. 24(2/3): 6-11.

[246] Graburn, Nelson H. H. Weirs in the River of Time: The Development of Historical Consciousness among Canadian Inuit[J]. Museum Anthropology, 1998,22(1): 18-32.

[247] Greenwood, Davydd J. Culture by the Pound: An Anthropological Perspective on Tourism as Cultural Commoditization[A]. In Smith, Valene L. (ed.). Hosts and Guests: The Anthropology of Tourism [C]. Philadelphia: University of Pennsylvania Press,1977:129-138.

[248] Greenwood, Davydd J. Tourism as an Agent of Change: A Spanish Basque Case[J]. Ethnology,1972,11(1):80-91.

[249] Han, Min & Graburn, Nelson H. H(eds.). Tourism and Glocalization: Perspectives in East Asian Studies[C]. Suita, Osaka: National Museum of Ethnology, Senri Ethnological Studies 76,2010.

[250] Harvey, Penelope. Hybrids of Modernity: Anthropology, the Nation State and the Universal Exhibition[M]. London and New York: Routledge,1996.

[251] Hobsbawm, Eric. & Ranger, Terence(eds.). The Invention of Tradition[C]. Cambridge: Cambridge University Press,1983.

[252] Karp, Ivan (ed). Museums and Communities: The Politics of Public Culture[C]. Washington: Smithsonian Institution Press,1992.

[253] Kimeev, V. M. Ecomuseums in Siberia as Centers for Ethnic and Cultural Heritage Preservation in the Natural Environment[J]. Archaeology Ethnology & Anthropology of Eurasia, 2008, 35 (3): 119-128.

[254] Kirshenblatt-Gimblett, Barbara. Destination Culture: Tourism, Museums, and Heritage [M]. Berkeley: University of California Press,1998.

[255] Krippendorf, Jost. Translated by Andrassy, Vera. The Holiday Maker: Understanding the Impact of Leisure and Travel[M]. London: Heinemann,1987:xiv.

[256] Lanfant, Marie-Françoise. Methodological and Conceptual Issues Raised by the Study of International Tourism: A Test of Sociology

[A]. Pearce Douglas G. & Butler, Richard W. (eds.). Tourism Research: Critiques and Challenges[C]. London and New York: Routledge, 1993: 70-87.

[257] Lewinski, Silke V. (ed). Indigenous Heritage and Intellectual Property: Genetic Resources, Traditional Knowledge, and Folklore[C]. Alphen aan den Rijn, The Netherlands: Kluwer Law International, 2008.

[258] Liu, Xin. In One's Own Shadow: An Ethnographic Account of the Condition of Post-reform Rural China[M]. Berkeley: University of California Press, 2000.

[259] MacCannell, Dean. Staged Authenticity: Arrangements of Social Space in Tourist Settings[J]. American Journal of Sociology, 1973, 79(3): 589-603.

[260] MacCannell, Dean. The Tourist: A New Theory of the Leisure Class [M]. New York: Schocken, 1976.

[261] Nyíri, Pál. Scenic Spots: Chinese Tourism, the State, and Cultural Authority[M]. Seattle: University of Washington Press, 2006.

[262] Oakes, Tim. Cultural Geography and Chinese Ethnic Tourism[J]. Journal of Cultural Geography, 1992. 12: 3-17.

[263] Oakes, Tim. Tourism and Modernity in China[M]. London and New York: Routledge, 1998 .

[264] Ong, Aihwa & Zhang, Li (eds.). Privatizing China, Socialism from Afar[C]. Ithaca: Cornell University Press, 2008.

[265] Ong, Aihwa. Anthropological Concepts for the Study of Nationalism [A]. In Nyíri, Pál & Breidenbach, Joana (eds.). China Inside Out: Contemporary Chinese Nationalism and Transnationalism[C]. Budapest, Hungary; New York: Central European University Press, 2005: 1-34.

[266] Ong, Aihwa. Anthropology, China, Modernities: The Geopolitics of Cultural Knowledge[A]. In Moore, Henrietta L. (ed). The Future of Anthropological Knowledge[C]. London and New York: Routledge, 1996: 60-92.

[267] Ong, Aihwa. Chinese Modernities: Narratives of Nation and of Capitalism[A]. In Ong, Aihwa and Nonini, Donald M. (eds.). Un-

grounded Empires： The Cultural Politics of modern Chinese Transnationalism[C]. London and New York：Routledge,1997：171-202.

[268] Ong, Aihwa. Spirits of Resistance and Capitalist Discipline：Factory Women in Malaysia[M]. Albany：State University of New York Press,1987.

[269] Ong, Aihwa. The Gender and Labor Politics of Postmodernity. Annual Review of Anthropology[J],1991,20：279-309.

[270] Potter, Sulamith H. & Potter, Jack M. China's Peasants：The Anthropology of a Revolution[M]. Cambridge：Cambridge University Press,1990.

[271] Rofel, Lisa. Other Modernities：Gendered Yearnings in China after Socialism[M]. Berkeley：University of California Press,1999.

[272] Rojek, Chris. Ways of Escape：Modern Transformations in Leisure and Travel[M]. London：Macmillan,1993.

[273] Rosaldo, Renato. Imperialist Nostalgia[J]. Representations,1989, 26：107-122.

[274] Sahlins, Marshall. What is Anthropological Enlightenment? Some Lessons of the Twentieth Century[J]. Annual Review of Anthropology,1999,28：i-xxiii.

[275] Schein, Louisa. Minority Rules：The Miao and the Feminine in China's Cultural Politics[M]. Durham NC：Duke University Press,2000.

[276] Sherman, Daniel J. & Rogoff, Irit (eds.). Museum Culture：Histories, Discourses, Spectacles[C]. London and New York：Routledge, 1994.

[277] Smith, Valene L. (ed.). Hosts and Guests：The Anthropology of Tourism[C]. Philadelphia：University of Pennsylvania Press (2nd edition),1989.

[278] Spencer, Herbert. The Principles of Sociology (3 volumes) [M]. London：Williams & Norgate,1876.

[279] Su, Donghai. The Concept of the Ecomusuem and Its Practice in China[J]. Museum International, 2008,60(1-2)：29-30.

[280] The Oxford English Dictionary (second edition) [Z]. Oxford：Clarendon Press,1989.

[281] Tunbridge, J. E. & Ashworth, G. J. Dissonant Heritage: The Management of the Past as A Resource in Conflict[M]. Chichester, New York, Brisbane, Toronto, Singapore: Willey, 1996.

[282] Urry, John. Consuming Places[M]. London and New York: Routledge, 1995.

[283] Urry, John. The Tourist Gaze: Leisure and Travel in Contemporary Societies[M]. London: Sage, 1990.

[284] Wang, Jing(ed). Locating China: Space, Place, and Popular culture[C]. London, New York: Routledge, 2005.

[285] Wang, Ning. Tourism and Modernity: A Sociological Analysis[M]. London: Heinemann, 2000.

[286] Watson, Llewellyn & Joseph, Kopachevsky. Interpretation of Tourism as Commodity[J]. Annals of Tourism Research, 1994, 21(3):643-660.

[287] Winter, Tim, Teo, Peggy & Chang, T. C. (eds.). Asia on Tour: Rethinking Tourism in Contemporary Asia[C]. London and New York: Routledge, 2009.

[288] Yamashita, Shinji, Din, Kadir H. & Eades, J. S. (eds.). Tourism and Cultural Development in East Asia and Oceania[C]. Bangi, Malaysia: University of Malaysia Press, 1997.

[289] Yang, Mayfair Mei-hui. Gifts, Favors, and Banquets: The Art of Social Relationships in China[M]. Ithaca, New York: Cornell University Press, 1994.

[290] Zhang, Li. Contesting Spatial Modernity in Late－Socialist China[J]. Current Anthropology, 2006, 47(3):461-484.

七、其他

[291] 百度地图[EB/OL]http://map. baidu. com/.

[292] http://icom. museum/the-vision/museum-definition.

[293] http://www. yiyuanyi. org/plus/view. php? aid=31991.

[294] http//www. library. sh. cn/dzyd/spxc/list. asp? spid=685.

[295] 镇山村布依族跳花节、六月六歌节、祭祖节光碟[CD],镇山村村委会录制.

索　引

后　记

　　行文至此,心中感慨万千。从懵懂迈入民族学、人类学领域至今已有十余个年头。回顾自己的求学之路,不得不说,人类学是一个充满魅力的学科,它教会我的不仅是学科知识,更多是一种人生视角——用包容的心去看待不同的人、事、物和它们所构成的文化。同时,作为研究者,我们应该怀着"人文关怀"去进行我们的研究,建构理论的同时尽自己所能回馈社会,而此书只是一个起点。

　　学术上,首先要感谢我的博士导师彭兆荣。学术对先生来说是生命的一部分,他的学术建树向来为弟子们无限崇拜;更感恩的是先生将其毕生所学毫无保留地传授给弟子们,耳提面命,终生难忘。

　　硕士导师蓝达居先生为人谦和,对学生宽容随和,硕士阶段带我探访村落、参加会议,奠定了我日后的学术基础。

　　在美国留学期间,加州大学伯克利分校人类学系和菲比·赫斯特人类学博物馆的老师们对我关爱有加,感谢导师纳尔逊·格雷本(Nelson H. H. Graburn)、导师艾拉·杰克尼斯(Ira Jacknis)和刘新老师在学习和生活上的提点和照顾。我对格雷本教授始终有一份亲情,2013年10月,他受我之邀来宁波大学为本科生讲授旅游人类学课程,2015年又特地再次来宁波看望将要生产的我,感动感恩。

　　在贵州田野调查期间,我有幸得到了很多人的帮助。首先要感谢镇山村的所有村民,他们常常被我的"傻问题"引得大笑,却也耐心地替我解答;他们善良地接纳我这不速之客,并热情地把我当作自己人看待。感谢贵州省文化厅文物处的张勇、花溪区文管所的张永吉、贵州民族大学的吴秋林老师、贵州社科院邢启顺老师等在田野中的无私帮助。同时感谢贵阳市花溪区各级政府部门提供的材料和信息。

感谢宁波大学人文与传媒学院领导与同事的关心和支持,感谢宁波市社会科学院(宁波市社会科学界联合会)对本书的肯定与出版资助,感谢宁波大学人文社科培育项目(XPYB13007)、宁波大学区域经济与社会发展研究院海洋专项研究项目(HYS1206)的经费资助。

最后要感谢我的父母、亲人和朋友。父母是我最宝贵的财富,感谢他们一直以来的默默支持,放手让我追逐梦想,并尊重我的选择。他们是我努力的动力,但我的努力勤奋却永远也比不上他们;他们教会我如何去爱,可是我对他们的爱永远也没有他们对我的爱细致深沉。感谢亲人朋友的关爱,感谢先生十余年的陪伴和支持,感谢腹中宝宝给我力量。

再多的感谢在文字面前都显得那么苍白无力,一如我拙笨的语言,我拙笨的文字也总是难以表达我内心的丰富情感。这么多的感动、感激和感谢,我一定珍藏在心里,以后用同样的善良和真诚去帮助那些需要帮助的人。

由于书稿出版时间距离笔者田野调查时间已时隔数年,书中一些数据和材料可能已经有所更新和变化,加之本人学识有限,疏漏之处在所难免,敬请广大读者斧正指导。

金　露

2015 年 7 月 25 日于宁波寓所

图书在版编目(CIP)数据

遗产·旅游·现代性:黔中布依族生态博物馆的人类学研究 / 金露著. —杭州:浙江大学出版社,2016.6

ISBN 978-7-308-15442-0

Ⅰ.①遗… Ⅱ.①金… Ⅲ.①布依族－生态环境－博物馆－人类学－研究－贵州省 Ⅳ.①X321.273-28

中国版本图书馆 CIP 数据核字(2015)第 301971 号

遗产·旅游·现代性:黔中布依族生态博物馆的人类学研究

金 露 著

责任编辑	吴伟伟 weiweiwu@zju.edu.cn	
责任校对	陈佩钰	
封面设计	春天书装	
出版发行	浙江大学出版社	
	(杭州市天目山路 148 号　邮政编码 310007)	
	(网址:http://www.zjupress.com)	
排　　版	浙江时代出版服务有限公司	
印　　刷	杭州日报报业集团盛元印务有限公司	
开　　本	710mm×1000mm　1/16	
印　　张	20	
字　　数	344 千	
版印次	2016 年 6 月第 1 版　2016 年 6 月第 1 次印刷	
书　　号	ISBN 978-7-308-15442-0	
定　　价	58.00 元	